高职高专土建类立体化系列教材

建设工程质量控制与安全管理

林滨滨 郑 嫣 编

机械工业出版社

建设工程质量控制与安全管理，是建设工程管理永恒的主题。本书在对全过程工程咨询和建设工程施工管理相关岗位所需的专业知识和专项能力系统分析的基础上，以工程项目施工和全过程咨询为背景，以能力培养为目标，以学生为主体，以行动导向方式组织课程教学，以典型工作任务为载体，采用学习领域课程开发模式，创设了三个学习领域：一、建设工程施工质量控制，二、建设工程安全管理，三、工程施工质量控制与安全管理综合实训。本书为工作手册式教材，相关内容旨在培养学生建设工程施工质量控制和建设工程施工安全管理的能力，指导其能参与工程施工或全过程工程咨询的建设工程质量控制和安全管理工作。

　　本书可作为高职高专土建大类专业相应课程的教学用书，也可供建设工程技术类和建设工程管理类专业技术人员参考使用。

图书在版编目（CIP）数据

建设工程质量控制与安全管理 / 林滨滨，郑嫣编 .—北京：
机械工业出版社，2024.6
高职高专土建类立体化系列教材
ISBN 978-7-111-75797-9

Ⅰ．①建… Ⅱ．①林… ②郑… Ⅲ．①建筑工程－工
程质量－质量控制－高等职业教育－教材 ②建筑工程－安
全管理－高等职业教育－教材 Ⅳ．① TU712.3 ② TU714

中国国家版本馆 CIP 数据核字（2024）第 095976 号

机械工业出版社（北京市百万庄大街22号　邮政编码100037）
策划编辑：张荣荣　　　　　责任编辑：张荣荣　关正美
责任校对：韩佳欣　李小宝　封面设计：张　静
责任印制：常天培
固安县铭成印刷有限公司印刷
2024年9月第1版第1次印刷
184mm×260mm·15.75印张·388千字
标准书号：ISBN 978-7-111-75797-9
定价：48.00元

电话服务　　　　　　　　网络服务
客服电话：010-88361066　机 工 官 网：www.cmpbook.com
　　　　　010-88379833　机 工 官 博：weibo.com/cmp1952
　　　　　010-68326294　金 书 网：www.golden-book.com
封底无防伪标均为盗版　机工教育服务网：www.cmpedu.com

前言

建设工程质量控制与安全管理，是建设工程管理永恒的主题。为适应全过程工程咨询和建设工程管理等相关行业对高素质、高技能人才的需要，在以就业为导向的能力本位的教育目标指引下，我们通过自身探索以及与教育、企业和行业的专家长期合作，进行了一系列的教学研究和教学改革，完成了对接岗位标准的建设工程施工质量控制和建设工程施工安全管理能力培养与综合训练的工作手册式教材的编写。

本书在对全过程工程咨询和施工管理等相关行业岗位所需的专业知识和专项能力系统分析的基础上，采用学习领域课程开发模式，以工程项目为背景，以能力培养为目标，以典型工作任务为载体，以学生为主体，以行动导向方式组织课程教学，帮助学生进行"建设工程施工质量控制""建设工程施工安全管理"等能力的培养。在教学内容的编排上，本书充分考虑了高职高专学生的学情和特点、培养目标和能力体系的要求，采用企业提供的丰富、真实的生产环境和工程实例素材，制作了形式多样的二维码课程资源，还在领域一情景五相关知识（拓展）中附设了检验批划分查询表，实现教材的多功能作用，充分体现了为能力培养和训练服务的工作手册式新形态教材的特色。

本书由浙江省全过程工程咨询与监理管理协会及浙江省工程咨询与监理行业联合学院的相关理事单位共同编写，用于"行业—学院—企业"三方共同培养全过程工程咨询产业链上的高等职业技术和技能型人才。

本书的编写获得了浙江建设职业技术学院工程管理学院（原工程造价学院）双高专业群的课程教材建设的计划安排和资助。根据专业负责人傅敏的思路，统筹和拟定提纲，由浙江建设职业技术学院林滨滨（高级工程师、注册监理工程师）和浙江一诚工程咨询有限公司郑嫣（注册监理工程师）负责教材内容的编写，经过课程组成员浙江建设职业技术学院林滨滨、傅敏、余春春、褚晶磊的多次试用和改进，最后由浙江建设职业技术学院林滨滨负责统编定稿。本书由浙江省一建建设集团有限公司俞列（正高级工程师）、浙江一诚工程咨询有限公司潘统欣（高级工程师）共同担任主审。本书在编写过程中得到了浙江省全过程工程咨询与监理管理协会和浙江省工程咨询与监理行业联合学院的相关理事单位领导和专家的大力支持、帮助和指导，在此表示由衷的感谢。在本书编写过程中，还得到了浙江一诚工程咨询有限公司、浙江江南工程管理股份有限公司、浙江工程建设管理有限公司、浙江建效工程管理咨询有限公司等诸多单位和资深专家的大力支持和帮助，在此一并表示衷心的感谢！

本书在写作过程中参考了众多相关的研究论文和著作，引用了大量的文献资料，吸收了多方面的研究成果，绝大部分资料来源已经列出，如有遗漏，恳请原谅。同时向这些文献资料的作者表示诚挚的谢意！

　　由于高等职业教育的人才培养方法和手段在不断变化、发展和提高，我们所做的工作手册式新形态教材的编写也只是在探索和尝试阶段，且由于编者自身水平和能力有限，难免存在不妥之处，敬请广大读者提出宝贵意见。

编　者

目录

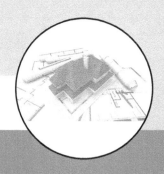

前言

领域一　建设工程施工质量控制 ·· 1

　　情景一　建筑工程施工现场质量管理检查 ··························· 1

　　情景二　施工材料质量检查 ··· 7

　　情景三　施工质量检测、试验检查 ··································· 15

　　情景四　施工工序质量检验 ·· 30

　　情景五　施工质量验收 ··· 40

　　情景六　综合实训——工程施工质量控制策划 ················· 57

领域二　建设工程安全管理 ·· 64

　　情景一　施工现场安全管理检查 ····································· 64

　　情景二　文明施工和现场消防检查 ··································· 87

　　情景三　施工机械管理检查 ·· 100

　　情景四　施工安全专项检验 ·· 110

　　情景五　绿色施工检查 ··· 123

领域三　工程施工质量控制与安全管理综合实训 ················· 137

　　情景一　建筑工程施工质量评价 ····································· 137

　　情景二　施工现场安全检查评价 ····································· 187

　　情景三　施工质量、安全不达标的情况处理 ···················· 243

参考文献 ·· 246

领域一
建设工程施工质量控制

情景一　建筑工程施工现场质量管理检查

1. 学习情境描述

某地块住宅工程经过招标投标，确定了施工、监理等参建单位，施工单位进场后按要求完成了现场准备工作，并向监理单位上报了施工现场质量管理检查记录，认为已具备开工条件，提请同意开工。监理单位收到施工现场质量管理检查记录后，对施工单位的现场质量管理工作一一进行了检查，并签署了检查意见。

2. 学习目标

知识目标：

（1）了解质量、工程质量和质量管理的概念。

（2）熟悉施工现场质量管理的作用和内容。

（3）掌握施工现场质量管理检查的成果。

能力目标：

会进行施工现场质量管理检查。

素养目标：

在职业活动中遵守行为规范的职业操守。

3. 任务书

根据给定的工程项目，开展施工现场质量管理检查工作。

4. 工作准备

引导问题1：什么是质量？什么是工程质量？什么是质量管理？

_____

_____

小提示：

质量是指客体的若干固有特性满足要求的程度。"客体"是指可感知或想象的任何事物，如产品、服务、过程、人、组织、体系、资源等。"固有特性"包括了明示的和隐含的特性，明示的特性一般以书面阐明或明确向顾客指出，隐含的特性是指惯例或一般做法。"满足要求"是指满足顾客和相关方的要求，包括法律法规及标准规范的要求。

建设工程质量简称工程质量，是指建设工程满足相关标准规定和合同约定要求的程度，包括其在安全、使用功能及其在耐久性能、节能与环境保护等方面所有明示和隐含的固有特性。工程建设在项目可行性研究、项目决策、工程勘察和设计、工程施工、工程竣工验收五个时间阶段，对工程项目质量的形成起着不同的作用和影响。施工质量就是在施工阶段作用和影响下形成的。

质量管理是指确定质量方针、目标和职责，并通过质量体系中的质量策划、控制、保证和改进来使其实现的全部活动。

施工质量管理，必须实行全面质量管理。全面质量管理，要树立以预防为主、为用户服务和全面管理的观点，是以企业全体人员为主，以数理统计方法为基本手段，充分发挥企业中的管理、组织、技术工作和后勤服务等全面工作的作用的质量管理方法。施工质量取决于人、施工机械设备、工具、原材料、预制构件、施工方法等因素，还涉及原材料的质量及其运输和保管，机器设备的完好和运转状况，工人的技术水平和熟练程度，劳动组织是否先进合理，质量检查和测试手段是否健全等工作的质量。

引导问题 2：施工现场质量管理的内容和作用是什么？

_____

_____

小提示：

为了使质量管理体系不断健全和完善，不断提高建筑工程施工质量，建筑工程施工单位应在施工现场建立必要的质量责任制度，应推行生产控制和合格控制的全过程质量控制，应有健全的生产控制和合格控制的质量管理体系。其不仅应包括原材料控制、工艺流程控制、施工操作控制、每道工序质量的检查、相关工序间的交接检验以及专业工种之间等中间交接环节的质量管理和控制要求，还应包括满足施工图设计和功能要求的抽样检验制度等。施工单位应通过内部的审核与管理者的评审，找出质量管理体系中存在的问题和薄弱环节，并制定改进和跟踪检查落实等措施。

引导问题 3：施工现场质量管理需检查哪些内容？检查成果是什么？

_____

_____

小提示：

工程开工前，项目监理机构应审查施工单位现场的质量管理组织机构、管理制度及专职管理人员和特种作业人员的资格，主要内容包括：

（1）质量管理体系检查。包括组织机构和分工明确、责任制和资证齐全、分包按约合法。

（2）施工依据管理检查。包括标准、地勘、设计、施工组织设计、施工方案齐全合法。

（3）机具、物资、检测设备管理检查。包括机械、设施、物资、检测设备按约达标。

（4）检验、试验、量测管理检查。包括检测、试验单位资质合格，质量检查验收合格，测量放线检查符合要求。

施工现场质量管理应由施工单位按表 1-1 进行自检，总监理工程师进行检查，并做出检查结论。

表 1-1 施工现场质量管理检查记录

开工日期：

工程名称			施工许可证号		
建设单位			项目负责人		
设计单位			项目负责人		
监理单位			总监理工程师		
施工单位		项目负责人		项目技术负责人	

序号	项目	主要内容
1	项目部质量管理体系	
2	现场质量责任制	
3	主要专业工种操作岗位证书	
4	分包单位管理制度	
5	图纸会审记录	
6	地质勘察资料	
7	施工技术标准	
8	施工组织设计编制及审批	
9	物资采购管理制度	
10	施工设施和机械设备管理制度	
11	计量设备配备	
12	检测试验管理制度	
13	工程质量检查验收制度	
14		

自检结果：	检查结论：
施工单位项目负责人：　　　年　月　日	总监理工程师：　　　年　月　日

引导问题 4：什么是质量控制？

_____

_____

小提示：

质量控制是质量管理的一部分，致力于满足质量要求，是通过采取一系列的作业技术和活动对各个过程实施控制的。质量控制具有动态性，因为质量要求随着时间的进展在不断变化，为了满足不断更新的质量要求，应对质量控制进行持续改进。

建设工程质量控制按控制主体的不同，主要包括以下五个方面的内容：

（1）政府的工程质量控制。政府属于监控主体，它主要是以法律法规为依据，通过抓工程报建、施工图设计文件审查、施工许可、材料和设备准用、工程质量监督、工程竣工验收备案等主要环节实施监控。

（2）建设单位的工程质量控制。建设单位属于监控主体，工程质量控制按工程质量形成过程不同包括：

1）决策阶段的质量控制。主要是通过项目的可行性研究，选择最优建设方案，使项目的质量要求符合业主的意图，并与投资目标相协调，与所在地区环境相协调。

2）工程勘察设计阶段的质量控制。主要是要选择好勘察设计单位，要保证工程设计符合决策阶段确定的质量要求，保证设计符合有关技术规范和标准的规定，要保证设计文件、图纸符合现场和施工的实际条件，其深度能满足施工的需要。

3）工程施工阶段的质量控制。一是择优选择能保证工程质量的施工单位，二是择优选择服务质量好的监理单位，委托其严格监督施工单位按设计图进行施工，并形成符合合同文件规定质量要求的最终建设产品。

（3）工程监理单位的工程质量控制。工程监理单位属于监控主体，主要是受建设单位的委托，根据法律法规、工程建设标准、勘察设计文件及合同，制定和实施相应的监理措施，采用旁站、巡视、平行检验和检查验收等方式，代表建设单位在施工阶段对工程质量进行监督和控制，以满足建设单位对工程质量的要求。

（4）勘察设计单位的工程质量控制。勘察设计单位属于自控主体，它是以法律、法规及合同为依据，对勘察设计的整个过程进行控制，包括工作质量和成果文件质量的控制，确保提交的勘察设计文件所包含的功能和使用价值，满足建设单位工程建造的要求。

（5）施工单位的工程质量控制。施工单位属于自控主体，它是以工程合同、设计图和技术规范为依据，对施工准备阶段、施工阶段、竣工验收交付阶段等施工全过程的工作质量和工程质量进行控制，以达到施工合同文件规定的质量要求。

5.　工作实施

（1）任务下发。根据指导老师确定的工程项目，模仿案例，依据审查的基本步骤，对案例工程进行施工现场质量管理检查。

（2）步骤交底。

1）工作步骤和要点。

①第一步：审核施工单位质量管理组织机构。项目监理机构应审核施工单位报送的组织机构和分工、质量管理责任制和人员资证。基本内容包括：项目经理、技术负责人、施工员、质量员、安全员等管理人员齐全，人数符合规定；所有管理人员、特殊工种资证齐全、有效；各项质量管理制度齐全。

分包工程开工前，项目监理机构应审核施工单位报送的分包单位资格报审表及有关资料，专业监理工程师进行审核并提出审查意见，符合要求后应由总监理工程师审批并签署意见。分包单位资格审核应包括的基本内容：营业执照、企业资质等级证书；安全生产许可文件；类似工程业绩；专职管理人员和特种作业人员的资格。

②**第二步：查验施工控制测量成果**。专业监理工程师应检查、复核施工单位报送的施工控制测量成果及保护措施，签署意见，并应对施工单位在施工过程中报送的施工测量放线成果进行查验。施工控制测量成果及保护措施的检查、复核包括：施工单位测量人员的资格证书及测量设备检定证书；施工平面控制网、高程控制网和临时水准点的测量成果及控制桩的保护措施。

③**第三步：查验地勘报告、施工图**。监理工程师应查验施工所需地勘报告、施工图、图纸审查记录和合格意见书、施工图审查备案书齐全，签章齐全有效。项目已完成施工图设计交底会审。

④**第四步：查验施工组织设计和施工方案**。总监理工程师应组织专业监理工程师审查施工单位报送的施工组织设计（方案）报审表及相关资料，内容符合规范、设计和合同要求，签章手续完备合规，已完成并通过必要的专家论证，能满足施工需要。

⑤**第五步：检查施工实验室**。专业监理工程师应检查施工单位为本工程提供服务的实验室（包括施工单位自有实验室或委托的实验室）以及同条件养护设施。实验室的检查应包括：实验室的资质等级及试验范围；法定计量部门对试验设备出具的计量检定证明；实验室管理制度；实验人员资格证书。

⑥**第六步：查验物资采购、施工机械、检测实验和质量验收等各项质量管理制度**。专业监理工程师应检查施工单位的物资采购、施工机械、检测实验和质量验收等各项质量管理制度。

⑦**第七步：填写记录表**。施工单位在完成各项检查工作后，将主要内容和自检情况录入**施工现场质量管理记录表**，监理单位查验后，由总监理工程师做出检查结论并签章。

2）成果要求。

施工现场质量管理检查记录

相关知识（拓展）

1. 质量管理的发展阶段

（1）质量检验阶段。这一阶段是质量管理的初级阶段，以事后检验为主。

（2）统计质量控制阶段。这一阶段从单纯依靠质量检验事后把关，发展到过程控制，突出了质量预防性控制的管理方式。

（3）全面质量管理阶段。它具有全面性，控制产品质量的各个环节、各个阶段；是全过程的质量管理；是全员参与的质量管理；是全社会参与的质量管理。

2. 全面质量管理

全面质量管理是指在全面社会的推动下，企业中所有部门、所有组织、所有人员都以产品质量为核心，把专业技术、管理技术、数理统计技术集合在一起，建立起一套科学、严密、高效的质量保证体系，控制生产过程中影响质量的因素，以优质的工作和最经济的办法提供满足用户需要的产品的全部活动。

全面质量管理的意义如下：

（1）提高产品质量。

（2）改善产品设计。

（3）加速生产流程。

（4）鼓舞员工的士气和增强质量意识。

（5）提高产品售后服务水平。

（6）提高市场的接受程度。

（7）降低经营质量成本。

（8）减少经营亏损。

（9）降低现场维修成本。

（10）减少责任事故。

PDCA 管理循环是全面质量管理最基本的工作程序，即计划—执行—检查—处理（Plan、Do、Check、Action）。PDCA 管理循环的特点如下：

（1）PDCA 循环工作程序的四个阶段顺序进行。

（2）每个部门、小组都有自己的 PDCA 循环，并都成为企业大循环中的小循环。

（3）阶梯式上升，循环前进。

3. 工程质量管理体系

工程质量管理体系是指为实现工程项目质量管理目标，围绕着工程项目质量管理而建立的质量管理体系。工程质量管理体系包含三个层次：一是承建方的自控，二是建设方（含监理等咨询服务方）的监控，三是政府和社会的监督。其中，承建方包括勘察单位、设计单位、施工单位、材料供应单位等；咨询服务方包括监理单位、咨询单位、项目管理公司、审图机构、检测机构等。

因此，我国工程建设实行"政府监督、社会监理与检测、企业自控"的质量管理与保证体系。但社会监理的实施，并不能取代建设单位和承建方按法律法规规定的应有的质量管理责任。

情景二　施工材料质量检查

1. 学习情境描述

某地块住宅工程准备试打桩。打桩前，施工单位将刚进场用于桩基的钢筋数量、规格、生产厂家和质量证明文件等上报给了监理单位，邀请其对该批次钢筋进行验收并按照见证取样规定进行了送检。经有资质的检测单位检测并出具合格报告后，施工单位将工程材料、构配件、设备报审表正式报送到监理单位，拟将该批次钢筋投入使用。监理单位收到工程材料、构配件、设备报审表后，对进场复试报告等资料进行了复核，并签署了"同意使用"的意见，之后监理单位对该批次钢筋进行了材料进场台账登记。

2. 学习目标

知识目标：

（1）了解施工材料质量检查的概念和作用。

（2）熟悉施工材料质量检查的内容。

（3）掌握施工材料质量检查的成果。

能力目标：

会进行施工材料质量检查。

素养目标：

在职业活动中遵守行为规范的职业操守。

3. 任务书

根据给定的工程项目，模拟材料进场验收。

4. 工作准备

引导问题 1：什么是施工材料质量检查？它的作用是什么？

_____

_____

小提示：

施工材料质量管理是建筑工程质量的基础性工作，是工程质量安全的保证，要认真贯彻"百年大计、质量第一"的方针，严格遵守建筑材料"先检后用"原则。要坚决杜绝不合格建筑材料流入建筑工地用于工程，切实保障人民群众生命财产安全。

施工材料质量检查是施工材料质量管理的重要手段，是施工材料质量管理科学性、准确性、可靠性的保障。施工单位应建立完善的材料采购、进场检验和使用的质量保证体系，建立使用追索机制，确保使用的材料符合设计、标准和合同约定。监理单位应严格执行见证取样送检制，检验合格后方可用于工程。材料质量检测机构必须严格依据规范展开检测，出具真实、准确的检测数据、检测报告，应检查试样的状态、信息、唯一性标识等，及时报告委托单位和当地质检机构发现的不合格情况。

引导问题2：施工材料质量检查的程序和要求是怎样的？

_____

_____

小提示：

项目监理机构收到施工单位报送的工程材料、构配件、设备报审表（表1-2）后，应审查施工单位报送的用于工程的材料、构配件、设备的质量证明文件，专业监理工程师应检查其尺寸、规格、型号、产品标识、包装等外观质量，判定其是否符合设计、规范和合同等要求，并应按有关规定、建设工程监理合同的约定，对用于工程的材料进行见证取样送检。实验室检验报告按照"_____报审、报验表"（表1-3）报送监理审核。

现场配制的材料，施工单位应进行级配设计与配合比试验，试验合格后才能使用。

质量证明文件包括出厂合格证、质量检验报告、性能检测报告以及施工单位的质量抽检报告等。对于工程设备应同时附有设备出厂合格证、技术说明书、质量检验证明、有关图纸、配件清单及技术资料等。

对已进场经检验不合格的工程材料、构配件、设备，应要求施工单位限期将其撤出施工现场。

质量合格的材料、构配件进场后，到其使用或安装时通常要经过一定的时间间隔。在此时间内，专业监理工程师应对施工单位材料、半成品、构配件的存放、保管及使用期限实行监控。

引导问题3：建筑设备质量检查应怎样进行？有哪些要求？

_____

_____

小提示：

建筑设备质量检查需检查其是否符合设计文件、合同文件和规范等所规定的厂家、型号、规格、数量、技术参数等，检查设备图、说明书、配件是否齐全。由建设单位采购的主要设备则由建设单位、施工单位、项目监理机构共同进行开箱检查，并由三方在开箱检查记录上签字。

对于进口材料、构配件和设备，专业监理工程师应要求施工单位报送进口商检证明文件，并会同建设单位、施工单位、供货单位等相关单位有关人员按合同约定进行联合检查验收。联合检查由施工单位提出申请，项目监理机构组织，建设单位主持。

对于工程采用的新设备、新材料，还应核查相关部门鉴定证书或工程应用的证明材料、实地考察报告或专题论证材料。

表 1-2 工程材料、构配件、设备报审表

工程名称： 编号：

致： _____（项目监理机构）

　　于____年____月____日进场的拟用于_____部位的_____，经我方检验合格，现将相关资料报上，请予以审查。

附件：

　　1. 工程材料、构配件、设备清单

　　2. 质量证明文件

　　3. 自检结果

施工项目经理部（盖章）

项目经理（签字）

年　　月　　日

审查意见：

项目监理机构（盖章）

专业监理工程师（签字）

年　　月　　日

注：本表一式二份，项目监理机构、施工单位各一份。

表 1-3 _____报审、报验表

工程名称：_____ 编号：_____

致：_____（项目监理机构）

我方已完成_____工作，经自检合格，现将有关资料报上，请予以审查或验收。

附： □隐蔽工程质量检验资料

□检验批质量检验资料

□分项工程质量检验资料

□施工实验室证明资料

□其他

施工项目经理部（盖章）

项目经理或项目技术负责人（签字）

年 月 日

审查或验收意见：

项目监理机构（盖章）

专业监理工程师（签字）

年 月 日

注：本表一式二份，项目监理机构、施工单位各一份。

引导问题 4：施工材料质量检查的手段和方法有哪些？

_____

_____

小提示：

（1）见证取样送检。见证取样送检是指项目监理机构对施工单位进行的涉及结构安全的试块、试件及工程材料现场取样、封样、送检工作的监督活动。

1）见证取样送检的工作程序。

①工程项目施工前，由施工单位和项目监理机构共同对见证取样送检的检测机构进行考察确定；对于施工单位提出的实验室，专业监理工程师要进行实地考察。实验室一般是和施工单位没有行政隶属关系的第三方。实验室要具有相应的资质，经国家或地方计量、试验主管部门认证，试验项目满足工程需要。实验室出具的报告对外具有法定效果。

②项目监理机构要将选定的实验室报送负责本项目的质量监督机构备案并得到认可，同时要将项目监理机构中负责见证取样送检的专业监理工程师在该质量监督机构备案。

③施工单位应按照规定制订检测试验计划，配备取样人员，负责施工现场的取样工作，并将检测试验计划报送项目监理机构。

④施工单位在对进场材料、试块、试件、钢筋接头等实施见证取样送检前要通知负责见证取样送检的专业监理工程师，在该专业监理工程师现场监督下，施工单位按相关规范的要求，完成材料、试块、试件等的取样过程。

⑤完成取样后，施工单位取样人员应在试样或其包装上做出标识、封志。标识和封志应标明工程名称、取样部位、取样日期、样品名称和样品数量等信息，并由见证取样送检的专业监理工程师和施工单位取样人员签字。如钢筋样品、钢筋接头，则贴上专用加封标志，然后送往实验室。

2）见证取样送检的实施要求。

①实验室要具有相应的资质并进行备案、认可。

②负责见证取样送检的专业监理工程师要具有材料、试验等方面的专业知识，并经培训考核合格，且要取得见证人员培训合格证书。

③施工单位从事取样的人员一般应是实验室人员或专职质检人员。

④实验室出具的报告一式两份，分别由施工单位和项目监理机构保存，并作为归档材料，是工序产品质量评定的重要依据。

⑤见证取样送检的频率，国家或地方主管部门有规定的，执行相关规定；施工承包合同中如有明确规定的，执行施工承包合同的规定。

⑥见证取样和送检的资料必须真实、完整，且符合相应规定。

（2）平行检验。平行检验是指项目监理机构在施工单位自检的同时，按有关规定、建设工程监理合同约定对同一检验项目进行的检测试验活动。项目监理机构应根据工程特点、专业要求，以及建设工程监理合同约定，对施工质量进行平行检验。

平行检验的项目、数量、频率和费用等应符合建设工程监理合同的约定。对平行检验不合格的施工质量，项目监理机构应签发监理通知单，要求施工单位在指定的时间内整改并重新报验。

例如高速公路工程中，工程监理单位应按工程建设监理合同约定组建项目监理中心实验室进行平行检验工作。公路工程检验试验可分为验证试验、标准试验、工艺试验、抽样试验和验收试验。其中，验证试验是对材料或商品构件进行预先鉴定，以决定其是否可以用于工程。标准试验是对各项工程的内在品质进行施工前的数据采集，它是控制和指导施工的科学依据，包括各种标准击实试验、集料的级配试验、混合料的配合比试验、结构的强度试验等。工艺试验是依据技术规范的规定，在动工之前对路基、路面及其他需要通过预先试验方能正式施工的分项工程预先进行工艺试验，然后依其试验结果全面指导施工。抽样试验是对各项工程实施中的实际内在品质进行符合性的检查，内容应包括各种材料的物理性能、土方及其他填筑施工的密实度、混凝土及沥青混凝土的强度等的测定和试验。验收试验是对各项已完工程的实际内在品质做出评定。

（3）资料核查。材料进场资料核查主要包括进场工程材料成品、构配件、设备的质量证明资料；各种试验检验报告（如力学性能试验、化学成分试验、材料级配试验等）；各种合格证；设备进场维修记录或设备进场运行检验记录等。

5．工作实施

（1）任务下发。根据指导老师确定的工程项目，模仿案例，依据材料进场检查的基本步骤，对案例工程进行工程材料质量检查。

（2）步骤交底。

1）工作步骤和要点。

①**第一步：出厂检验。** 在施工单位确定供应商、材料送达现场之前，监理单位可以根据需求先对材料供应商进行对应资质的审查，检查其单位生产资质、安全生产许可证、生产能力、业绩等是否符合工程需求，如果不符，可要求施工单位更换供应商。

②**第二步：实物检查。** 接到施工单位材料进场的通知后，监理单位应组织对进场的材料、构配件、设备等进行外观质量检查，核对其是否符合本工程设计图的规格、尺寸等要求，并核查其出厂合格证等产品质量证明文件。

③**第三步：现场复验。** 对涉及结构安全的试块、试件以及有关材料，应按照见证取样送检的规定进行复试，待其复试合格后方可投入使用。

④**第四步：收集并形成台账资料。** 材料进场验收后，监理单位应收集材料的合格证、质量证明资料、检验报告等资料，并形成材料进场、见证取样送检台账。

2）成果要求。

工程材料、设备、构配件报审表

某集团有限公司产品质量证明书

钢筋原材料性能检测报告

相关知识（拓展）

常见施工材料检查批次的划分

1．水泥

（1）散装水泥。同一水泥厂生产的同期出厂的同品种、同强度等级、同一出厂编号的水泥为一个验收批，一个验收批的总量不得超过500t。

（2）袋装水泥。同一水泥厂生产的同期出厂的同品种、同强度等级、同一出厂编号的水泥为一个验收批，一个验收批的总量不得超过200t。

2．砂子

以同一产地、同一规格每400m³或600t为一个验收批，不足400m³或600t也按一个验收批计。

3．石子

以同一产地、同一规格每400m³或600t为一个验收批，不足400m³或600t也按一个验收批计。

4．砖、砌休

（1）烧结普通砖。每15万块为一个验收批，不足15万块也按一个验收批计。

（2）烧结多孔砖。每3.5～15万块为一个验收批，不足3.5万块也按一个验收批计。

（3）烧结空心砖（非承重）空心砌块。每3万块为一个验收批，不足3万块也按一个验收批计。

（4）非烧结普通砖。每5万块为一个验收批，不足5万块也按一个验收批计。

（5）粉煤灰砖（砌块）、蒸压灰砂砖、蒸压灰砂空心砖。每10万块为一个验收批，不足10万块也按一个验收批计。

（6）普通混凝土空心砌块、轻集料混凝土小型空心砌块。每1万块为一个验收批，不足1万块也按一个验收批计。

（7）蒸压加气混凝土砌块。同品种、同规格、同等级的砌块，以1000块为一个验收批，不足1000块也为一个验收批。

5．钢材

（1）钢筋混凝土用热轧带肋钢筋、钢筋混凝土用热轧光圆钢筋、低碳钢热轧圆盘条、冷轧带肋钢筋。同一厂别、同一炉罐号、同一规格、同一交货状态，每60t为一个验收批，不足60t也按一个验收批计。

（2）冷轧扭钢筋。同一厂别、同一炉罐号、同一规格、同一交货状态，每20t为一个验收批，不足20t也按一个验收批计。

6．防水材料

（1）防水卷材。同一生产厂的同一品种、同一等级的产品，每500～1000卷抽4卷，100～499卷抽3卷，100卷以下抽2卷，进行规格尺寸和外观质量检验。

（2）防水涂料。同一生产厂每5t产品为一个验收批，不足5t也按一个验收批计。

7. 普通混凝土

（1）每拌制 100 盘且不超过 $100m^3$ 的同配合比的混凝土为一个验收批。

（2）每工作班拌制的同一配合比的混凝土不足 100 盘时为一个验收批。

（3）当一次连续浇筑超过 $1000m^3$ 时，同一配合比混凝土每 $200m^3$ 为一个验收批。

（4）每一楼层，同一配合比的混凝土为一个验收批。

（5）建筑地面的混凝土，以同一配合比、同一强度等级，每一层或每 $1000m^2$ 为一个验收批，不足 $1000m^2$ 也按一个验收批计。

8. 砂浆

（1）同一强度等级、同一配合比、同种原材料每一楼层或 $250m^3$ 砌体（基础砌体可按一个楼层计）为一个验收批。

（2）干拌砂浆，同强度等级每 400t 为一个验收批，不足 400t 也按一个验收批计。

（3）建筑地面用水泥砂浆，以每一层或 $1000m^2$ 为一个验收批，不足 $1000m^2$ 也按一个验收批计。

情景三 施工质量检测、试验检查

1. 学习情境描述

某地块住宅工程开始桩基工程施工，现场施工员对拟施工的桩位进行了放样并上报了工程测量放线记录，打桩工人按照该放样点进行了桩基就位，经施工员自检后上报监理单位，经专业监理工程师复核符合要求并签署意见后，开始打桩。

桩基工程完成达到混凝土龄期后，按照设计图的要求通知检测单位对现场桩基进行了承载力试验，试验合格并由检测单位出具检测报告后开始了基础工程施工。

主体结构混凝土浇筑完成达到龄期后，施工单位委托检测单位对钢筋混凝土梁、板、柱进行了实体强度回弹检测，检测合格并出具检测报告后进入装修工程施工。

排水管道安装完成后，施工单位邀请监理单位一起对排水立管和水平干管管道进行了通球试验，经试验通球率达到100%，施工、监理单位共同签署了通球试验记录。

2. 学习目标

知识目标：

（1）了解施工质量检测、试验检查的概念。

（2）熟悉施工实验室的检查范围。

（3）掌握施工质量检测、试验检查。

能力目标：

掌握测量放线量测，桩、地基承载力的检测，结构实体强度检测，功能性试验。

素养目标：

在职业活动中遵守行为规范的职业操守。

3. 任务书

根据给定的工程项目，开展施工质量检测、试验检查工作。

4. 工作准备

引导问题1：什么是施工质量检测？

_____

_____

小提示：

施工质量检测是指对工程实体的一个或多个特性进行的诸如测量、检查、试验或度量，

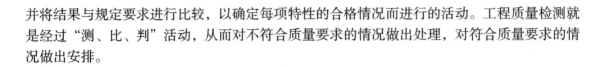

并将结果与规定要求进行比较，以确定每项特性的合格情况而进行的活动。工程质量检测就是经过"测、比、判"活动，从而对不符合质量要求的情况做出处理，对符合质量要求的情况做出安排。

引导问题2：施工质量检测有哪些内容？

_____

_____

小提示：

施工质量检测主要包括"测量放线量测""地基承载力检测""结构实体质量检测""功能性试验"。具体内容如下：

（1）测量放线量测包括"定位放线量测""施工过程测量放线量测"等。

（2）地基承载力检测包括"地基土荷载试验""标准贯入试验""静力触探试验""旁压试验"等。

（3）结构实体质量检测包括"桩基检测""混凝土实体检测"等。

（4）功能性试验包括"浴厕、屋面渗漏水试验""通球通水试验""保温节能检测"等。

引导问题3：什么是实验室检查？对实验室需检查哪些内容？

_____

_____

小提示：

实验室检查是指专业监理工程师对施工单位为本工程提供服务的实验室（包括施工单位自有实验室或委托的实验室）进行检查。

对实验室的检查应包括下列内容：

（1）实验室的资质等级及试验范围。

（2）法定计量部门对试验设备出具的计量检定证明。

（3）实验室管理制度。

（4）试验人员资格证书。

引导问题4：对测量放线的量测监理工程师应检查的内容、程序和成果是怎样的？

_____

_____

小提示：

（1）监理工程师应检查的内容。

①专业监理工程师应检查、复核施工单位测量人员的资格证书和测量设备检定证书。根据相关规定，从事工程测量的技术人员应取得合法有效的相关资格证书，用于测量的仪器和

设备也应具备有效的检定证书。

②专业监理工程师应按照相应测量标准的要求对施工平面控制网、高程控制网和临时水准点的测量成果及控制桩的保护措施进行检查、复核。例如，场区控制网点位，应选择在通视良好、便于施测、利于长期保存的地点，并埋设相应的标识，必要时还应增加强制对中装置。标识埋设深度，应根据冻土深度和场地设计标高确定。施工中，当少数高程控制点标识不能保存时，应将其引测至稳固的建（构）筑物上，引测精度不应低于原高程点的精度等级。

（2）报验程序和成果。项目监理机构收到施工单位报送的施工控制测量成果报验表（表1-4）后，由专业监理工程师审查。专业监理工程师应审查施工单位的测量依据、测量人员资格和测量成果是否符合规范及标准要求，符合要求的应予以签认。

表1-4　施工控制测量成果报验表

工程名称：_____　　　　　　编号：_____

致：_____（项目监理机构）

　　我方已完成_____的施工控制测量，经自检合格，请予以查验。

附件：

　　1.施工控制测量依据资料：规划红线、基准点或基准线、引进水准点标高文件资料；总平面布置图

　　2.施工控制测量成果表：施工测量放线成果表

　　3.测量人员的资格证书及测量设备检定证书

施工项目经理部（盖章）

项目技术负责人（签字）

年　　　月　　　日

审查意见：

项目监理机构（盖章）

专业监理工程师（签字）

年　　　月　　　日

　　注：本表一式三份，项目监理机构、建设单位和施工单位各一份。

引导问题 5："地基承载力检测""结构实体质量检测""功能性试验"等检测的组织和程序是怎样的？

_____

_____

小提示：

上述检测由监理单位组织施工单位实施，并见证实施过程。施工单位（或检测单位）制定检验专项方案，并经监理单位审核批准后实施。除结构位置与尺寸偏差、渗漏观察等检验项目，应由具有相应资质的检测机构完成。检测成果应由施工单位用"_____报审、报验表"（表1-3）报监理单位，由监理工程师审核是否符合规范及标准要求，符合要求的应予以签认；不符合要求的，应立即发出监理通知，做出处理意见。

5. 工作实施

（1）任务下发。根据指导老师确定的工程项目，模仿案例，对案例工程进行施工质量检测、试验检查工作。

（2）步骤交底。

1）工作步骤和要点。

①第一类：测量放线量测。

第一步：在开工前，专业监理工程师应编制具有针对性的测量监理实施细则。

第二步：督促施工单位报审并检查测量人员的岗位证书、测量设备校准证书、控制桩的校核成果，以及平面控制网、高程控制网和临时水准点的测量成果。

第三步：对施工单位引入现场的控制点标记、界桩、位置等进行复核、检查。

第四步：监理工程师应采取内业和外业相结合的复核方式对施工单位报送的定位、龙门桩、地基验槽、基坑监测、结构技术复核、沉降观测、大角倾斜等施工测量成果进行复核，符合要求后签认施工控制测量成果报验表。

②第二类：施工试验。

第一步：在接到施工单位进行"地基承载力检测""结构实体质量检测""功能性试验"等施工试验前，项目监理机构应安排人员进行见证，见证过程应留置照片或视频记录并及时做好见证台账。

第二步：待检测完成，检测单位出具报告后，监理单位应在施工单位报送的"_____报审、报验表"（表1-3）中签署审查意见。

2）成果要求。

施工控制测量成果报验表

基桩检测报告（高应变）

回弹法检测混凝土抗压强度报告

卫生器具满水（通水）试验记录

相关知识（拓展）

一、常用建筑材料取样（表 1-5）

表 1-5　常用建筑材料取样

序号	材料名称		试验项目	组批原则及取样规定
1	水泥	硅酸盐水泥 普通硅酸盐水泥 矿渣硅酸盐水泥 粉煤灰硅酸盐水泥 火山灰质硅酸盐水泥 复合硅酸盐水泥	必试：安定性、凝结时间、强度 其他：细度、烧失量、三氧化硫、碱含量	（1）散装水泥 ①同一水泥厂生产的同期出厂的同品种、同强度等级、同一出厂编号的水泥为一个验收批，但一个验收批的总量不得超过 500t ②随机从不少于 3 个车罐中各采取等量水泥，经混拌均匀后，再从中称取不少于 12kg 的水泥作为试样 （2）袋装水泥 ①同一水泥厂生产的同期出厂的同品种、同强度等级、同一出厂编号的水泥为一个验收批，但一个验收批的总量不得超过 200t ②随机从不少于 20 袋中各采取等量水泥，经混拌均匀后，再从中称取不少于 12kg 的水泥作为试样
		砌筑水泥	必试：安定性、凝结时间、强度 其他：泌水性、细度、流动度	
		快硬硅酸盐水泥	必试：强度、凝结时间、安定性 其他：细度、氧化镁、三氧化硫	（1）同一水泥厂、同一类型、同一编号的水泥，每 400t 为一个取样单位，不足 400t 也按一个取样单位计 （2）取样要有代表性，可从 20 袋中各采取等量样品，总量至少 14kg
2	砂		必试：筛分析、含泥量、泥块含量 其他：密度、有害物质含量、坚固性、碱活性检验、含水率	（1）以同一产地、同一规格每 400m³ 或 600t 为一个验收批，不足 400m³ 或 600t 也按一批计。每一个验收批取样一组（20kg） （2）当质量比较稳定、进料量较大时，可定期检验 （3）取样部位应均匀分布，在料堆上从 8 个不同部位抽取等量试样，取样前先将取样部位表面铲除
3	碎石或卵石		必试：筛分析、含泥量、泥块含量、针片状颗粒含量、压碎指标 其他：密度、有害物质含量、坚固性、碱活性检验、含水率	（1）以同一产地、同一规格每 400m³ 或 600t 为一个验收批，不足 400m³ 或 600t 也按一批计。每一个验收批取样一组 （2）当质量比较稳定、进料量较大时，可定期检验 （3）一组试样 40kg（最大粒径 10mm、16mm、20mm）或 80kg（最大粒径 31.5mm、40mm）取样部位应均匀分布，在料堆上从五个不同的部位抽取大致相等的试样 15 份（料堆的顶部、中部、底部）。每份 5～40kg，然后缩分到 40kg 或 60kg 送试

（续）

序号	材料名称	试验项目	组批原则及取样规定
4 砌墙砖和砌块	烧结普通砖	必试：抗压强度 其他：抗风化、泛霜、石灰爆裂、抗冻	（1）每15万块为一个验收批，不足15万块也按一批计 （2）每一个验收批随机抽取试样一组（10块）
	烧结多孔砖	必试：抗压强度、抗折强度 其他：冻融、泛霜、石灰爆裂、吸水率	（1）每3.5～15万块为一个验收批，不足3.5万块也按一批计 （2）每一个验收批随机抽取试样一组（10块）
	烧结空心砖（非承重）空心砌块	必试：抗压强度（大条面） 其他：密度、冻融、泛霜、石灰爆裂、吸水率	（1）每3万块为一个验收批，不足3万块也按一批计 （2）每一个验收批随机抽取试样一组（5块）
	非烧结普通砖	必试：抗压强度、抗折强度 其他：抗冻性、吸水率、耐水性	（1）每5万块为一个验收批，不足5万块也按一批计 （2）每一个验收批随机抽取试样一组（10块）
	粉煤灰砖	必试：抗压强度 其他：抗折强度、干燥、收缩、抗冻	（1）每10万块为一个验收批，不足10万块也按一批计 （2）每一个验收批随机抽取试样一组（20块）
	粉煤灰砌块	必试：抗压强度 其他：密度、碳化、抗冻、干缩	（1）每10万块为一个验收批，不足10万块也按一批计 （2）每一个验收批随机抽取试样一组（3块）
	蒸压灰砂砖	必试：抗压强度 其他：密度、抗冻	（1）10万块为一个验收批，不足10万块也按一批计 （2）每一个验收批随机抽取试样一组（10块）
	蒸压灰砂空心砖	必试：抗压强度 其他：密度、抗冻	（1）每10万块为一个验收批，不足10万块也按一批计 （2）从外观合格的砖样中，用随机抽取法抽取2组10块（NF砖2组20块）进行抗压强度试验和抗冻性试验 （注：NF为规格代号，尺寸为240mm×115mm×53mm）
	普通混凝土空心砌块	必试：抗压强度（大条面） 其他：抗折强度、密度和空心率、含水率、吸水率、干燥收缩、软化系数、抗冻抗压	（1）每1万块为一个验收批，不足1万块也按一批计 （2）每一个验收批随机抽取试样一组（5块）
	轻集料混凝土小型空心砌块	必试：抗压强度 其他：抗折强度、密度和空心率、含水率、吸水率、干燥收缩、软化系数、抗冻抗压	
	蒸压加气混凝土砌块	必试：立方体抗压强度、干体积密度 其他：干燥收缩、抗冻性、导热性	（1）同品种、同规格、同等级的砌块，以1000块为一个验收批，不足1000块也按一批计。随机抽取50块砌块 （2）从尺寸偏差与外观检验合格的砌块中，随机抽取砌块，制作3组试件进行立方体抗压强度试验，制作3组试件进行干体积密度检验

（续）

序号	材料名称	试验项目	组批原则及取样规定
5	钢材	碳素结构钢	必试：拉伸试验（屈服点、抗拉强度、伸长率）弯曲试验 其他：断面收缩率、硬度、冲击、化学成分	同一厂别、同一炉罐号、同一规格、同一交货状态每60t为一个验收批，不足60t也按一批计。每一个验收批取一组试件（拉伸、弯曲各1个）
		钢筋混凝土用热轧带肋钢筋 钢筋混凝土用热轧光圆钢筋 钢筋混凝土用余热处理钢筋	必试：拉伸试验（屈服点、抗拉强度）、弯曲试验 其他：反向弯曲、化学成分	（1）同一厂别、同一炉罐号、同一规格、同一交货状态，每60t为一个验收批，不足60t也按一批计 （2）每一个验收批取拉伸试件2个、弯曲试件2个（在任选的两根钢筋上切取）
		低碳钢热轧圆盘条	必试：拉伸试验（屈服点、抗拉强度、伸长率）、弯曲试验 其他：化学成分	（1）同一厂别、同一炉罐号、同一规格、同一交货状态每60t为一个验收批，不足60t也按一批计 （2）每一个验收批取一组试件，其中拉伸1个、弯曲2个（取自不同盘）
		冷轧带肋钢筋	必试：拉伸试验（屈服点、抗拉强度、伸长率）、弯曲试验 其他：松弛率、化学成分	（1）同一牌号、同一外形、同一生产工艺、同一交货状态每60t为一个验收批，不足60t也按一批计 （2）每一个验收批取拉伸试件1个（逐盘），弯曲试件2个（每批），松弛试件1个（定期） （3）在每盘中的任意一端截去500mm后切取
		冷轧扭钢筋	必试：拉伸试验（屈服点、抗拉强度、伸长率）、弯曲试验、重量、节距、厚度	（1）同一牌号、同一规格尺寸、同一台轧机、同一台班每20t为一个验收批，不足20t也按一批计 （2）每批取弯曲试件1个，拉伸试件2个，重量、节距、厚度各3个
6	钢筋连接	钢筋电阻点焊	必试：抗拉强度、抗剪强度、弯曲试验	（1）电阻点焊制品 1）钢筋焊接骨架 ①凡钢筋级别、直径及尺寸相同的焊接骨架应视为同一类制品，且每200件为一个验收批，一周内不足200件的也按一批计 ②试件应从成品中切取，当所切取试件的尺寸小于规定的试件尺寸时，或受力钢筋直径大于8mm时，可在生产过程中焊接试验网片，从中切取试件 ③由几种钢筋直径组合的焊接骨架，应对每种组合做力学性能检验；热轧钢筋焊点，应做抗剪试验，试件数量3件；冷拔低碳钢丝焊点，应做抗剪试验及对较小的钢筋做拉伸试验，试件数量3件 2）钢筋焊接网 ①凡钢筋级别、直径及尺寸相同的焊接骨架应视为同一类制品，每批不应大于30t，或每200件为一个验收批，一周内不足30t或200件的也按一批计

（续）

序号	材料名称	试验项目	组批原则及取样规定
6 钢筋连接	钢筋电阻点焊	必试：抗拉强度、抗剪强度、弯曲试验	②试件应从成品中切取 ③冷轧带肋钢筋或冷拔低碳钢丝焊点应做拉伸试验，试件数量1件，横向试件数量1件；冷轧带肋钢筋焊点应做弯曲试验，纵向试件数量1件，横向试件数量1件；热轧钢筋、冷轧带肋钢筋或冷拔低碳钢丝的焊点应做抗剪试验，试件数量3件
	钢筋闪光对焊接头	必试：抗拉强度、弯曲试验	（1）同一台班内由同一焊工完成的300个同级别、同直径钢筋焊接接头应作为一批。当同一台班内，可在一周内累计计算，累计仍不足300个接头，也按一批计 （2）力学性能试验时，试件应从成品中随机切取6个试件，其中3个做拉伸试验，3个做弯曲试验 （3）焊接等长预应力钢筋（包括螺丝端杆与钢筋）。可按生产条件做模拟试件 （4）螺丝端杆接头可只做拉伸试验 （5）若出现试验结果不符合要求时，可随机再取双倍数量试件进行复试 （6）当模拟试件试验结果不符合要求时，复试应从成品中切取，其数量和要求与初试时相同
	钢筋电弧焊接头	必试：抗拉强度	（1）工厂焊接条件下：同钢筋级别300个接头为一个验收批 （2）在现场安装条件下：每一至二层楼同接头形式、同钢筋级别的接头300个为一个验收批。不足300个接头也按一批计 （3）试件应从成品中随机切取3个接头进行拉伸试验 （4）装配式结构节点的焊接接头可按生产条件制造模拟试件 （5）当初试结果不符合要求时应再取6个试件进行复试
	钢筋电渣压力焊接头	必试：抗拉强度	（1）一般构筑物中以300个同级别钢筋接头作为一个验收批 （2）在现浇钢筋混凝土多层结构中，应以每一楼层或施工区段中300个同级别钢筋接头作为一个验收批，不足300个接头也按一批计 （3）试件应从成品中随机切取3个接头进行拉伸试验 （4）当初试结果不符合要求时应再取6个试件进行复试

（续）

序号	材料名称	试验项目	组批原则及取样规定
6	钢筋连接	钢筋气压焊接头	必试：抗拉强度、弯曲试验（梁、板的水平钢筋连接）	（1）一般构筑物中以300个接头作为一个验收批 （2）在现浇钢筋混凝土房屋结构中，同一楼层中应以300个接头作为一个验收批，不足300个接头也按一批计 （3）试件应从成品中随机切取3个接头进行拉伸试验；在梁、板的水平钢筋连接中，应另切取3个试件做弯曲试验 （4）当初试结果不符合要求时应再取6个试件进行复试
		机械连接： （1）锥螺纹连接 （2）套筒挤压接头 （3）镦粗直螺纹钢筋接头	必试：抗拉强度	（1）工艺检验：在正式施工前，按同批钢筋、同种机械连接形式的接头试件不少于3根，同时对应截取接头试件的母材，进行抗拉强度试验 （2）现场检验：接头的现场检验按验收批进行。同一施工条件下采用同一批材料的同等级、同形式、同规格的接头每500个为一个验收批。不足500个接头也按一批计。每一个验收批必须在工程结构中随机截取3个试件做单向拉伸试验。在现场连续检验10个验收批，其全部单向拉伸试件一次抽样均合格时，验收批接头数量可扩大一倍
7	防水材料	沥青防水卷材： （1）油沥青纸胎油毡、油纸 （2）石油沥青玻璃布胎油毡 （3）铝箔面油毡	必试：拉力、耐热度、柔度、不透水性	（1）以同一生产厂的同一品种、同一等级的产品，每500～1000卷抽4卷，100～499卷抽3卷，100卷以下抽2卷，进行规格尺寸和外观质量检验。在外观质量检验合格的卷材中，任取一卷做物理性能检验 （2）将试样卷材切除距外层卷头2500mm后，顺纵向切取600mm的2块全幅卷材送试
		高聚物改性沥青防水卷材： （1）改性沥青聚乙烯胎防水卷材 （2）沥青复合胎柔性防水卷材 （3）自粘橡胶沥青防水卷材 （4）弹性体改性沥青防水卷材 （5）塑性体改性沥青防水卷材	必试：拉力、断裂延伸率、不透水性、柔度、耐热度	（1）以同一生产厂的同一品种、同一等级的产品，每500～1000卷抽4卷，100～499卷抽3卷，100卷以下抽2卷，进行规格尺寸和外观质量检验。在外观质量检验合格的卷材中，任取一卷做物理性能检验 （2）将试样卷材切除距外层卷头2500mm后，顺纵向切取1000mm的全幅卷材试样2块。一块做物理性能检验用，另一块备用

（续）

序号	材料名称	试验项目	组批原则及取样规定
7	防水材料	合成高分子防水卷材： （1）三元乙丙橡胶 （2）聚氯乙烯防水卷材 （3）氯化聚乙烯防水卷材 （4）三元丁橡胶防水卷材 （5）氯化聚乙烯－橡胶共混防水卷材	必试：断裂拉伸强度、扯断伸长率、不透水性、低温弯折性 其他：粘结性能 必试：拉伸强度、断裂伸长率、直角形撕裂强度、不透水性、脆性温度 其他：热老化保持率	（1）以同一生产厂的同一品种、同一等级的产品，每500～1000卷抽4卷，100～499卷抽3卷，100卷以下抽2卷，进行规格尺寸和外观质量检验。在外观质量检验合格的卷材中，任取一卷做物理性能检验 （2）将试样卷材切除距外层卷头300mm后顺纵向切取1500mm的全幅卷材2块，一块做物理性能检验用，另一块备用
		防水涂料： （1）聚氨酯防水涂料 （2）溶剂型橡胶沥青防水涂料 （3）聚合物乳液建筑防水涂料 （4）聚合物水泥防水涂料	必试：固体含量、拉伸强度、断裂伸长率、不透水性、低温柔度、耐热度（屋面用）	（1）同一生产厂，以甲组分每5t为一个验收批，不足5t也按一批计；乙组分按产品重量配比相应增加 （2）每一个验收批按产品的配比分别取样，甲、乙组分样品总重为2kg （3）搅拌均匀后的样品，分别装入干燥的样品容器中，样品容器内应留有5%的空隙，密封并做好标识
			必试：固体含量、低温柔性、耐热性、不透水性 其他：粘结性、抗裂性	（1）同一生产厂每5t产品为一个验收批，不足5t也按一批计 （2）随机抽取，抽样数应不低于$\sqrt{n}/2$（n是产品的桶数） （3）从已检的桶内不同部位，取相同量的样品，混合均匀后取两份样品，分别装入样品容器中，样品容器应留有约5%的空隙，盖严，并将样品容器外部擦干净立即做好标识。一份试验用，一份备用
			必试：固体含量、断裂延伸率、拉伸强度、低温柔性、不透水性 其他：加热伸缩率、干燥时间	（1）同一生产厂每5t产品为一个验收批，不足5t也按一批计 （2）随机抽取，抽样数应不低于n（n是产品的桶数） （3）从已检的桶内不同部位，取相同量的样品，混合均匀后取两样品，分别装入样品容器中，样品容器应留有约5%的空隙，盖严，并将样品容器外部擦干净立即做好标识。一份试验用，一份备用
			必试：固体含量、断裂延伸率、拉伸强度、低温柔性、不透水性 其他：抗渗性（背水面）、干燥时间、潮湿基面粘结性、强度	（1）同一生产厂、同一类型的产品，每10t为一个验收批，不足10t也按一批计 （2）产品的液体组分取样溶剂型橡胶沥青防水涂料 （3）配套固体组分的抽样按溶剂型橡胶沥青防水涂料（GB 12973—1999）中袋装水泥的规定进行，两组分共取5kg样品

（续）

序号	材料名称	试验项目	组批原则及取样规定
8	普通混凝土	必试：稠度、抗压强度 其他：轴心抗压、静力受压弹性模量、劈裂抗拉强度、抗折强度、长期性能和耐久性能试验、碱含量、氯化物总量	（1）试块的留置 ①每拌制 100 盘且不超过 100m³ 的同配合比的混凝土，取样不得少于一次 ②每工作班拌制的同一配合比的混凝土不足 100 盘时，取样不得少于一次 ③当一次连续浇筑超过 1000m³ 时，同一配合比混凝土每 200m³ 混凝土取样不得少于一次 ④每一楼层，同一配合比的混凝土，取样不得少于一次 ⑤冬期施工还应留置负温转常温试块和临界强度块 ⑥对预拌混凝土，当一个分项工程连续供应相同配合比的混凝土量大于 1000m³ 时，其交货检验的试样，每 200m³ 混凝土取样不得少于一次 ⑦建筑地面的混凝土，以同一配合比，同一强度等级，每一层或每 1000m² 为一个验收批，不足 1000m² 也按一批计，每批应至少留置一组试块 （2）取样方法及数量 用于检查结构构件混凝土质量的试件，应在混凝土浇筑地点随机取样制作，每组试件所用的拌合物应从同一盘搅拌混凝土或同一车运送的混凝土中取出，对于预拌混凝土还应在卸料过程中卸料量的 1/4～3/4 取样，每个试样量应满足混凝土质量检验项目所需用量的 1.5 倍，且不少于 0.2m³ 每次取样应至少留置一组标准养护试件，同条件养护试件的留置组数应根据实际需要确定
9	抗渗混凝土	必试：稠度、抗压强度、抗渗等级	（1）同一混凝土强度等级、抗渗等级，同一配合比，生产工艺基本相同，每单位工程不得少于两组抗渗试块（每组 6 个试块） （2）试块应在浇筑地点制作，其中至少一组应在标准条件下养护，其余试块应在与构件相同条件下养护 （3）留置抗渗试件的同时需留置抗压强度试件并应取自同一盘混凝土拌合物中。取样方法同普通混凝土
10	砂浆	必试：稠度、抗压强度 其他：分层度、拌合物密度、抗冻性	砌筑砂浆： （1）以同一砂浆强度等级、同一配合比、同种原材料每一楼层或 250m³ 砌体（基础砌体可按一个楼层计）为一个取样单位，每个取样单位标准养护试块的留置不得少于一组（每组 6 块） （2）干拌砂浆同强度等级每 400t 为一个验收批，不足 400t 也按一批计。每批从 20 个以上的不同部位取等量样品。总质量不少于 15kg，分成两份，一份送试，一份备用 建筑地面用水泥砂浆，以每一层或 1000m² 为一个验收批，不足 1000m² 按一批计。每批砂浆至少取样一组。当改变配合比时也应相应地留置试块

二、测量放线检查

1. 定位放线量测

监理工程师在熟悉设计文件和图纸的基础上，会同承包人、设计单位或勘测部门在现场交接平面控制网、高程控制网的测量成果，并要求承包人对其进行有效的保护，直到工程竣工验收结束。

对施工单位引入现场的控制点标记、界桩、位置等进行复核、检查，确保原始定线方位、水准点高程的数据准确无误。若发现有连续两个以上原始基准点或基准高程失效、损坏时，应通过业主由设计勘测单位补定。

2. 施工过程测量放线量测

监理工程师应采取内业和外业相结合的复核方式对施工单位报送的定位、龙门桩、地基验槽、基坑监测、结构技术复核、沉降观测、大角倾斜等施工测量成果进行复核，符合要求后签认。

对楼层轴线、层高、结构构件尺寸的复核，由监理工程师在现场检查、验收时进行，并在施工方报验的技术复核资料上签署验收意见。

对建（构）筑物总高度、大角倾斜复核，可根据单体的高度一次或分次进行，并形成书面记录。

对建筑物沉降观测的复核，应根据设计和规范要求进行，在施工方报验的沉降观测记录上签字。

3. 查验施工控制测量成果

专业监理工程师应检查、复核施工单位报送的施工控制测量成果及保护措施，签署意见，并应对施工单位在施工过程中报送的施工测量放线成果进行查验。施工控制测量成果及保护措施的检查、复核包括以下内容：

（1）施工单位测量人员的资格证书及测量设备检定证书。

（2）施工平面控制网、高程控制网和临时水准点的测量成果及控制桩的保护措施。

项目监理机构收到施工单位报送的施工控制测量成果报验表后，由专业监理工程师审查。专业监理工程师应审查施工单位的测量依据、测量人员资格和测量成果是否符合规范及标准要求，符合要求的应予以签认。

三、桩、地基承载力的检测

1. 桩基检测

（1）桩基检测的类别。桩基检测分为桩基施工前和施工后的检测。施工前，为设计提供依据的试验桩检测，主要确定单桩极限承载力；施工后，为验收提供依据的工程桩检测，主要进行单桩承载力和桩身完整性检测。

（2）桩基检测的方法。

1）单桩竖向抗压静载试验。单桩竖向抗压静载试验是指将竖向荷载均匀地传至建筑物基桩上，通过实测单桩在不同荷载作用下的桩顶沉降，得到静载试验的 Q-s 曲线及 s-$\lg t$ 等辅助曲线，然后根据曲线推求单桩竖向抗压承载力特征值等参数。

目的是确定单桩竖向抗压极限承载力；判定竖向抗压承载力是否满足设计要求；通过桩身应变、位移测试，测定桩侧、桩端阻力，验证高应变法的单桩竖向抗压承载力检测结果。

2）单桩竖向抗拔静载试验。在桩顶部逐级施加竖向抗拔力，观测桩顶部随时间产生的抗拔位移，以确定相应的单桩竖向抗拔承载力。

目的是确定单桩竖向抗拔极限承载力；判断竖向抗拔承载力是否满足设计要求；通过桩身应变、位移测试，测定桩的抗拔侧阻力。

3）单桩水平静载试验。即采用接近水平受力桩的实际工作条件的方法确定单桩水平承载力和地基土水平抗力系数或对工程桩水平承载力进行检验和评价的试验方法。单桩水平静载试验宜采用单向多循环加卸载试验法，当需要测量桩身应力或应变时宜采用慢速维持荷载法。

目的是确定单桩水平临界和极限承载力，推定土抗力参数；判定水平承载力或水平位移是否满足设计要求；通过桩身应变、位移测试，测定桩身弯矩。

4）钻芯法。钻芯法主要是采用钻孔机对桩基进行抽芯取样，根据取出的芯样，可对桩基的长度、混凝土强度、桩底沉渣厚度、持力层情况等进行清楚的判断。

目的是检测灌注桩桩长、桩身混凝土强度、桩底沉渣厚度，判断或鉴别桩端持力层岩土性状，判定桩身完整性类别。

5）低应变法。低应变法是使用小锤敲击桩顶，通过粘结在桩顶的传感器接收来自桩中的应力波信号，采用应力波理论来研究桩土体系的动态响应，反演分析实测速度信号、频率信号，从而获得桩的完整性类别。

目的是检测桩身缺陷及其位置，判定桩身完整性类别。

6）高应变法。高应变法是一种检测桩基桩身完整性和单桩竖向承载力的方法，该方法是采用锤重达桩身重量10%以上或单桩竖向承载力1%以上的重锤以自由落体击往桩顶，从而获得相关的动力系数，应用规定的程序进行分析和计算，得到桩身完整性参数和单桩竖向承载力。

目的是判定单桩竖向抗压承载力是否满足设计要求；检测桩身缺陷及其位置，判定桩身完整性类别；分析桩侧和桩端土阻力；进行打桩过程监控。

7）声波透射法。声波透射法是在灌注桩基混凝土前，在桩内预埋若干根声测管，作为超声脉冲发射与接收探头的通道，用超声探测仪沿桩的纵轴方向逐点测量超声脉冲穿过各横截面时的声参数，然后对这些测值采用各种特定的数值判据或形象判断，进行处理后，给出桩身缺陷及其位置，判定桩身完整性类别。

目的是检测灌注桩桩身缺陷及其位置，判定桩身完整性类别。

（3）桩基检测的实施要点。桩基检测开始时间应满足条件如下：

1）采用应变法和声波透射法检测，受检桩混凝土强度不应低于设计强度的70%且不应低于15MPa。

2）采用钻芯法检测，受检桩混凝土龄期应达到28d，或者同条件养护试块强度达到设计强度要求。

3）一般承载力检测前的休止时间：砂土地基不少于7d，粉土地基不少于10d，非饱和黏性土不少于15d，饱和黏性土不少于25d。泥浆护壁灌注桩，宜延长休止时间。

（4）验收检测的受检桩选择条件。

1）施工质量有疑问的桩。

2）局部地基条件出现异常的桩。

3）承载力验收时选择部分Ⅲ类桩。

4）设计方认为重要的桩。

5）施工工艺不同的桩。

6）宜按规定均匀和随机选择。

验收检测时，宜先进行桩身完整性检测，后进行承载力检测。桩身完整性检测应在基坑开挖后进行。

（5）桩基检测结果。桩身完整性分类为Ⅰ类桩、Ⅱ类桩、Ⅲ类桩、Ⅳ类桩共4类。Ⅰ类桩桩身完整；Ⅱ类桩桩身有轻微缺陷，不会影响桩身结构承载力的正常发挥；Ⅲ类桩桩身有明显缺陷，对桩身结构承载力有影响；Ⅳ类桩桩身存在严重缺陷。

2. 地基承载力检测

地基承载力是建筑工程能否安全竖立的基础。在工程设计阶段前期就需要根据设计部门的要求，对工程所在的地块进行地质钻探，最后提出地质勘察报告作为设计的依据。主要检测方法有原位试验法（地基土荷载试验、标准贯入试验、静力触探试验、旁压试验）、理论公式法、规范表格法和当地经验法。

四、混凝土结构实体质量检测

混凝土结构子分部工程施工质量验收，除了观感质量应合格外，结构实体质量检测也必须合格。结构实体质量检测主要针对涉及混凝土结构安全的有代表性的部位进行，包括三大项内容：混凝土强度、钢筋保护层厚度、结构位置与尺寸偏差。

结构实体质量检测由监理单位组织施工单位实施，并见证实施过程。施工单位制定结构实体质量检测专项方案，并经监理单位审核批准后实施。除结构位置与尺寸偏差外的结构实体质量检测项目，应由具有相应资质的检测机构完成。结构实体质量检测中，当混凝土强度或钢筋保护层厚度检测结果不满足要求时，应委托具有资质的检测机构按国家现行有关标准的规定进行检测。

五、功能性试验

功能性试验一般由监理单位组织施工单位进行，按照规范要求检测合格后签署相应的试验记录。

1. 施工实验室应具备的条件

根据有关规定，为工程提供服务的实验室应具有政府主管部门颁发的资质证书及相应的试验范围。实验室的资质等级和试验范围必须满足工程需要；试验设备应由法定计量部门出具符合规定要求的计量检定证明；实验室还应具有相关管理制度，以保证试验、检测过程和结果的规范性、准确性、有效性、可靠性及可追溯性，实验室管理制度应包括试验人员工作记录、人员考核及培训制度、资料管理制度、原始记录管理制度、试验检测报告管理制度、样品管理制度、仪器设备管理制度、安全环保管理制度、外委试验管理制度、对比试验以及能力考核管理制度、施工现场（搅拌站）试验管理制度、检查评比制度、工作会议制度以及报表制度等。从事试验、检测工作的人员应按规定具备相应的上岗资格证书。

2. 施工实验室的检查

专业监理工程师应检查施工单位为本工程提供服务的实验室（包括施工单位自有实验室或委托的实验室）。实验室的检查应包括下列内容：

（1）实验室的资质等级及试验范围。

（2）法定计量部门对试验设备出具的计量检定证明。

（3）实验室管理制度。

（4）试验人员资格证书。

项目监理机构收到施工单位报送的实验室报审表及有关资料后，总监理工程师应组织专业监理工程师对施工实验室进行审查。专业监理工程师在熟悉本工程的试验项目及其要求后对施工实验室进行审查。

施工单位还有一些用于现场进行计量的设备，包括施工中使用的衡器、量具、计量装置等。施工单位应按有关规定定期对计量设备进行检查、检定，确保计量设备的精确性和可靠性。专业监理工程师应审查施工单位定期提交影响工程质量的计量设备的检查和检定报告。

情景四　施工工序质量检验

1. 学习情境描述

某地块住宅工程主体结构一层柱二层梁板施工。施工过程中，专业监理工程师不定期地对模板和钢筋施工质量进行了巡视，并在巡视过程中提出了相关整改及注意事项，在钢筋和模板完成并自检合格后，施工单位向监理单位报送了相关检验批和隐蔽工程验收资料，提请监理单位进行验收，监理单位组织人员对该部位进行了验收，合格后签发了该部位混凝土浇捣令，并安排监理人员对该部位混凝土浇捣过程进行了旁站，浇筑完成后该监理人员完整记录了浇筑过程并形成了旁站记录。

2. 学习目标

知识目标：

（1）了解施工质量验收的划分、检验批和分项工程的概念。

（2）熟悉资料核查、实测实量的要求。

（3）掌握对工程的关键部位或关键工序的施工质量控制的方法（旁站），检验批和分项工程质量合格的标准。

能力目标：

（1）能进行旁站。

（2）会进行检验批的检验。

素养目标：

在职业活动中遵守行为规范的职业操守。

3. 任务书

根据给定的工程项目，开展施工工序质量检查工作。

4. 工作准备

引导问题1：什么是施工工序质量检验？监理机构对施工工序质量检验的内容有哪些？

_____

_____

小提示：

工序是产品形成的基本环节，工序质量是多种因素共同作用下的结果。工序质量一般是由操作者、机器设备、原材料、工艺方法、测量和环境共六大因素（5M1E）决定的。如果这六大因素配合适当则能保证产品质量的稳定，反之则会出现不合格产品。

　　施工工序质量检验是对施工产品的形成过程和基本环节进行检查、验证、纠偏等控制，从而保证施工产品质量的活动。

　　监理机构对施工工序质量检验，主要是对工程的关键部位或关键工序的施工质量进行旁站，对检验批质量进行巡视和验收，见表1-6。

表1-6　检验批质量验收记录表

单位（子单位）工程名称			分部（子分部）工程名称		分项工程名称	
施工单位			项目负责人		检验批容量	
分包单位			分包单位项目负责人		检验批部位	
施工依据				验收依据		
		验收项目	设计要求及规范规定	最小/实际抽样数量	检查记录	检查结果
主控项目	1					
	2					
	3					
	4					
	5					
	6					
	7					
	8					
	9					
	10					
一般项目	1					
	2					
	3					
	4					
	5					
施工单位检查结果						专业工长： 项目专业质量检查员： 年　月　日
监理单位验收结论						专业监理工程师： 年　月　日

引导问题2：什么是巡视？什么是旁站？怎样进行旁站？

_____

_____

小提示：

巡视是监理机构对正在施工的部位或工序在现场进行的定期或不定期的监督活动。巡视的部位或工序是否合格，通常采用检验批合格标准鉴别。检验批中的主控项目是指建筑工程中对安全、节能、环境保护和主要使用功能起决定性作用的检验项目，所以主控项目也是巡视的重点内容。

旁站是指监理机构对工程的关键部位或关键工序的施工质量进行的监督活动。项目监理机构应根据工程特点和施工单位报送的施工组织设计，将影响工程主体结构安全的、完工后无法检测其质量的或返工会造成较大损失的部位及其施工过程作为旁站的关键部位、关键工序，安排监理人员进行旁站，并应及时记录旁站情况。旁站记录应按《建设工程监理规范》（GB/T 50319—2013）的要求填写，见表1-7。

（1）旁站人员的主要职责。

1）检查施工单位现场质检人员到岗、特殊工种人员持证上岗及施工机械、建筑材料准备情况。

2）在现场监督关键部位、关键工序的施工执行、施工方案以及工程建设强制性标准情况。

3）核查进场建筑材料、构配件、设备和商品混凝土的质量检验报告等，并在现场监督施工单位进行检验或者委托具有资格的第三方进行复验。

4）做好旁站记录，保存旁站原始资料。

5）对施工中出现的偏差及时纠正，保证施工质量。发现施工单位有违反工程建设强制性标准行为的，应责令施工单位立即整改；发现其施工活动已经或者可能危及工程质量的，应当及时向专业监理工程师或总监理工程师报告，由总监理工程师下达暂停令，指令施工单位整改。

6）对需要旁站的关键部位、关键工序的施工，凡没有实施旁站监理或者没有旁站记录的，专业监理工程师或总监理工程师不得在相应文件上签字。工程竣工验收后，项目监理机构应将旁站记录存档备查。

7）旁站记录内容应真实、准确并与监理日志相吻合。对旁站的关键部位、关键工序，应按照时间或工序形成完整的记录。必要时可进行拍照或摄影，记录当时的施工过程。

（2）旁站工作的程序。

1）开工前，项目监理机构应根据工程特点和施工单位报送的施工组织设计，确定旁站的关键部位、关键工序，并书面通知施工单位。

2）施工单位在需要实施旁站的施工前书面通知项目监理机构。

3）接到施工单位书面通知后，项目监理机构应安排旁站人员实施旁站。

（3）旁站工作要点和要求。

1）编制监理规划时，应明确旁站的部位和要求。

2）根据相关规范性文件，房屋建筑工程旁站的关键部位、关键工序如下：

①基础工程。土方回填，混凝土灌注桩浇筑，地下连续墙、土钉墙、后浇带及其他结构混凝土、防水混凝土浇筑，卷材防水层细部构造处理，钢结构安装。

②主体结构工程。梁柱节点钢筋隐蔽工程，混凝土浇筑，预应力张拉，装配式结构安装，钢结构安装，网架结构安装，索膜安装。

③其他工程的关键部位、关键工序，应根据工程类别、特点及有关规定和施工单位报送的施工组织设计确定。

3）对施工中出现的偏差及时纠正，保证施工质量。发现施工单位有违反工程建设强制性标准行为的，应责令施工单位立即整改；发现其施工活动已经或者可能危及工程质量的，应当及时向专业监理工程师或总监理工程师报告，由总监理工程师下达暂停令，指令施工单位整改。

4）对需要旁站的关键部位、关键工序的施工，凡没有实施旁站监理或者没有旁站记录的，专业监理工程师或总监理工程师不得在相应文件上签字。工程竣工验收后，项目监理机构应将旁站记录存档备查。

5）旁站记录内容应真实、准确并与监理日志相吻合。对旁站的关键部位、关键工序，应按照时间或工序形成完整的记录，必要时可进行拍照或摄影，记录当时的施工过程。

表 1-7　旁站记录表

工程名称：　　　　　　　　　　　　　　　　　　　　　　　　　　　　　　编号：

旁站的关键部位、关键工序	
施工单位	
旁站开始时间	年　月　日　时　分
旁站结束时间	年　月　日　时　分

旁站的关键部位、关键工序施工情况：

发现的问题及处理情况：

旁站监理人员（签字）

年　月　日

注：本表一式一份，项目监理机构留存。

引导问题 3：什么是检验批？怎样进行检验批检验？

_____

_____

小提示：

检验批是按相同的生产条件或按规定的方式汇总起来供抽样检验用的，由一定数量样本组成的验收批。检验批是工程施工质量验收的最小单位，是分项工程乃至整个建筑工程质量验收的基础。检验批可根据施工、质量控制和专业的验收需要，按工程量、楼层、施工段、变形缝等进行划分。

验收前，施工单位应先对施工完成的检验批进行自检，合格后由项目专业质量检查员填写检验批质量验收记录及检验批报审、报验表，并报送项目监理机构申请验收；专业监理工程师对施工单位所报送资料进行审查，在日常巡视的基础上，组织相关人员到验收现场进行主控项目和一般项目的实体检查、验收。对验收不合格的检验批，专业监理工程师应要求施工单位进行整改，并自检合格后予以复验；对验收合格的检验批，专业监理工程师应签认检验批报审、报验表及质量验收记录，准许进行下道工序施工。检验批抽样样本应随机抽取，满足分布均匀、具有代表性的要求，抽样数量不应低于有关专业验收规范的规定。明显不合格的个体可不纳入检验批，但必须进行处理，使其满足有关专业验收规范的规定，并对处理情况进行记录。

检验批质量验收的合格标准如下：

（1）主控项目的质量经抽样检验均应合格。

（2）一般项目的质量经抽样检验合格。当采用计数抽样时，合格点率应符合有关专业验收规范的规定，且不得存在严重缺陷。

（3）具有完整的施工操作依据、质量验收记录。

5. 工作实施

（1）任务下发。根据指导老师确定的工程项目，模仿案例，依据审查的基本步骤，对案例工程进行施工工序质量检验。

（2）步骤交底。

1）工作步骤和要点。

①**第一步：施工质量巡视**。施工过程中，监理人员应对正在施工的部位或工序进行定期或不定期的监督，并提出巡视意见，可以在监理日志中详细地记录巡视情况。

②**第二步：旁站**。

a. 工程开始施工前，监理单位应根据施工组织设计、方案等编制对应的旁站方案并对施工单位进行交底具体需要旁站的内容、要求等。

b. 施工单位应按照旁站方案的要求提前通知监理单位需旁站部位的具体安排，收到施工单位通知后，监理单位应安排监理人员进行旁站，一般采取记录、拍照、拍视频等形式。

c. 旁站内容完成后，监理人员应将旁站过程形成书面的旁站记录。

③**第三步：检验批质量验收**。

a. 工程开始前，监理单位应根据工程特性，编制对应的监理实施细则。

b. 施工单位完成对应检验批并自检合格后，向监理单位报送"_____**检验批质量验收记录表**"，邀请监理人员对相应检验批内容进行验收。

c. 监理单位在收到"_____**检验批质量验收记录表**"后，应组织监理人员按照规范的验收要求对相应检验批内容进行现场验收，提出验收意见，验收合格的由专业监理工程师在"_____**检验批质量验收记录表**"中签署验收意见。

2）成果要求。

灌注桩钢筋笼制作与安装报审、报验表

灌注桩钢筋笼制作与安装检验批
质量验收记录

隐蔽工程检查验收记录

旁站记录

相关知识（拓展）

一、巡视

1. 巡视内容

巡视是项目监理机构对施工现场进行的定期或不定期的检查活动，是项目监理机构对工程实施建设监理的方式之一。项目监理机构应安排监理人员对工程施工质量进行巡视。巡视应包括下列主要内容：

（1）施工单位是否按工程设计文件、工程建设标准和批准的施工组织设计、（专项）施工方案施工。施工单位必须按照工程设计图和施工技术标准施工，不得擅自修改工程设计，不得偷工减料。

（2）使用的工程材料、构配件和设备是否合格。应检查施工单位使用的工程原材料、构配件和设备是否合格。不得在工程中使用不合格的原材料、构配件和设备，只有经过复试检测合格的原材料、构配件和设备才能用于工程。

（3）施工现场管理人员，特别是施工质量管理人员是否到位。应对其是否到位及履职情况做好检查和记录。

（4）特种作业人员是否持证上岗。应对施工单位特种作业人员是否持证上岗进行检查。根据《建筑施工特种作业人员管理规定》，对于建筑电工、建筑架子工、建筑起重信号司索工、建筑起重机械驾驶员、建筑起重机械安装拆卸工、高处作业吊篮安装拆卸工、焊接切割操作工以及经省级以上人民政府建设主管部门认定的其他特种作业人员，必须持施工特种作业人员操作证上岗。

2. 巡视检查要点

（1）检查原材料。施工现场原材料、构配件的采购和堆放是否符合施工组织设计（方案）要求；其规格、型号等是否符合设计要求；是否已见证取样，并检测合格；是否已按程序报验并允许使用；有无使用不合格材料，有无使用质量合格证明资料欠缺的材料。

（2）检查施工人员。

1）施工现场管理人员，尤其是质检员、安全员等关键岗位人员是否到位，能否确保各项管理制度和质量保证体系已落实。

2）特种作业人员是否持证上岗，人证是否相符，是否进行了技术交底并有记录。

3）现场施工人员是否按照规定佩戴安全防护用品。

（3）检查基坑土方开挖工程。

1）土方开挖前的准备工作是否到位，开挖条件是否具备。

2）土方开挖顺序、方法是否与设计要求一致。

3）挖土是否分层、分区进行，分层高度和开挖面放坡的坡度是否符合要求，垫层混凝土的浇筑是否及时。

4）基坑坑边和支撑上的堆载，是否在允许范围，是否存在安全隐患。

5）挖土机械有无碰撞或损伤基坑围护和支撑结构、工程桩、降压（疏干）井等现象。

6）是否限时开挖，尽快形成围护支撑，尽量缩短围护结构无支撑暴露时间。

7）每道支撑底面粘附的土块、垫层、竹笆等是否及时清理；每道支撑上的安全通道和临边防护的搭设是否及时并符合要求。

8）挖土机械工作是否有专人指挥，有无违章、冒险作业现象。

（4）检查砌体工程。

1）基层清理是否干净，是否按要求用细石混凝土或水泥砂浆进行找平。

2）是否有"碎砖"集中使用和外观质量不合格的块材使用现象。

3）是否按要求使用皮数杆，墙体拉结筋形式、规格、尺寸、位置是否正确，砂浆饱满度是否合格，灰缝厚度是否超标，有无"透明缝""瞎缝"和"假缝"。

4）墙上的架眼、工程需要的预留、预埋等有无遗漏。

（5）检查钢筋工程。

1）钢筋有无锈蚀、被隔离剂和淤泥等污染现象。

2）垫块规格、尺寸是否符合要求，强度能否满足施工需要，有无用木块、大理石板等代替水泥砂浆（或混凝土）垫块的现象。

3）钢筋搭接长度、位置、连接方式是否符合设计要求，搭接区段箍筋是否按要求加密；对于梁柱或梁与梁交叉部位的"核心区"有无主筋被截断、箍筋漏放等现象。

（6）检查模板工程。

1）模板安装和拆除是否符合施工组织设计（方案）的要求，支模前隐蔽内容是否已经验收合格。

2）模板表面是否清理干净、有无变形损坏，是否已涂刷隔离剂，模板拼缝是否严密，安装是否牢固。

3）拆模是否事先按程序和要求向项目监理机构报审并签认，拆模有无违章冒险行为；

模板捆扎、吊运、堆放是否符合要求。

（7）检查混凝土工程。

1）现浇混凝土结构构件的保护是否符合要求。

2）构件拆模后尺寸偏差是否在允许范围内，有无质量缺陷，缺陷修补处理是否符合要求。

3）现浇构件的养护措施是否有效、可行、及时等。

4）采用商品混凝土时，是否留置标准养护试块和同条件试块，是否抽查砂与石子的含泥量和粒径等。

（8）检查钢结构工程。

主要检查内容：钢结构零部件加工条件是否合格（如场地、温度、机械性能等），安装条件是否具备（如基础是否已经验收合格等）；施工工艺是否合理、符合相关规定；钢结构原材料及零部件的加工、焊接、组装、安装及涂饰质量是否符合设计文件和相关标准、要求等。

（9）检查屋面工程。

1）基层是否平整坚固、清理干净。

2）防水卷材搭接部位、宽度、施工顺序、施工工艺是否符合要求，卷材收头、节点细部处理是否合格。

3）屋面块材搭接、铺贴质量如何，有无损坏现象等。

（10）检查装饰装修工程。

1）基层处理是否合格，是否按要求使用垂直、水平控制线，施工工艺是否符合要求。

2）需要进行隐蔽的部位和内容是否已经按程序报验并通过验收。

3）细部制作、安装、涂饰等是否符合设计要求和相关规定。

4）各专业之间工序穿插是否合理，有无相互污染、相互破坏现象等。

（11）检查安装工程等。

重点检查是否按规范、规程、设计图、图集和批准的施工组织设计（方案）施工；是否有专人负责，施工是否正常等。

（12）检查施工环境。

1）施工环境和外界条件是否对工程质量、安全等造成不利影响，施工单位是否已采取相应措施。

2）各种基准控制点、周边环境和基坑自身监测点的设置、保护是否正常，有无被压（损）现象。

3）季节性天气中，工地是否采取了相应的季节性施工措施，比如暑期、冬期和雨期施工措施等。

二、检验批的划分和质量验收

1. 检验批的划分

施工前，应由施工单位制定分项工程和检验批的划分方案，并由项目监理机构审核。对于《建筑工程施工质量验收统一标准》（GB 50300—2013）及相关专业验收规范未涵盖的分项工程和检验批，可由建设单位组织监理、施工等单位协商确定。

通常，多层及高层建筑的分项工程可按楼层或施工段来划分检验批；单层建筑的分项工程可按变形缝等划分检验批；地基与基础的分项工程一般划分为一个检验批，有地下层的基础工程可按不同地下层划分检验批；屋面工程的分项工程可按不同楼层屋面划分为不同的检验批；其他分部工程中的分项工程，一般按楼层划分检验批；对于工程量较少的分项工程可划分为一个检验批；安装工程一般按一个设计系统或设备组别划分为一个检验批；室外工程一般划分为一个检验批；散水、台阶、明沟等含在地面检验批中。

2. 检验批的质量验收

（1）为加深理解检验批质量验收合格条件，应注意以下三个方面的内容：

1）主控项目的质量经抽样检验均应合格。

主控项目是指建筑工程中对安全、节能、环境保护和主要使用功能起决定性作用的检验项目，如钢筋连接的主控项目为纵向受力钢筋的连接方式应符合设计要求。

主控项目是对检验批的基本质量起决定性影响的检验项目，是保证工程安全和使用功能的重要检验项目，因此必须全部符合有关专业验收规范的规定。主控项目如果达不到规定的质量指标，降低要求就相当于降低该工程的性能指标，就会严重影响工程的安全性能。这意味着主控项目不允许有不符合要求的检验结果，必须全部合格。如混凝土、砂浆强度等级是保证混凝土结构、砌体强度的重要性能，必须全部达到要求。

为了使检验批的质量符合工程安全和使用功能的基本要求，达到保证工程质量的目的，各专业工程质量验收规范对各检验批的主控项目的合格质量给予了明确的规定。如钢筋安装验收时的主控项目为受力钢筋的品种、级别、规格和数量必须符合设计要求。

主控项目包括的主要内容如下：

①工程材料、构配件和设备的技术性能等。如水泥、钢材的质量；预制墙板、门窗等构配件的质量；风机等设备的质量。

②涉及结构安全、节能、环境保护和主要使用功能的检测项目。如混凝土、砂浆的强度；钢结构的焊缝强度；管道的压力试验；风管的系统测定与调整；电气的绝缘、接地测试；电梯的安全保护、试运转结果等。

③一些重要的允许偏差项目，必须控制在允许偏差限值之内。

2）一般项目的质量经抽样检验合格。当采用计数抽样时，合格点率应符合有关专业验收规范的规定，且不得存在严重缺陷。

一般项目是指除主控项目以外的检验项目。为了使检验批的质量符合工程安全和使用功能的基本要求，达到保证工程质量的目的，各专业工程质量验收规范对各检验批的一般项目的合格质量给予了明确的规定。如钢筋连接的一般项目为钢筋的接头宜设置在受力较小处。同一纵向受力钢筋不宜设置两个或两个以上接头。接头末端至钢筋弯起点的距离不应小于钢筋直径的10倍。对于一般项目，虽然允许存在一定数量的不合格点，但某些不合格点的指标与合格要求偏差较大或存在严重缺陷时，仍将影响使用功能或感观的要求，对这些位置应进行维修处理。

一般项目包括的主要内容如下：

a. 允许有一定偏差的项目，而放在一般项目中，用数据规定的标准，可以有个别偏差范围。

b. 对不能确定偏差值而又允许出现一定缺陷的项目，则以缺陷的数量来区分。如砖砌体预埋拉结筋，其留置间距偏差；混凝土钢筋露筋，露出一定长度等。

c.其他一些无法定量的而采用定性的项目。如碎拼大理石地面颜色协调，无明显裂缝和坑洼等。

3）具有完整的施工操作依据、质量验收记录。

质量控制资料反映了检验批从原材料到最终验收的各施工工序的操作依据、检查情况以及保证质量所必需的管理制度等。对其完整性的检查，实际是对过程控制的确认，这是检验批质量验收合格的前提。质量控制资料主要有以下内容：

①图纸会审记录、设计变更通知单、工程洽商记录、竣工图。

②工程定位测量、放线记录。

③原材料出厂合格证书及进场检验、试验报告。

④施工试验报告及见证检测报告。

⑤隐蔽工程验收记录。

⑥施工记录。

⑦按专业质量验收规范规定的抽样检验、试验记录。

⑧分项、分部工程质量验收记录。

⑨工程质量事故调查处理资料。

⑩新技术论证、备案及施工记录。

（2）检验批质量检验方法。

1）检验批质量检验，可根据检验项目的特点在下列抽样方案中选取：

①计量、计数的抽样方案。

②一次、二次或多次抽样方案。

③对重要的检验项目，当有简易快速的检验方法时，选用全数检验方案。

④根据生产连续性和生产控制稳定性情况，采用调整型抽样方案。

⑤经实践证明有效的抽样方案。

2）计量抽样的错判概率 α 和漏判概率 β 可按下列规定采取：

错判概率 α，是指合格批被判为不合格批的概率，即合格批被拒收的概率。

漏判概率 β，是指不合格批被判为合格批的概率，即不合格批被误收的概率。

抽样检验必然存在以上两类风险，要求通过抽样检验的检验批 100% 合格是不合理的，也是不可能的。在抽样检验中，以上两类风险的一般控制范围如下：

①主控项目：α 和 β 均不宜超过 5%。

②一般项目：α 不宜超过 5%，β 不宜超过 10%。

3）检验批抽样样本应随机抽取，满足分布均匀、具有代表性的要求，抽样数量不应低于有关专业验收规范的规定。

明显不合格的个体可不纳入检验批，但必须进行处理，使其满足有关专业验收规范的规定，并对处理情况予以记录。

情景五　施工质量验收

1. 学习情境描述

某地块住宅工程，完成工程设计和合同约定的各项内容。施工单位在工程完工后对工程质量进行了检查，确认工程质量符合有关法律、法规、工程建设强制性标准、设计文件及合同要求，对建设主管部门及工程质量监督机构责令整改的问题全部确认整改完毕，并提出工程竣工报告，申请工程竣工验收。建设单位在收到竣工报告后，组织勘察、设计、施工、监理单位进行了竣工验收，其中监理单位对工程进行了质量评估并出具了评估报告，勘察、设计单位对勘察、设计文件及施工过程中由设计单位签署的设计变更通知书进行了检查，并提出质量检查报告，经五方主体现场实地查验工程质量，最终一致同意验收合格后，建设单位提出了工程竣工验收报告。

2. 学习目标

知识目标：
（1）了解施工质量验收、分项工程、分部工程、单位工程的概念。
（2）熟悉施工质量验收的划分和组织程序。
（3）掌握施工质量验收合格的标准。
能力目标：
（1）会进行分项工程质量验收。
（2）能编制分部工程、单位工程质量评估报告。
素养目标：
在职业活动中遵守行为规范的职业操守。

3. 任务书

根据给定的工程项目，开展施工质量验收工作。

4. 工作准备

引导问题 1：什么是施工质量验收？施工质量验收是怎样划分的？

_____

_____

小提示：

施工质量验收是指工程施工质量在施工单位自检合格的基础上，由工程质量验收责任方组织，工程建设相关方参加，对检验批、分项工程、分部工程、单位工程及隐蔽工程的质量进行抽样检验，对技术文件进行审核，并根据设计文件和相关标准以书面形式对工程质量是否达到合格标准做出确认。

《建筑工程施工质量验收统一标准》（GB 50300—2013）规定，建筑工程施工质量验收应划分为单位工程、分部工程、分项工程和检验批。

（1）具备独立施工条件并能形成独立使用功能的建筑物或构筑物为一个单位工程；规模较大的单位工程，可将它能形成独立使用功能的部分划分为一个子单位工程。

（2）分部工程可以按照专业或部位来划分；当分部工程较大、较复杂时，可按照材料种类、施工特点、施工程序、专业系统及类别划分为若干子分部工程。

（3）分项工程可根据主要工种、材料、施工工艺、设备类别进行划分。

（4）检验批可根据施工、质量控制和专业验收的需要，按工程量、楼层、施工段、变形缝进行划分。

引导问题2：什么是分项工程？怎样进行分项工程质量验收？

_____

_____

小提示：

分项工程是分部工程的细分，是构成分部工程的基本项目，是根据工种、材料、施工工艺、设备相同或类似的检验批汇总的检验体，又称为工程子目或子目。

分项工程质量验收应由专业监理工程师组织施工单位项目技术负责人等进行。验收前，施工单位应先对施工完成的分项工程进行自检，合格后填写分项工程质量验收记录（表1-8）及"_____报审、报验表"（表1-3），报送项目监理机构申请验收。专业监理工程师对施工单位所报资料逐项进行审查，符合要求后签认分项工程报审、报验表及质量验收记录。

分项工程质量验收的合格标准如下：

（1）分项工程所含检验批的质量均应验收合格。

（2）分项工程所含检验批的质量验收记录应完整。

分项工程的验收是以检验批为基础进行的。一般情况下，检验批和分项工程两者具有相同或相近的性质，只是批量的大小不同而已。分项工程工作合格的条件是构成分项工程的各检验批验收资料齐全，且各检验批均已验收合格。

引导问题3：什么是分部工程？怎样进行分部工程质量验收？

_____

_____

表 1-8 分项工程质量验收记录

单位（子单位）工程名称				分部（子分部）工程名称		
分项工程数量				检验批数量		
施工单位				项目负责人		项目技术负责人
分包单位				分包单位项目负责人		分包内容
序号	检验批名称	检验批容量	部位/区段	施工单位检查结果		监理单位验收结论
1						
2						
3						
4						
5						
6						
7						
8						
9						
10						
11						
12						
13						
14						
15						

说明：

施工单位检查结果	项目专业技术负责人： 年　月　日
监理单位验收结论	专业监理工程师： 年　月　日

小提示：

分部工程是指不能独立发挥能力或效益、又不具备独立施工条件的专业或部位的工程。分部工程是单位工程的组成部分，通常一个单位工程，可按其工程实体的各部位划分为若干个分部工程。

（1）分部（子分部）工程质量验收程序。分部（子分部）工程质量验收应由总监理工程师组织施工单位项目负责人和项目技术、质量负责人等进行。由于地基与基础、主体结构工程要求严格，技术性强，关系整个工程的安全，为严把质量关，规定勘察、设计单位项目负责人和施工单位技术、质量负责人应参加地基与基础分部工程的验收。设计单位项目负责人和施工单位技术、质量负责人应参加主体结构、节能分部工程的验收。

验收前，施工单位应先对施工完成的分部工程进行自检，合格后填写分部工程报验表（表1-9）及分部工程质量验收记录（表1-10），并报送项目监理机构申请验收。总监理工程师应组织相关人员进行检查、验收，对验收不合格的分部工程，应要求施工单位进行整改，自检合格后予以复查。对验收合格的分部工程，应签认分部工程报验表及验收记录。

（2）分部（子分部）工程质量验收合格的规定。

1）所含分项工程的质量均应验收合格。

2）质量控制资料应完整。

3）有关安全、节能、环境保护和主要使用功能的抽样检验结果应符合相应规定。

4）观感质量应符合要求。

分部工程质量验收是在其所含各分项工程质量验收的基础上进行的。首先，分部工程所含各分项工程必须已验收合格且相应的质量控制资料齐全、完整，这是验收的基本条件。此外，由于各分项工程的性质不尽相同，因此作为分部工程不能简单地组合而加以验收，尚须进行安全、节能、环境保护、主要使用功能和观感质量等方面的检查，由总监理工程师组织施工单位项目负责人和项目技术、质量负责人等进行。

引导问题4：什么是单位工程？怎样进行单位工程质量验收？

小提示：

单位工程是指具备独立施工条件并能形成独立使用功能的建筑物或构筑物，在施工前可由建设、监理、施工单位商议确定，并据此收集整理施工技术资料和进行验收。

单位工程质量验收合格的标准如下：

（1）所含分部（子分部）工程的质量均应验收合格。

（2）质量控制资料应完整。

（3）所含分部工程中有关安全、节能、环境保护和主要使用功能等的检验资料应完整。

（4）主要使用功能的抽查结果应符合相关专业质量验收规范的规定。

（5）观感质量应符合要求。

单位工程完成后，施工单位应依据验收规范、设计图等组织有关人员进行自检，对存在的问题自行整改处理，合格后填写单位工程竣工验收报审表（表 1-11），并将相关竣工资料报送项目监理机构申请预验收。

表 1-9　分部工程报验表

工程名称：　　　　　　　　　　　　　　　　　　　　　　　　　　　　　编号：

致：（项目监理机构）

我方已完成（分部工程），经自检合格，请予以验收。

附件：分部工程质量资料

施工项目经理部（盖章）

项目技术负责人（签字）

年　　月　　日

验收意见：

专业监理工程师（签字）

年　　月　　日

验收意见：

项目监理机构（盖章）

总监理工程师（签字）

年　　月　　日

注：本表一式三份，项目监理机构、建设单位、施工单位各一份。

表 1-10　分部工程质量验收记录

编号：

单位（子单位）工程名称			子分部工程数量		分项工程数量	
施工单位			项目负责人		技术（质量）负责人	
分包单位			分包单位负责人		分包内容	
序号	子分部工程名称		分项工程名称	检验批数量	施工单位检查结果	监理单位验收结论
质量控制资料						
安全和功能检验结果						
观感质量检验结果						
综合验收结论						

施工单位 项目负责人： 年　月　日	勘察单位 项目负责人： 年　月　日	设计单位 项目负责人： 年　月　日	监理单位 总监理工程师： 年　月　日

注：1. 地基与基础分部工程的验收应由施工、勘察、设计单位项目负责人和总监理工程师参加并签字。

　　2. 主体结构、节能分部工程的验收应由施工、设计单位项目负责人和总监理工程师参加并签字。

表 1-11　单位工程竣工验收报审表

工程名称：　　　　　　　　　　　　　　　　　　　　　　　　　　编号：

致：＿＿＿＿＿＿＿（项目监理机构）

　　我方已按施工合同要求完成＿＿＿＿＿＿＿工程，经自检合格，现将有关资料报上，请予以验收。

附件：1. 工程质量验收报告
　　　 2. 工程功能检验资料

施工单位（盖章）

项目经理（签字）

年　 月　 日

预验收意见：

经预验收，该工程合格 / 不合格，可以 / 不可以组织正式验收。

项目监理机构（盖章）

总监理工程师（签字、加盖执业印章）

年　 月　 日

　　注：本表一式三份，项目监理机构、建设单位、施工单位各一份。

　　总监理工程师应组织专业监理工程师审查施工单位提交的单位工程竣工验收报审表及有关竣工资料，并对工程质量进行竣工预验收。存在质量问题时，应由施工单位及时整改，整改完毕且合格后，总监理工程师应签认单位工程竣工验收报审表及有关资料，并向建设单位提交工程质量评估报告。施工单位向建设单位提交工程竣工报告，申请工程竣工验收。相关资料见表 1-12～表 1-15。

表 1-12　单位工程质量竣工验收记录

工程名称		结构类型		层数 / 建筑面积	
施工单位		技术负责人		开工日期	
项目负责人		项目技术 负责人		完工日期	

序号	项目	验收记录	验收结论
1	分部工程验收	共　　分部, 经查符合设计及标准规定　　分部	
2	质量控制资料核查	共　　项, 经核查符合规定　　项	
3	安全和使用功能核查及抽查结果	共核查　　项, 符合规定　　项 共抽查　　项, 符合规定　　项 经返工处理符合规定　　项	
4	观感质量验收	共抽查　　项, 达到"好"和"一般"的　　项, 经返修处理符合要求的　　项	
综合验收结论			

参加验收单位	建设单位	监理单位	施工单位	设计单位	勘察单位
	（公章） 项目负责人:	（公章） 总监理工程师:	（公章） 项目负责人:	（公章） 项目负责人:	（公章） 项目负责人:
	年　月　日	年　月　日	年　月　日	年　月　日	年　月　日

注: 1. 单位工程验收时, 验收签字人员应由相应单位法人代表书面授权。

2. 主体结构、节能分部工程的验收应由施工、设计单位项目负责人和总监理工程师参加并签字。

表 1-13 单位工程质量控制资料核查记录

工程名称			施工单位				
序号	项目	资 料 名 称	份数	施工单位		监理单位	
				核查意见	核查人	核查意见	核查人
1	建筑与结构	图纸会审记录、设计变更通知单、工程洽商记录					
2		工程定位测量、放线记录					
3		原材料出厂合格证书及进场检验、试验报告					
4		施工试验报告及见证检测报告					
5		隐蔽工程验收记录					
6		施工记录					
7		地基、基础、主体结构检验及抽样检测资料					
8		分项、分部工程质量验收记录					
9		工程质量事故调查处理资料					
10		新技术论证、备案及施工记录					
1	给水排水与供暖	图纸会审记录、设计变更通知单、工程洽商记录					
2		原材料出厂合格证书及进场检验、试验报告					
3		管道、设备强度试验和严密性试验记录					
4		隐蔽工程验收记录					
5		系统清洗、灌水、通水、通球试验记录					
6		施工记录					
7		分项、分部工程质量验收记录					
8		新技术论证、备案及施工记录					
1	通风与空调	图纸会审记录、设计变更通知单、工程洽商记录					
2		原材料出厂合格证书及进场检验、试验报告					
3		制冷、空调、水管道强度试验和严密性试验记录					
4		隐蔽工程验收记录					
5		制冷设备运行调试记录					
6		通风、空调系统调试记录					
7		施工记录					
8		分项、分部工程质量验收记录					
9		新技术论证、备案及施工记录					
1	建筑电气	图纸会审记录、设计变更通知单、工程洽商记录					
2		原材料出厂合格证书及进场检验、试验报告					

（续）

序号	项目	资料名称	份数	施工单位		监理单位	
				核查意见	核查人	核查意见	核查人
3	建筑电气	设备调试记录					
4		接地、绝缘电阻测试记录					
5		隐蔽工程验收记录					
6		施工记录					
7		分项、分部工程质量验收记录					
8		新技术论证、备案及施工记录					
1	智能建筑	图纸会审记录、设计变更通知单、工程洽商记录					
2		原材料出厂合格证书及进场检验、试验报告					
3		隐蔽工程验收记录					
4		施工记录					
5		系统功能测定及设备调试记录					
6		系统技术、操作和维护手册					
7		系统管理、操作人员培训记录					
8		系统检测报告					
9		分项、分部工程质量验收记录					
10		新技术论证、备案及施工记录					
1	建筑节能	图纸会审记录、设计变更通知单、工程洽商记录					
2		原材料出厂合格证书及进场检验、试验报告					
3		隐蔽工程验收记录					
4		施工记录					
5		外墙、外窗节能检验报告					
6		设备系统节能检测报告					
7		分项、分部工程质量验收记录					
8		新技术论证、备案及施工记录					
1	电梯	图纸会审记录、设计变更通知单、工程洽商记录					
2		设备出厂合格证书及开箱检验记录					
3		隐蔽工程验收记录					
4		施工记录					

（续）

序号	项目	资 料 名 称	份数	施工单位		监理单位	
				核查意见	核查人	核查意见	核查人
5	电梯	接地、绝缘电阻测试记录					
6		负荷试验、安全装置检查记录					
7		分项、分部工程质量验收记录					
8		新技术论证、备案及施工记录					

结论：

施工单位项目负责人：　　　　　　　　　　　　　总监理工程师：

　　　　　　　年　　月　　日　　　　　　　　　　　　　　　　年　　月　　日

表 1-14　单位（子单位）工程安全和功能检验资料核查及主要功能抽查记录

工程名称					施工单位			
序号	项目	安全和功能检查项目		份数	施工单位		监理单位	
					核查意见	核查人	核查意见	核查人
1	建筑与结构	地基承载力检验报告						
2		桩基承载力检验报告						
3		混凝土强度试验报告						
4		砂浆强度试验报告						
5		主体结构尺寸、位置抽查记录						
6		建筑物垂直度、标高、全高测量记录						
7		屋面淋水或蓄水试验记录						
8		地下室渗漏水检测记录						
9		有防水要求的地面蓄水试验记录						
10		抽气（风）道检查记录						
11		外窗气密性、水密性、耐风压检测报告						
12		幕墙气密性、水密性、耐风压检测报告						
13		建筑物沉降观测测量记录						
14		节能、保温测试记录						
15		室内环境检测报告						
16		土壤氡气浓度检测报告						

（续）

序号	项目	安全和功能检查项目	份数	施工单位		监理单位	
				核查意见	核查人	核查意见	核查人
1	给水排水与供暖	给水管道通水试验记录					
2		暖气管道、散热器压力试验记录					
3		卫生器具满水试验记录					
4		消防管道、燃气管压力试验记录					
5		排水干管通球试验记录					
6		锅炉试运行、安全阀及报警联动测试记录					
1	通风与空调	通风、空调系统试运行记录					
2		风量、温度测试记录					
3		空气能量回收装置测试记录					
4		洁净室洁净度测试记录					
5		制冷机组试运行调试记录					
1	建筑电气	建筑照明通电试运行记录					
2		灯具牢固定装置及悬吊装置的载荷强度试验记录					
3		绝缘电阻测试记录					
4		剩余电流动作保护器测试记录					
5		应急电源装置应急持续供电记录					
6		接地电阻测试记录					
7		接地故障回路阻抗测试记录					
1	智能建筑	系统试运行记录					
2		系统电源及接地检测报告					
3		系统接地检测报告					
1	建筑节能	外墙节能构造检查记录或热工性能检验报告					
2		设备系统节能性能检验记录					
1	电梯	运行记录					
2		安装装置检测报告					

结论：

施工单位项目负责人：　　　年　月　日　　　　总监理工程师：　　　年　月　日

注：抽查项目由验收组协商确定。

表 1-15　单位工程观感质量检查记录

工程名称			施工单位		
序号	项　目		抽查质量状况		质量评价
1	建筑与结构	主体结构外观	共检查　　点，好　　点，一般　　点，差　　点		
2		室外墙面	共检查　　点，好　　点，一般　　点，差　　点		
3		变形缝、雨水管	共检查　　点，好　　点，一般　　点，差　　点		
4		屋面	共检查　　点，好　　点，一般　　点，差　　点		
5		室内墙面	共检查　　点，好　　点，一般　　点，差　　点		
6		室内顶棚	共检查　　点，好　　点，一般　　点，差　　点		
7		室内地面	共检查　　点，好　　点，一般　　点，差　　点		
8		楼梯、踏步、护栏	共检查　　点，好　　点，一般　　点，差　　点		
9		门窗	共检查　　点，好　　点，一般　　点，差　　点		
10		雨罩、台阶、坡道、散水	共检查　　点，好　　点，一般　　点，差　　点		
1	给水排水与供暖	管道接口、坡度、支架	共检查　　点，好　　点，一般　　点，差　　点		
2		卫生器具、支架、阀门	共检查　　点，好　　点，一般　　点，差　　点		
3		检查口、扫除口、地漏	共检查　　点，好　　点，一般　　点，差　　点		
4		散热器、支架	共检查　　点，好　　点，一般　　点，差　　点		
1	通风与空调	风管、支架	共检查　　点，好　　点，一般　　点，差　　点		
2		风口、风阀	共检查　　点，好　　点，一般　　点，差　　点		
3		风机、空调设备	共检查　　点，好　　点，一般　　点，差　　点		
4		管道、阀门、支架	共检查　　点，好　　点，一般　　点，差　　点		
5		水泵、冷却塔	共检查　　点，好　　点，一般　　点，差　　点		
6		绝热	共检查　　点，好　　点，一般　　点，差　　点		
1	建筑电气	配电箱、盘、板、接线盒	共检查　　点，好　　点，一般　　点，差　　点		
2		设备器具、开关、插座	共检查　　点，好　　点，一般　　点，差　　点		
3		防雷、接地、防火	共检查　　点，好　　点，一般　　点，差　　点		
1	智能建筑	机房设备安装及布局	共检查　　点，好　　点，一般　　点，差　　点		
2		现场设备安装	共检查　　点，好　　点，一般　　点，差　　点		
1	电梯	运行、平层、开门	共检查　　点，好　　点，一般　　点，差　　点		
2		层门、信号系统	共检查　　点，好　　点，一般　　点，差　　点		
3		机房	共检查　　点，好　　点，一般　　点，差　　点		
观感质量综合评价					

结论：

施工单位项目负责人：　　　　　　　　　　　　　　　总监理工程师：

　　　　　　　　　　年　月　日　　　　　　　　　　　　　　　年　月　日

注：1. 对质量评价为差的项目应进行返修。
　　2. 观感质量检查的原始记录应作为本表附件。

引导问题5：工程施工质量验收不符合要求时应如何处理？

_____

_____

小提示：

一般情况下不合格现象在检验批验收时就应发现并及时处理，但实际工程中不能完全避免不合格情况的出现，因此工程施工质量验收不符合要求的应按下列情况进行处理：

（1）经返工或返修的检验批，应重新进行验收。在检验批验收时，对于主控项目不能满足验收规范规定或一般项目超过偏差限值时，应及时进行处理。其中，对于严重的质量缺陷应重新施工；一般的质量缺陷可通过返修或更换予以解决，允许施工单位在采取相应的措施后重新验收。如能够符合相应的专业验收规范要求，则应认为该检验批合格。

（2）经有资质的检测单位检测鉴定能够达到设计要求的检验批，应予以验收。当个别检验批发现问题，难以确定能否验收时，应请具有资质的法定检测单位进行检测鉴定。当鉴定结果认为能够达到设计要求时，该检验批可以通过验收。这种情况通常出现在某检验批的材料试块强度不满足设计要求时。

（3）经有资质的检测单位检测鉴定达不到设计要求，但经原设计单位核算认可能够满足安全和使用功能要求时，该检验批可予以验收。如经检测鉴定达不到设计要求，但经原设计单位核算、鉴定，仍可满足相关设计规范和使用功能的要求时，该检验批可予以验收。一般情况下，标准、规范规定的是满足安全和功能的最低要求，而设计往往在此基础上留有一些余量。在一定范围内，会出现不满足设计要求而符合相应规范要求的情况，两者并不矛盾。

（4）经返修或加固处理的分项、分部工程，满足安全及使用功能要求时，可按技术处理方案和协商文件的要求予以验收。经法定检测单位检测鉴定以后认为达不到规范的相应要求，即不能满足最低限度的安全储备和使用功能时，则必须按一定的技术处理方案进行加固处理，使之能满足安全使用的基本要求。这样可能会造成一些永久性的影响，如增大结构外形尺寸，影响一些次要的使用功能等。但为了避免建筑物的整体或局部拆除，避免社会财富更大的损失，在不影响安全和主要使用功能的条件下，可按技术处理方案和协商文件的要求进行验收，责任方应按法律法规承担相应的经济责任和接受处罚。这种方法不能作为降低质量要求、变相通过验收的一种"出路"，这是应该特别注意的。

（5）经返修或加固处理仍不能满足安全或重要使用要求的分部工程及单位或子单位工程，严禁验收。分部工程及单位工程如存在影响安全和使用功能的严重缺陷，经返修或加固处理仍不能满足安全使用要求的，严禁通过验收。

（6）工程质量控制资料应齐全完整，当部分资料缺失时，应委托有资质的检测单位按有关标准进行相应的实体检测或抽样试验。实际工程中偶尔会遇到因遗漏检验或资料丢失而导致部分施工验收资料不全的情况，使工程无法正常验收。对此可有针对性地进行工程质量检验，采取实体检测或抽样试验的方法确定工程质量状况。上述工作应由有资质的检测单位完成，检验报告可用于工程施工质量验收。

5. 工作实施

（1）任务下发。根据指导老师确定的工程项目，模仿案例，依据验收的基本步骤，对案例工程进行竣工质量验收。

（2）步骤交底。

1）工作步骤和要点。

①**第一步：监理质量评估**。监理单位收到施工单位竣工验收申请后，应组织施工、勘察、设计等单位进行竣工预验收并出具监理评估报告。

a. 工程质量评估报告的总体要求。工程质量评估报告应能客观、公正、真实地反映所评估的单位工程、分部、子分部工程的施工质量状况，能对监理过程进行综合描述，并对工程的结构安全、重要使用功能及感观等方面的质量进行评价。

b. 工程质量评估报告的内容。一般应包括工程概况、质量评估依据、分部分项工程划分、质量控制、质量验收与质量评估意见六个部分。

②**第二步：组织竣工验收。**

a. 施工单位自检合格后提交工程验收报告，建设单位收到验收报告后，由建设单位项目负责人组织施工、勘察、设计、监理等单位项目负责人进行单位工程验收。

b. 对于施工单位将部分工程对外单独承包的，建设单位不考虑该部分分包事项，只将该分包纳入施工单位的工作内容一并统一验收。

c. 对于建设单位直接将某分项或分部工程单独对外招标的，应由总承包单位验收，甲方分包支付一定的配合费。

d. 单位工程质量验收合格后，建设单位一般应在15日内将竣工验收报告及相关技术资料文件，报建设行政主管部门备案。

2）成果要求。

工程质量评估报告　　　　单位（子单位）工程质量　　　单位（子单位）工程质量控制
　　　　　　　　　　　　　竣工验收记录　　　　　　　　资料核查记录

单位（子单位）工程安全和功能检验资　　　单位（子单位）工程观感质量
料核查和功能抽查记录　　　　　　　　　检查记录

—————————— **相关知识（拓展）** ——————————

一、工程施工质量验收层次的划分

1. 工程施工质量验收层次的划分概述及目的

（1）施工质量验收层次的划分概述。随着我国经济发展和施工技术的进步，工程建设规模不断扩大，技术复杂程度越来越高，出现了大量工程规模较大的单体工程和具有综合使用功能的综合性建筑物。由于大型单体工程可能在功能或结构上由若干个单体组成，且整个建设周期较长，可能出现已建成可使用的部分单体需先投入使用，或先将工程中一部分提前建成使用等情况，需要进行分段验收。再加之对规模特别大的工程进行一次验收也较困难等，因此相关标准规定，可将此类工程划分为若干个子单位工程进行验收。同时为了更加科学地评价工程施工质量和有利于对其进行验收，根据工程特点，按结构分解的原则将单位或子单位工程又划分为若干个分部工程。在分部工程中，按相近工作内容和系统又划分为若干个子分部工程。每个分部工程或子分部工程又可划分为若干个分项工程。每个分项工程又可划分为若干个检验批。检验批是工程施工质量验收的最小单位。

（2）施工质量验收层次划分的目的。工程施工质量验收涉及工程施工过程质量验收和竣工质量验收，是工程施工质量控制的重要环节。根据工程特点，按项目层次分解的原则合理划分工程施工质量验收层次，将有利于对工程施工质量进行过程控制和阶段质量验收。特别是不同专业工程的验收批的确定，将直接影响工程施工质量验收工作的科学性、经济性、实用性和可操作性。因此，对施工质量验收层次进行合理划分非常必要，这有利于工程施工质量的过程控制和最终把关，以确保工程质量符合有关标准。

2. 单位工程的划分

单位工程是指具备独立的设计文件、独立的施工条件并能形成独立使用功能的建筑物或构筑物。对于建筑工程，单位工程的划分应按下列原则确定：

（1）具备独立施工条件并能形成独立使用功能的建筑物或构筑物为一个单位工程。如某所学校中的一栋教学楼、办公楼、传达室，某个城市的广播电视塔等。

（2）对于规模较大的单位工程，可将其能形成独立使用功能的部分划分为一个子单位工程。

单位或子单位工程划分，施工前可由建设、监理、施工单位商议确定，并据此收集整理施工技术资料和验收。

（3）室外工程可根据专业类别和工程规模划分单位工程或子单位工程、分部工程。室外工程的单位工程、子单位工程和分部工程划分按表1-16进行。

表1-16 室外工程的单位工程、子单位工程和分部工程划分

单位工程	子单位工程	分部工程
室外设施	道路	路基、基层、面层、广场与停车场、人行道、人行地道、挡土墙、附属构筑物
	边坡	土石方、挡土墙、支护
附属建筑及室外环境	附属建筑	车棚、围墙、大门、挡土墙
	室外环境	建筑小品、亭台、水景、连廊、花坛、场坪绿化、景观桥

3. 分部工程的划分

分部工程是单位工程的组成部分。一个单位工程往往由多个分部工程组成。分部工程可按专业性质、工程部位确定。对于建筑工程，分部工程应按下列原则划分：

（1）可按专业性质、工程部位确定。如建筑工程划分为地基与基础、主体结构、建筑装饰装修、屋面、建筑给水排水及供暖、通风与空调、建筑电气、智能建筑、建筑节能、电梯十个分部工程。

（2）当分部工程较大或较复杂时，可按材料种类、施工特点、施工程序、专业系统及类别将分部工程划分为若干子分部工程。

如主体结构分部工程划分为混凝土结构、砌体结构、钢结构、钢管混凝土结构、型钢混凝土结构、铝合金结构和木结构等子分部工程。

4. 分项工程的划分

分项工程是分部工程的组成部分，可按主要工种、材料、施工工艺、设备类别进行划分。如建筑工程主体结构分部工程中，混凝土结构子分部工程按主要工种分为模板、钢筋、混凝土等分项工程；按施工工艺又分为预应力、现浇结构、装配式结构等分项工程。

建筑工程分部或子分部工程、分项工程的具体划分详见《建筑工程施工质量验收统一标准》（GB 50300—2013）及相关专业验收规范的规定。

5. 检验批的划分

检验批是指按相同的生产条件或按规定的方式汇总起来供抽样检验用的，由一定数量样本组成的检验体。它是建筑工程质量验收划分中的最小验收单位。

检验批可根据施工、质量控制和专业验收的需要，按工程量、楼层、施工段、变形缝进行划分。

施工前，应由施工单位制定分项工程和检验批的划分方案，并由项目监理机构审核。对于《建筑工程施工质量验收统一标准》（GB 50300—2013）及相关专业验收规范未涵盖的分项工程和检验批，可由建设单位组织监理、施工等单位协商确定。

通常，多层及高层建筑的分项工程可按楼层或施工段来划分检验批；单层建筑的分项工程可按变形缝等划分检验批；地基与基础的分项工程一般划分为一个检验批，有地下层的基础工程可按不同地下层划分检验批；屋面工程的分项工程可按不同楼层屋面划分为不同的检验批；其他分部工程中的分项工程，一般按楼层划分检验批；对于工程量较少的分项工程可划分为一个检验批；安装工程一般按一个设计系统或设备组别划分为一个检验批；室外工程一般划分为一个检验批；散水、台阶、明沟等含在地面检验批中。

6. 检验批的划分与编号指引

建筑工程专业的质量验收资料是按单位工程编制的。其中单位工程验收所涉及的分部工程、子分部工程、分项工程及检验批划分，可以参照《建筑工程的分部工程、分项工程及检验批划分表》的指引进行划分及编写，应认真关注与学习。

情景六　综合实训——工程施工质量控制策划

1. 学习情境描述

某地块住宅工程准备开始打桩，专业监理工程师在监理规划、施工方案、设计图等的基础上，编制了钻孔灌注桩工程监理实施细则，经项目总监理工程师批准后，按照该细则对现场桩基施工进行具体质量控制的实施。

2. 学习目标

知识目标：

熟悉细则编制的内容。

能力目标：

会编制监理实施细则。

素养目标：

在职业活动中遵守行为规范的职业操守。

3. 任务书

根据给定的工程项目，开展质量控制策划。

4. 工作准备

引导问题1：什么是监理实施细则？细则的编写依据是什么？

_____

_____

小提示：

监理实施细则是在监理规划的基础上，当落实了各专业监理责任和工作内容后，由专业监理工程师针对工程具体情况制定出更具实施性和操作性的业务文件。

《建设工程监理规范》（GB/T 50319—2013）规定了监理实施细则编写的依据：

（1）已批准的建设工程监理规划。

（2）与专业工程相关的标准、设计文件和技术资料。

（3）施工组织设计、（专项）施工方案。

除了《建设工程监理规范》（GB/T 50319—2013）中规定的相关依据外，监理实施细则在编制过程中，还可以融入工程监理单位的规章制度和经认证发布的质量体系，以达到监理内容的全面完整，有效提高建设工程监理自身的工作质量。

引导问题 2：监理实施细则的内容是什么？

_____

_____

小提示：

《建设工程监理规范》（GB/T 50319—2013）明确规定了监理实施细则应包含的内容，即专业工程特点、监理工作流程、监理工作要点以及监理工作方法及措施。

（1）专业工程特点。专业工程特点是指需要编制监理实施细则的工程专业特点，而不是简单的工程概述，专业工程特点应从专业工程施工的重点和难点、施工范围和施工顺序、施工工艺、施工工序等方面进行有针对性的阐述，体现工程施工的特殊性、技术的复杂性，与其他专业的交叉和衔接以及各种环境约束条件。

除了专业工程外，新材料、新工艺、新技术以及对工程质量、造价、进度应加以重点控制等特殊要求也需要在监理实施细则中体现。

（2）监理工作流程。监理工作流程是结合工程相应专业制定的具有可操作性和可实施性的流程图。不仅涉及最终产品的检查验收，更多涉及施工中各个环节及中间产品的监督检查与验收。

监理工作涉及的流程包括开工审核工作流程、施工质量控制流程、进度控制流程、造价（工程量计量）控制流程、安全生产和文明施工监理流程、测量监理流程、施工组织设计审核工作流程、分包单位资格审核流程、建筑材料审核流程、技术审核流程、工程质量问题处理审核流程、旁站检查工作流程、隐蔽工程验收流程、工程变更处理流程、信息资料管理流程等。

（3）监理工作要点。监理工作要点是对监理工作流程中工作内容的增加和补充，应对流程图设置的相关监理控制点和判断点进行详细而全面的描述，将监理工作目标和检查点的控制指标、数据和频率等阐述清楚。

（4）监理工作方法及措施。监理规划中的方法是针对工程总体概括要求的方法及措施，监理实施细则中的监理工作方法及措施是针对专业工程而言的，应更具体，更具有可操作性和可实施性。

1）监理工作方法。监理工程师通过旁站、巡视、见证取样、平行检测等监理方法，对专业工程进行全面监控，对每一个专业工程的监理实施细则而言，其工作方法必须加以明确。除上述 4 种常规方法外，监理工程师还可采用指令文件、监理通知、支付控制手段等方法实施监理。

2）监理工作措施。根据措施实施内容不同，可将监理工作措施分为技术措施、经济措施、组织措施和合同措施。例如，某建筑工程钻孔灌注桩分项工程监理工作组织措施和技术措施如下：

①组织措施。根据钻孔桩工艺和施工特点，对项目监理机构人员进行合理分工。

②技术措施。组织所有监理人员全面阅读图纸等技术文件，提出书面意见，参加设计交底，制定详细的监理实施细则。

引导问题 3：监理实施细则编制的要求是什么？

_____

_____

小提示：

从监理实施细则目的的角度，监理实施细则应满足以下几方面要求：

（1）内容全面。监理工作包括"三控两管一协调"与安全生产管理的监理工作，监理实施细则作为指导监理工作的操作性文件应涵盖这些内容。在编制监理实施细则前，专业监理工程师应依据建设工程监理合同和监理规划确定的监理范围与内容，结合需要编制监理实施细则的专业工程特点，对工程质量、造价、进度主要影响因素以及安全生产管理的监理工作的要求，制定内容细致、翔实的监理实施细则，确保监理目标的实现。

（2）针对性强。独特性是工程项目的本质特征之一，没有两个完全一样的项目。因此，监理实施细则应在相关依据的基础上，结合工程项目实际建设条件、环境技术、设计、功能等进行编制，确保监理实施细则的针对性。为此，在编制监理实施细则前，各专业监理工程师应组织本专业监理人员熟悉设计文件、施工图和施工方案，应结合工程特点，分析本专业监理工作的特点、重点及其主要影响因素，制定有针对性的组织技术经济和合同措施。同时，在监理工作实施过程中，监理实施细则要根据实际情况进行补充修改和完善。

（3）可操作性强。监理实施细则应有可行的操作方法措施，详细明确的控制目标和全面的监理工作内容。

5. 工作实施

（1）任务下发。根据指导老师确定的工程项目，模仿案例，依据细则编制的基本步骤，对案例工程进行质量控制策划。

（2）步骤交底。

1）工作步骤和要点。

①**第一步：编写专业工程特点**。根据设计图结合工程所在地的社会、环境等影响，对专业工程施工的重点和难点、施工工艺、施工工序、施工范围和施工顺序等进行有针对性的阐述。

②**第二步：编写监理工作流程**。根据施工方案中施工工序的工作内容，对应编制相应的监理工作流程。

③**第三步：编写监理工作要点**。根据监理工作流程中的每一步监理工作内容，编制对应的监理控制要点，如何审查承包方的施工方案、对该分部工程开工前承包方的准备工作的检查以及检查的具体内容；对主要工程材料、半成品、设备制定预控措施等。

④**第四步：编写监理工作方法及措施**。根据监理工作流程中的每一步监理工作内容，编制对应的监理工作方法和措施。

监理工作方法主要有巡视、旁站、见证、平行检验和审核审批等。

监理措施主要有技术措施、经济措施、组织措施、合同措施、行政措施和法律措施等

⑤**第五步：监理实施细则的审批**。在专项工程或专业工程施工前，由专业监理工程师组

织编制，相关监理人员参与，并经总监理工程师批准后实施。

2）成果要求。

监理细则

-------------------- **相关知识（拓展）** --------------------

一、监理单位项目筹备工作

1. 接收合同

总监理工程师应及时要求监理公司移交并接收本项目的监理合同文件（含中标通知书、小规模立项文件、小额工程合同备案表等经营资料），研读监理合同文件并明了监理"工作范围""服务期限""违约处罚""特殊要求"等约定，在开工条件核查前组卷建档完成。

2. 接收资证

总监理工程师应及时要求并接收公司移交的与本项目监理有关的监理企业资证资料，核对营业执照范围、资质等级和有效期是否满足需求，开工条件审核前组卷建档完成。

3. 机构分工（含授权）

（1）总监理工程师确定后，根据建设工程监理合同的约定，要求并接收公司移交的本项目监理人员的资料（含"总监理工程师任命书""法定代表人授权书""工程质量终身责任承诺书""总监理工程师代表授权书""见证员授权书""项目监理机构人员名单"、相关人员岗位证书及身份证复印件），对证书有效性、授权书签章进行核查，开工条件审核前组卷建档完成，变更应及时更新。

（2）总监理工程师应及时对到场的项目监理人员进行合理分工、责任到人；当工作需要或发生人员变动时，需灵活安排、及时调整。

（3）总监理工程师应及时将项目监理机构的组织形式、人员构成及对总监理工程师的任命书面通知建设单位；若有变更情况，及时办理变更手续。

4. 设施设置

项目监理部应根据现场实际需求，结合监理合同约定，及时完成办公设施的设置，列出必需的检测仪器和公司文件、工作手册、各种规范、规程、标准、图集等的清单，在开工前一周向公司提出申请，确保开工前建档完成、满足项目要求，相关资料应及时更新。

5. 依据整理

项目监理部成立后，总监理工程师应主动获取并立即组织学习勘察设计文件和监理合同、施工承包合同等相关建设合同，学习补充法律、法规和标准等相关知识，将设计、标准和合同等内容，明确、细化分解到监理人员的各项具体工作的依据和要求中。

（1）规范依据。在研读合同、图纸的基础上，总监理工程师、专业监理工程师组织并参与项目部相关监理人员研读相关法规、标准，在相关分项工程施工前，由监理人员查找并摘录施工做法、验收项目和要点，编入监理巡视、平行检验、旁站、见证、审核等监理用表，由总监理工程师或专业监理工程师审核并确定。

（2）设计依据。在相关分项工程施工前，根据标准条目要点，总监理工程师、专业监理工程师组织并参与研读设计文件，由监理人员从中查找并摘录设计参数和要求，补入监理巡视、平行检验、旁站、见证、审核等监理用表，由总监理工程师或专业监理工程师审核并确认后，用于对施工单位进行监理交底，作为施工质量控制的依据。

（3）其他依据。在相关分项工程施工前，研读相关建设合同等文件，从中查找并摘录监理工作的依据，编入"进度控制用表""合同管理用表""投资控制用表"和质量安全等监理用表，由总监理工程师或专业监理工程师审核并确认后，用于对施工单位进行监理交底，作为开展各项监理工作的依据。

6. 规划编审。项目监理部成立后，总监理工程师应立即组织学习监理合同、勘察设计文件，补充学习相关法律、法规和标准，并将设计、标准和合同等依据要求，分解到各监理人员的基本工作项中，明确具体的工作依据。

（1）监理规划。总监理工程师应主动索取，并在收到设计文件和建设合同文件等依据资料后，立即组织编制监理规划，编制完成后经公司技术负责人审核批准，确保在第一次工地会议前报送建设单位。监理规划应包含以下主要内容：

1）工程概况（按合同、施工图及其他相关文件编写）。

2）监理工作范围、内容、目标（按监理大纲、监理合同内容编写）。

3）监理工作依据。

4）监理组织形式、人员配备及进退场计划、监理人员岗位职责（与投标文件、合同一致）。

5）工程重点、难点及控制要点。

6）工程质量控制。

7）工程造价控制。

8）工程进度控制。

9）安全监理方案。

10）合同与信息管理。

11）组织协调。

12）监理工作制度。

13）监理工作设施。

14）拟编制的监理实施细则。

当实际情况或条件发生变化时，如设计方案重大修改、承包方式发生变化、工期和质量要求发生重大变化，或原监理规划所确定的程序、方法、措施和制度等需要做重大调整时，总监理工程师应根据要求及时组织对原监理规划进行调整与补充，按原报审程序经批准后再报建设单位。

（2）安全监理规划。在编制监理规划的同时，总监理工程师应依据法律、法规、标准、勘察设计文件、合同等，针对危险性较大的分部分项工程，组织编制安全监理规划，编制完成后交公司技术负责人审核批准。安全监理规划应包含以下主要内容：

1）工程概况（按合同、图纸说明及其他相关文件编写）。

2）安全监理工作范围、内容、目标（按监理大纲、监理合同内容编写）。

3）监理工作依据。

4）监理组织形式、人员配备及进退场计划、监理人员岗位职责（与投标文件、合同一致）。

5）安全监理工作制度。

6）安全生产管理的监理工作。

安全监理规划的编制人应对相关监理人员进行交底，并形成书面签字记录。当实际情况或条件发生变化时，总监理工程师应根据要求及时组织对原安全监理规划进行调整与补充，按原报审程序经批准后再报建设单位。

（3）旁站监理方案。根据《房屋建筑工程施工旁站监理管理办法》（建市〔2002〕189号），在项目开工前总监理工程师应根据项目的特点，组织专业监理工程师制定相应的旁站监理方案，明确旁站监理的范围、内容、程序和旁站监理人员职责等。旁站监理主要内容如下：

1）检查施工企业现场质检人员到岗、特殊工种人员持证上岗以及施工机械、建筑材料准备情况。

2）在现场跟班监督关键部位、关键工序的施工执行施工方案以及工程建设强制性标准情况。

3）核查进场建筑材料、建筑构配件、设备和商品混凝土的质量检验报告等，并可在现场监督施工企业进行检验或者委托具有资格的第三方进行复验。

4）做好旁站监理记录和监理日志，保存旁站监理原始资料。

旁站监理方案应抄送一份给施工单位，并对相关监理人员及施工管理人员进行交底，形成书面签字记录，要求施工单位根据旁站监理方案，在需实施旁站监理的关键部位、关键工序施工前24h，书面通知项目监理机构安排人员进行旁站，对于施工单位未通知旁站的检验批，质量不予确认。

项目监理实施过程中，旁站监理方案应根据实际情况由原编制人进行补充、修改和完善。

（4）见证取样和送检计划。项目监理机构应对工程中涉及结构安全、节能工程和主要使用功能的试块、试件和材料设备进行见证取样、送检，项目开工前总监理工程师应组织专业监理工程师根据建设工程施工质量验收规范的要求结合工程设计文件，编制见证取样和送检计划，计划应包括下列主要内容：

1）工程概况。

2）见证取样和送检的依据。

3）见证取样和送检项目的范围。

4）见证取样送检程序。

5）见证取样和送检的内容、方法、数量和要求。

6）见证人员的职责。

项目监理实施过程中，见证取样和送检计划应根据实际情况由原编制人进行补充、修改和完善。

（5）监理细则。专业监理工程师应在分部分项工程施工开始前，结合工程特点，编制监理实施细则，经总监理工程师批准后实施。编制人应及时向项目部的其他监理人员交底，被交底人予以签认。

监理细则编制依据如下：

1）已批准的监理规划。

2）与专业工程相关的设计文件和技术资料。

3）施工组织设计和专项施工方案。

监理实施细则应包含以下主要内容：

1）所编制细则的概况及特点（设计图技术要求、专业工程强制性条文要求）。

2）监理工作流程。

3）监理工作方法与措施。

4）监理工作控制要点（质量检验与验收）。

5）工程资料管理。

项目监理实施过程中，监理细则应根据实际情况由原编制人进行补充、修改和完善。

领域二
建设工程安全管理

情景一　施工现场安全管理检查

1. 学习情境描述

　　某地块住宅工程，施工单位已完成了前期安全准备工作并进行了自检，提请监理单位核查并给予开工许可，监理单位对施工单位的工程基本情况、安全规章制度、安全教育和交底、安全活动等进行了检查，符合安全开工条件，同意开工。

2. 学习目标

知识目标：

（1）了解安全、安全管理、危险源的概念。

（2）熟悉施工现场安全管理的基本知识。

（3）掌握安全管理的方针，安全生产的基本知识，危险源的识别。

能力目标：

能审查施工单位施工现场安全管理。

素养目标：

忠于职守的爱岗敬业精神。

3. 任务书

　　根据给定的工程项目，开展施工现场安全管理检查。

4. 工作准备

引导问题 1：什么是安全？什么是危险源？什么是安全管理？什么是施工现场安全管理？

_____

_____

小提示：

安全是指不受威胁，没有危险、危害、损失，包括人身安全、设备与财产安全、环境安全等。

危险源是指存在着导致伤害、疾病或财物损失可能性的情况，是可能产生不良结果或有害结果的活动、状况或环境的潜在或固有的特性。建筑施工危险源是指在建筑工程施工相关活动中，可能导致人身伤害、健康损害、财产损失或造成不良社会影响的根源、状态或行为，或其组合，包括危险性较大的分部分项工程、临时建筑危险源等。

安全管理是管理科学的一个重要分支，它是为实现安全目标而进行的有关决策、计划、组织和控制等方面的活动；主要运用现代安全管理原理、方法和手段，分析和研究各种不安全因素，从技术上、组织上和管理上采取有力的措施，解决和消除各种不安全因素，防止事故的发生。

施工现场安全管理是指为保证生产安全所进行的计划、组织、指挥、协调和控制等一系列管理活动，目的是保护施工现场工作人员在工程施工过程中的安全与健康，保证顺利完成建筑施工任务。施工现场安全生产管理包括建设行政主管部门对于建筑活动过程中安全生产的行业管理；安全生产行政主管部门对建筑活动过程中安全生产的综合性监督管理；从事建筑活动的主体（包括建筑施工单位、勘察单位、设计单位和监理单位）为保证建筑生产活动的安全生产所进行的自我管理等。

引导问题 2：建设工程安全监理的作用是什么？

_____

_____

小提示：

建设工程安全监理是建设工程监理的重要组成部分，也是建设工程安全生产管理的重要保障，是指按照建设工程监理规范的规定要求履行安全管理的监理职责。建设工程安全监理的实施，是提高施工现场安全管理水平的有效方法，也是建设管理体制改革中加强安全管理、控制重大伤亡事故的一种新模式。

施工现场安全生产管理的监理是指监理工程师对建设工程中人、机械、材料、方法、环境及施工全过程的安全生产进行监督管理，采取组织、技术、经济和合同措施，保证建设行为符合国家安全生产、劳动保护、环境保护、消防等法律法规、标准规范和有关方针、政策，有效地将建设工程安全风险控制在允许的范围内，以确保安全。

建设工程安全监理的作用如下：

（1）有利于防止或减少生产安全事故，保障人民群众生命和财产安全。

（2）有利于实现工程投资效益最大化。

（3）有利于规范工程建设参与各方主体的安全生产行为。

（4）有利于促使施工单位保证建设工程施工安全，提高整体施工行业安全生产管理水平。

（5）有利于提高建设工程安全生产管理水平。

（6）有利于建设工程安全生产保证机制的形成。

引导问题3：监理单位怎么控制危险源？

_____

_____

小提示：

（1）监理单位应检查并督促施工承包单位进行危险源识别、评价、控制等，并建立档案。危险源是指可能导致死亡、伤害、职业病、财产损失、工作环境破坏或上述情况的组合所形成的根源或状态。

（2）检查并督促施工承包单位对重大危险源制定应急救援预案。监理工程师应检查并督促施工承包单位对可能出现高处坠落、物体打击、坍塌、触电、中毒以及其他群体伤亡事故的重大危险源制定应急救援预案，应急救援预案须包括有针对性的安全技术措施，监控措施，检测方法，应急人员的组织，以及应急材料、器具、设备的配备等。

引导问题4：监理单位对哪些施工现场安全管理规章制度的制定和实施进行核查？

_____

_____

小提示：

监理工程师应对以下施工现场安全管理规章制度的制定和实施进行核查：

（1）安全目标管理制度。

（2）安全生产责任制度。

（3）安全生产资金保障制度。

（4）安全教育培训制度。

（5）安全检查制度。

（6）生产安全事故报告制度。

（7）安全生产管理机构和安全生产管理人员。

（8）三类人员考核任职制度和特种人员持证上岗制度。

（9）安全技术管理制度。

（10）设备安全管理制度。

（11）安全设施和防护管理制度。

（12）特种设备管理制度。

（13）消防安全责任制度。

引导问题5：什么是安全技术交底？监理单位对施工单位安全技术交底的检查重点内容是什么？

_____

_____

小提示：

（1）安全技术交底是施工单位指导作业人员安全施工的技术措施，是建设工程安全技术方案或措施的具体落实。安全技术交底由施工单位负责项目管理的技术人员根据分部分项工程的具体要求、特点和危险因素编写，是作业人员的指令性文件，因而要具体、明确、针对性强并应进行分级交底。

（2）监理单位对施工单位安全技术交底的检查重点内容如下：

1）安全技术交底的内容是否符合标准、规定的要求。

2）安全技术交底是否针对不同工种、不同施工对象，是否分阶段、部位进行。

3）安全技术交底的手续是否符合规定。

4）是否按安全技术交底的内容和要求实施和落实。

引导问题6：监理单位主要核查哪些施工现场安全管理活动台账？

_____

_____

小提示：

监理工程师主要核查施工单位的"工地安全日记""班组安全活动记录表""企业负责人施工现场带班检查记录""项目负责人施工现场带班记录""各类安全专项活动实施情况检查记录表"等。

5. 工作实施

（1）任务下发。根据指导老师确定的工程项目，模仿案例，依据审查的基本步骤，对案例工程进行施工现场安全管理检查。

（2）步骤交底。

1）工作步骤和要点。

①**第一步：核查施工现场安全管理基本情况**。核查施工单位对"建设工程项目安全监督登记表""建设工程项目基本情况表""证书清单""危险性较大分部分项工程清单""危险源识别与风险评价表""重大危险源动态管理控制表""施工现场管理人员及资格证书登记表""施工现场特种作业人员及操作资格证书登记表""施工现场主要机械一览表""施工现场总平面布置图""施工现场安全标志（含消防标志）平面布置图""施工现场安全防护用具一览表""施工现场安全生产文明施工措施费用预算表""施工现场安全生产文明施工措施费用投入统计表"等安全台账的建立和落实情况。

②**第二步：核查施工单位安全管理规章制度**。核查施工单位对"建设工程安全生产法律、法规、规章和规范性文件清单""建设工程安全生产技术标准、规范清单""建筑施工企业安全生产规章制度清单""建设工程项目部安全管理机构网络""建设工程项目部安全生产责任制""建设工程项目部各级安全生产责任书""建设工程项目安全生产事故应急救援预案""工程建设安全事故快报表"等安全台账的建立和落实情况。

③**第三步：检查施工单位安全教育和安全技术交底**。核查施工单位对"施工现场建筑工人三级教育登记表""建筑工人三级安全教育卡""项目管理人员年度安全培训登记表""安

全技术交底记录汇总表""安全技术交底记录表""民工学校有关资料"等安全台账的建立和落实情况。

④**第四步：核查施工单位安全活动台账。**核查施工单位对"工地安全日记""班组安全活动记录表""企业负责人施工现场带班检查记录""项目负责人施工现场带班记录""各类安全专项活动实施情况检查记录表"等安全台账的建立和落实情况。

2）成果要求。

建设工程项目安全监督登记表

建设工程项目基本情况表

证书清单

危险性较大分部分项工程清单

危险源识别与风险评价表

重大危险源动态管理控制表

施工现场管理人员及资格证书登记表

施工现场特种作业人员及操作资格证书登记表

施工现场主要机械设备一览表

施工现场总平面布置图

施工现场安全标志（含消防标志）平面布置图

施工现场安全防护用具一览表

施工现场安全生产文明施工措施费用预算表

施工现场安全生产文明施工措施费用投入统计表

建设工程安全生产法律、法规、规章和规范性文件清单

建设工程安全生产技术标准、
规范清单

建筑施工企业安全生产规章
制度清单

施工现场建筑工人三级教育登记表

建筑工人三级安全教育登记卡

项目管理人员年度安全培训登记表

安全技术交底记录汇总表

安全技术交底记录表

工地安全日记

班组安全活动记录表

企业负责人施工现场带班检查记录

项目负责人施工现场带班记录

相关知识（拓展）

一、建设工程安全监理的行为主体、性质和作用

《中华人民共和国建筑法》规定："实行监理的建筑工程，由建设单位委托具有相应资质条件的工程监理单位监理。"这是我国建设工程监理制度的一项重要规定。建设工程安全监理是建设工程监理的重要组成部分，建设工程安全监理的主体是工程监理单位，因此它只能由具有相应资质的工程监理单位来开展。

建设工程安全监理不同于建设行政主管部门的安全生产监督管理。后者的行为主体是政府部门，它具有明显的强制性，是行政性的安全生产监督管理，它的任务、职责、内容不同于建设工程安全监理。

建设工程安全监理的作用如下：

1. 有利于防止或减少生产安全事故，保障人民群众生命和财产安全

我国建设工程规模逐步加大，建设领域安全事故起数和伤亡人数一直居高不下，个别地区施工现场安全生产情况十分严峻，安全事故时常发生，导致群死群伤恶性事件，给广大人民群众的生命和财产带来巨大损失。实行建设工程安全监理，监理工程师是既懂工程技术、经济、法律又懂安全管理的专业人士，有能力及时发现建设工程实施过程中出现的安全隐患，并要求施工单位及时整改、消除，从而有利于防止或减少生产安全事故的发生，保障了广大人民群众的生命和财产安全，保障了国家公共利益，从而维护了社会安定团结。

2. 有利于实现工程投资效益最大化

实行建设工程安全监理制，由监理工程师进行施工现场安全生产的监督管理，防止和减少生产安全事故的发生，保证了建设工程质量，也保证了施工进度顺利开展，从而保证了建设工程整个进度计划的实现，有利于投资的正常回收，以实现投资效益的最大化。

3. 有利于规范工程建设参与各方主体的安全生产行为

在建设工程安全监理实施过程中，监理工程师采用事前、事中和事后控制相结合的方式，对建设工程安全生产的全过程进行动态监督管理，可以有效规范各施工单位的安全生产行为，最大限度地避免不当安全生产行为的发生。即使出现不当安全生产行为，也可以及时加以制止，最大限度地减少其不良后果。此外，由于建设单位不了解建设工程安全生产等有关的法律法规、管理程序等，也可能发生不当安全生产行为。为避免发生建设单位的不当安全生产行为，监理工程师可以向建设单位提出适当的建议，从而也有利于规范建设单位的安全生产行为。

4. 有利于促使施工单位保证建设工程施工安全，提高整体施工行业安全生产管理水平

实行建设工程安全监理制，通过监理工程师对建设工程施工生产的安全监督管理，以及监理工程师的审查、督促、检查等手段，促使施工单位进行安全生产，改善劳动作业条件，提高安全技术措施等，保证建设工程施工安全，提高施工单位自身施工安全生产管理水平，从而提高整体施工行业安全生产管理水平。

5. 有利于提高建设工程安全生产管理水平

实行建设工程安全监理制，对建设工程安全生产实施三重监控，即施工单位自身的安全控制，政府的安全生产监督管理，工程监理单位的安全监理。一方面，有利于防止和避免安全事故；另一方面，政府通过改进市场监管方式，充分发挥市场机制，通过工程监理单位的介入，对施工现场安全生产进行监督管理，改变以往政府被动的安全检查方式，共同形成安全生产监管合力，从而提高我国建设工程安全生产管理水平。

6. 有利于建设工程安全生产保证机制的形成

实施建设工程安全监理制，有利于建设工程安全生产保证机制的形成，即施工企业负责、监理中介服务、政府市场监管，从而保证我国建设领域安全生产。

二、各参建单位的建设工程安全责任

1. 建设单位的安全责任

建设单位在工程建设中居主导地位，对建设工程的安全生产负有重要责任。建设单位应在工程概算中确定并提供安全作业环境和安全施工措施费用；不得要求勘察、设计、施工、监理等单位违反国家法律法规和工程建设强制性标准规定，不得任意压缩合同约定的工期；有义务向施工单位提供工程所需的有关资料；有责任将安全施工措施报送有关主管部门备案；应当将工程发包给有建筑业企业资质的施工单位等。

2．工程监理单位的安全责任

工程监理单位是建设工程安全生产的重要保障。监理单位应审查施工组织设计中的安全技术措施或专项施工方案是否符合工程建设强制性标准，发现存在安全事故隐患时，应当要求施工单位整改或暂停施工并报告建设单位。施工单位拒不整改或者拒不停止施工的，应当及时向有关主管部门报告。监理单位应当按照法律法规和工程建设强制性标准实施监理，并对建设工程安全生产承担监理责任。

3．勘察、设计单位的安全责任

勘察单位应当按照法律法规和工程建设强制性标准进行勘察，提供的勘察文件应当真实、准确、满足建设工程安全生产的需要。在勘察作业时，应当严格执行操作规程，采取措施保证各类管线、设施和周边建筑物、构筑的安全。

设计单位应当按照法律法规和工程建设强制性标准进行设计，应当考虑施工安全操作和防护的需要，对涉及施工安全的重点部位和环节在设计文件中注明，并对防范生产安全事故提出指导意见。对采用新结构、新材料、新工艺的建设工程和特殊结构的建设工程，设计单位应当在设计中提出保障施工作业人员安全和预防生产安全事故的措施建议，同时设计单位和注册建筑师等注册执业人员应当对其设计负责。

4．施工单位的安全责任

施工单位在建设工程安全生产中处于核心地位，必须建立本企业安全生产管理机构和配备专职安全管理人员，应当在施工前向作业班组和人员做出安全施工技术要求的详细说明，应当对因施工可能造成损害的毗邻建筑物、构筑物和地下管线采取专项防护措施，应当向作业人员提供安全防护用具和安全防护服装并书面告知危险岗位操作规程。施工单位应对施工现场安全警示标志使用、作业和生活环境等进行管理，应在施工起重机械和整体提升脚手架、模板等自升式架设设施验收合格后进行登记。施工单位应落实安全生产作业环境及安全施工措施所需费用，应对安全防护用具、机械设备、施工机具及配件在进入施工现场前进行查验，合格后方能投入使用。严禁使用国家明令淘汰禁止使用的危及施工安全的工艺、设备、材料。

（1）建筑施工企业应建立健全安全生产管理体系，明确各类岗位人员的安全生产责任。企业安全生产管理目标和各岗位安全生产责任制度应装订成册，其中项目部管理人员的安全生产责任制度应挂墙。

（2）建筑施工企业和企业内部职能部门、施工企业和项目部、总承包和分包单位、项目部和班组之间均应签订安全生产目标责任书。安全生产目标责任书中必须有明确的安全生产指标、有针对性的安全保证措施、双方责任及奖惩办法。

（3）建筑施工企业、项目部、班组应根据安全生产目标责任书，实行安全生产目标管理，建立安全生产责任考核制度。按照安全生产责任分工，对责任目标和责任人实行考核和奖惩，考核必须有书面记录。企业对项目部考核每半年不少于一次，项目部对班组考核每月不少于一次。

（4）建筑工程项目专职安全生产管理人员应实行企业委派制度。施工现场工程项目部的专职安全生产管理人员配备应满足下列要求：房屋建筑工程 1 万 m² 以下的工程不少于 1 人；1 万～5 万 m² 的工程不少于 2 人；5 万～10 万 m² 的工程不少于 3 人；10 万 m² 及以上的工程不少于 4 人，每增加 10 万 m² 增加配备 1 人；专职安全生产管理人员 3 人及以上的，应按专业设置，并组成安全管理组。市政基础设施工程 5000 万元以下的工程不少于 1 人；5000 万～1 亿元的工程不少于 2 人；1 亿元及以上的工程不少于 3 人，且按专业配备专职安全生产管理人员。

（5）施工现场应配备建筑施工安全生产法律、法规、安全技术标准和规范等，工程项目部各工种安全技术操作规程应齐全，主要工种的施工操作岗位，必须张挂相应的安全技术操作规程。

（6）建筑施工企业对列入建筑施工预算的文明施工与环境保护、临时设施及安全施工等措施项目的费用，应当用于施工安全防护用具及设施的采购和更新、安全施工措施的落实、安全生产条件的改善及文明施工，建立费用使用台账，不得挪作他用。

5．其他参与单位的安全责任

（1）提供机械设备和配件的单位的安全责任。提供机械设备和配件的单位应当按照安全施工的要求配备齐全有效的保险、限位等安全设施和装置。

（2）出租单位的安全责任。出租机械设备和施工机具及配件的单位应当具有生产（制造）许可证、产品合格证；应当对出租的机械设备和施工机具及配件的安全性能进行检测，在签订租赁协议时，应当出具检测合格证明；禁止出租检测不合格的机械设备和施工机具及配件。

（3）拆装单位的安全责任。拆装单位在施工现场安装、拆卸施工起重机械和整体提升脚手架、模板等自升式架设设施必须具有相应等级的资质。安装、拆卸施工起重机械和整体提升脚手架、模板等自升式架设设施，应当编制拆装方案，制定安全施工措施，并由专业技术人员现场监督。

施工起重机械和整体提升脚手架、模板等自升式架设设施安装完毕后，安装单位应当自检，出具自检合格证明，并向施工单位进行安全使用说明，办理签字验收手续。

（4）检验检测单位的安全责任。检验检测单位对检测合格的施工起重机械和整体提升脚手架、模板等自升式架设设施，应当出具安全合格证明文件，并对检测结果负责。

三、施工阶段安全监理概述

1．施工阶段安全监理的系统过程

施工阶段的安全监理是一个由对投入的资源和条件的安全监督管理，进而对施工生产全过程及各环节安全生产进行系统监督管理的过程。按建设工程形成过程的时间阶段划分，建设工程施工安全监理可以分为以下两个环节：

（1）施工准备阶段安全监理。施工准备阶段安全监理是指在各工程对象正式施工活动开始前，对各项准备工作及影响施工安全生产的各因素进行监督管理，这是确保建设工程施工安全的先决条件。

（2）施工过程安全监理。施工过程安全监理是指在施工过程中对实际投入的生产要素及作业、管理活动的实施状态和结果所进行的监督管理，包括作业者发挥技术能力过程的自控行为和来自有关管理者的监控行为。

2．施工阶段安全监理的依据

（1）国家和地方有关建设工程安全生产、劳动保护、环保、消防等的法律法规性文件，具体如下：

1）《中华人民共和国建筑法》。

2）《中华人民共和国安全生产法》。

3）《中华人民共和国劳动保护法》。

4）《中华人民共和国环境保护法》。

5）《中华人民共和国消防法》。

6）《建设工程安全生产管理条例》。

7）《安全生产许可证条例》。

8）《建筑安全生产监督管理规定》。

9）《建设工程施工现场管理规定》。

10）《建筑施工企业安全生产许可证管理规定》。

以上列举的是国家及建设主管部门所颁发的有关建设工程安全生产、劳动保护、环保、消防等管理方面的法规性文件。同时，其他各行业（如交通、铁路、水利等）的政府主管部门和省、市自治区的有关主管部门，也均根据本行业及地方的特点，制定和颁发了有关的法规性文件。这些文件都是安全生产管理方面所应遵循的基本法规文件。

此外，还应遵守国际劳工组织等的规定，如《建筑业安全卫生公约》。

（2）有关建设工程安全生产的专门技术法规性文件。这类专门技术法规性文件一般是针对不同行业、不同施工对象制定的，包括各种有关的标准、规范、规程或规定。

技术标准有国际标准、国家标准、行业标准、地方标准和企业标准之分。它们是建立和维护正常的生产和工作秩序应遵守的准则，也是衡量材料、施工机械、设备和防护用具等安全和质量的尺度。对外承包工程和外资、外贷工程，可能还会涉及国际标准和国外标准或规范，当需要采用这些标准或规范进行安全监理时，还需要熟悉它们。技术规程或规范，一般是执行技术标准以保证施工安全，而为有关人员制定的行动的准则，均应严格遵守。各种有关安全生产方面的规定，一般是由政府有关主管部门根据需要而发布的带有方针目标性的文件，它对于保证标准和规程、规范的实施和改善实际存在的安全问题，具有指令性和及时性的特点。

概括来说，属于专门技术法规性的文件主要有以下几类：

1）建设工程施工安全检查标准。这类标准主要是由国家或有关部门统一制定的，用以作为检查和验收建设工程施工安全生产水平所依据的技术法规性文件，如现行标准《建筑施工安全检查标准》JGJ59。

2）控制施工作业活动安全的技术规程。如现行标准《建筑机械使用安全技术规程》JGJ33、《施工现场临时用电安全技术规范》JGJ46、《建筑施工高处作业安全技术规范》JGJ80等，它们都是为了保证施工作业活动安全在作业过程中应遵照执行的技术规程。

3）凡采用新工艺、新技术、新材料的工程，应事先进行试验，并应有权威性技术部门的技术鉴定书及有关安全、质量数据、指标，在此基础上制定有关安全标准和施工工艺规程，以此作为判断与控制安全的依据。

（3）建设工程合同文件。建设工程合同文件包括建设工程施工承包合同、勘察设计合同、材料设备供应合同、监理合同等文件，规定了工程建设参与各方责任主体的权利和义务，有关各方必须履行在合同中的承诺。监理工程师要熟悉这些条款，据以进行安全监理。

（4）设计文件。经过批准的施工图和技术说明书等设计文件是建设工程安全监理的重要依据。在工程施工前，监理工程师通过参加由建设单位组织设计单位、施工单位等参加的设计交底及图纸会审，以了解设计意图、施工安全要求，及时发现图纸差错，从而防止和减少建设工程施工中安全隐患和安全事故的发生。

3. 施工阶段安全监理的工作程序

在施工阶段全过程中，监理工程师要进行全过程、全方位的监督、检查与控制。

在每一项建设工程开始施工前，施工承包单位需做好施工准备工作，然后填报"工程开工/复工报审表"，附上该工程的开工报告、施工方案及安全技术措施、施工进度计划、人员及机械设备配置、材料准备情况等，报送监理工程师审查。若审查合格，则由总监理工程师批复准予施工。否则，施工承包单位应进一步做好施工准备，待条件具备时，再次填报开工申请。

在施工过程中，监理工程师应监督施工承包单位加强内部安全管理，严格进行安全控制，施工作业过程均应按规定工艺和技术要求进行。在每道工序或作业活动完成后，施工承包单位应进行自检。安全设施搭设、施工机械安装完成后，施工承包单位必须进行自检，验收合格后，需经行业检测机构检测的还须报行业检测机构进行检测。

四、施工准备阶段的安全监理

施工准备阶段的安全监理是指在正式施工前进行的安全预控，其控制重点是做好施工准备工作，且施工准备工作要贯穿于施工全过程中。

1. 安全监理的前期准备工作

（1）组建项目监理机构。

1）项目监理机构的总监理工程师由公司法定代表人任命并书面授权。总监理工程师的任职应考虑资格、政策、业务、技术水平、综合组织协调能力。总监理工程师代表可根据工程项目需要配置，由总监理工程师提名，经公司法定代表人批准后任命。总监理工程师应以书面的授权委托书形式明确委托总监理工程师代表办理的监理工作。

2）项目监理机构由总监理工程师、总监理工程师代表（必要时）、专业监理工程师、监理员及其他辅助人员组成。项目监理机构的规模应根据建设工程委托监理合同规定的服务内容，工程的规模、结构类型、技术复杂程度、建设工期、工程环境等因素确定。项目监理机构组成人员一般不应少于3人，并应满足安全监理各专业的需要。

3）项目监理机构人员组成及职责、分工应于委托监理合同签订后在约定时间内书面通知建设单位。

4）总监理工程师在项目监理过程中应保持稳定，必须调整时，应征得建设单位同意；项目监理机构人员也宜保持稳定，但可根据工程进展的需要进行调整，并书面通知建设单位和施工承包单位。

5）项目监理机构内部的职务分工应明确职责，可由项目监理机构成员兼任。

6）所有从事现场安全监理工作的人员均应通过正式安全监理培训并持证上岗。

（2）安全监理工作准备会。项目监理机构建立后应及时召开安全监理工作准备会。会议由工程监理单位分管负责人主持，宣读总监理工程师授权书，介绍工程的概况和建设单位对安全监理工作的要求，由总监理工程师组织监理人员学习岗位责任制和监理工作人员守则，明确项目监理机构各监理人员的职务分工及岗位职责。

（3）监理设施与设备的准备。按《建设工程监理规范》（GB/T 50319—2013）的规定，建设单位应提供委托监理合同约定的满足监理工作需要的办公、交通、通信生活设施，项目监理机构应妥善保管与使用，并在项目监理工作完成后归还建设单位，项目监理机构也可根据委托监理合同的约定，配备满足工作需要的上述设施。项目监理部应配备满足监理工作需要的常规的建设工程安全检查测试工具，总监理工程师应指定专人予以管理。

（4）熟悉施工图和设计说明文件。施工图和设计说明文件是实施建设工程安全监理工作的重要依据之一。总监理工程师应及时组织各专业监理工程师熟悉施工图和设计说明文件，预先了解工程特点及安全要求，及早发现和解决图纸中的矛盾和缺陷，并做好记录，将施工图中所发现的问题以书面形式汇总，报建设单位提交给设计单位，必要时应提出合理的建议，并与有关各方协商研究，统一意见。

（5）熟悉和分析监理合同及其他建设工程合同。为发挥合同管理的作用，有效进行建设工程安全监理，总监理工程师应组织监理人员在工程建设施工前对建设工程合同文件，包括施工合同、监理合同、勘察设计合同、材料设备供应合同等进行全面的熟悉和分析。合同管理是项目监理机构的一项核心工作，总监理工程师应指定专人负责本工程项目的合同管理工作。

总监理工程师应组织项目监理机构人员对监理合同进行分析，应了解和熟悉的主要内容有：监理工作的范围；监理工作的期限；双方的权利、义务和责任；违约的处理条款；监理酬金的支付办法；其他有关事项。

总监理工程师应组织项目监理机构人员对施工合同进行分析，应了解和熟悉的主要内容有：承包方式与合同总价；适用的建设工程施工安全标准规范；与项目监理工作有关的条款；安全风险与责任分析；违约的处理条款；其他有关事项。

项目监理机构应根据对建设工程合同的分析结果，提出相应的对策，制定在整个监理过程中对有关部门合同的管理、检查、反馈制度，并在建设工程安全监理规划中做出具体规定。

（6）编制安全监理规划及安全监理实施细则。建设工程安全监理规划是指导项目监理机构开展安全监理工作的指导性文件，直接指导项目监理机构的监理业务工作。

安全监理规划的编制应由项目总监理工程师负责组织项目监理机构人员在监理合同签订及收到施工合同、设计文件后，在约定的时间内，一般应在14日内编制完成，并经工程监理单位技术负责人审核批准后，在第一次工地会议前报送建设单位及有关部门。

对中型及以上或危险性大、技术复杂、专业性较强的工程项目，总监理工程师应组织专业监理工程师编制安全监理实施细则。

安全监理规划和安全监理实施细则的编制应满足《建设工程监理规范》（GB/T 50319—2013）中对监理规划、监理实施细则的要求。

（7）制定安全监理程序。监理工程师在对建设工程施工安全进行严格控制时，要严格按照工程施工工艺流程、作业活动程序等制定一套科学的安全监理程序，对不同结构的施工工序、作业活动等制定相应的检查和验收核查方法。

（8）调查可能导致意外安全事故的其他原因。在施工开始之前，监理工程师应了解现场的环境、障碍等不利因素，以便掌握不利因素的有关资料，及早提出防范措施。不利因素包括图纸未表示出的地下结构、地下管线及施工现场毗邻区域的建筑物、构造物、地下管线等，以及建设单位需解决的用地范围内地表以上的电信、电杆、房屋及其他影响安全施工的构筑物等。

（9）掌握新技术、新材料、新工艺的工艺和标准。施工中采用的新技术、新材料、新工艺应有相应的技术标准和使用规范。监理人员根据工作需要与可能，对新材料、新技术的应用进行必要的走访与调查，以防止施工中发生的安全事故，并做出相应对策。

2. 施工承包单位资格的核查

施工承包单位资格的核查主要包括施工承包单位的建筑业企业资质、安全生产许可证、营业执照、企业业绩、企业内部管理等内容。

（1）施工承包单位的资质。为了加强对建筑活动的监督管理，维护建筑市场秩序，保证工程质量安全，保障施工承包单位的合法权益，建设部在 2001 年 4 月发布了《建筑业企业资质管理规定》（建设部令第 87 号），制定了建筑业企业资质等级标准。承包单位必须在规定的范围内进行经营活动，不得超范围经营。建设行政主管部门对承包单位的资质实行动态管理。

建筑业企业资质分为施工总承包、专业承包和劳务分包三个序列。这三个序列按照工程性质和技术特点分别划分为若干资质类别，各资质类别按照规定的条件划分为若干等级。

1）施工总承包企业。获得施工总承包资质的企业，可以对工程实行总承包或者对非主体工程实行施工承包。施工总承包企业可以对所承接的工程全部自行施工，也可以依法将非主体工程或者劳务作业分包给具有相应专业承包资质或者劳务分包资质的其他建筑业企业。

2）专业承包企业。获得专业承包资质的企业，可以承接施工总承包企业分包的专业工程或者建设单位按照规定发包的专业工程。专业承包企业可以对所承接的工程全部自行施工，也可以将劳务作业依法分包给具有相应劳务分包资质的劳务分包企业。

3）劳务分包企业。获得劳务分包资质的企业，可以承接施工总承包企业或者专业承包企业分包的劳务作业。

（2）施工承包单位的安全生产许可证。2004 年 1 月 13 日，国务院颁布实施《安全生产许可证条例》；2004 年 7 月 5 日，建设部公布施行《建筑施工企业安全生产许可证管理规定》（建设部令第 128 号）。国家对建筑施工企业实行安全生产许可制度，建筑施工企业未取得安全生产许可证的，不得从事建筑施工活动。国务院建设主管部门负责中央管理的建筑施工企业安全生产许可证的颁发和管理，省、自治区、直辖市人民政府建设主管部门负责本行政区域内上述规定以外的建筑施工企业安全生产许可证的颁发和管理，并接受国务院建设行政主管部门的指导和监督。

安全生产许可证的有效期为 3 年，有效期满需要延期的，施工企业应当于期满前 3 个月向原发证机关办理延期手续。施工企业在安全生产许可证有效期内，严格遵守有关安全生产的法律法规，未发生死亡事故的，安全生产许可证有效期届满时，经原发证机关同意，不再审查，安全生产许可证有效期可延期 3 年。

根据《建筑施工企业安全生产许可证管理规定》，依法从事建筑活动的建筑施工企业应自《安全生产许可证条例》施行之日起 1 年内向建设主管部门申请办理建筑施工企业安全生产许可证；对逾期不办理安全生产许可证或经审查不符合规定的安全生产条件，未取得安全生产许可证的，继续进行建筑施工活动的，按《建筑施工企业安全生产许可证管理规定》相关规定进行处罚，即责令其在建项目停止施工，没收违法所得，并处 10 万元以上 50 万元以下的罚款；造成重大事故或其他严重后果的，构成犯罪的，依法追究刑事责任。

建筑施工企业转让安全生产许可证的，没收违法所得，处 10 万元以上 50 万元以下罚款，并吊销其安全生产许可证；构成犯罪的，依法追究刑事责任。

对建筑施工企业接受转让，冒用或使用伪造的安全生产许可证的，依照《建筑施工企业安全生产许可证管理规定》相关规定进行处罚，即责令其在建项目停止施工，没收违法所得，并处 10 万元以上 50 万元以下的罚款；造成重大事故或其他严重后果的，构成犯罪的，依法追究刑事责任。

（3）监理工程师对施工承包单位资格的审核。施工承包单位建立有健全的安全管理体系，对取得良好的施工效果，保证施工安全具有重要作用。因此，监理工程师做好施工承包单位的安全管理体系的核查，是做好安全监理工作的重要环节，也是取得建设工程施工安全的重要条件。

施工承包单位应向监理工程师报送安全管理体系有关资料，包括组织机构、各项安全生产制度、安全管理制度、安全管理人员、特种作业人员资格证、上岗证等。

监理工程师对报送的相关资料进行审核，必要时实地检查，对满足建设工程安全生产的安全管理体系，总监理工程师应予以确认；对于不合格的人员，总监理工程师有权要求施工承包单位予以撤换；对不健全、不完善的，总监理工程师应要求施工承包单位尽快健全完善。

3. 施工组织设计（安全计划）的审查

（1）施工组织设计（专项施工方案）的审查程序。

1）在工程项目开工前，施工承包单位必须完成施工组织设计的编制及内部自审批准工作，填写"施工组织设计（方案）报审表"报送项目监理机构。

2）总监理工程师在规定的时间内，组织专业监理工程师审查，提出意见后，由总监理工程师审核签认。需要施工承包单位修改时，由总监理工程师签发书面意见，退回施工承包单位修改后再报审，总监理工程师重新审查。

3）已审定的施工组织设计由项目监理机构报送建设单位。

4）施工承包单位应按审定的施工组织设计文件组织施工，不准随意变更修改，如需对其内容做较大的变更，应在实施前，按原审核、审批的程序办理。

5）危险性较大的工程，按《建设工程安全生产管理条例》和《建筑施工安全检查标准》规定，如基坑支护与降水工程、土方开挖工程、模板工程、起重吊装工程、脚手架工程、拆除与爆破工程及国务院建设行政主管部门或其他有关部门规定的其他危险性较大的工程，如物料提升机及垂直运输设备的拆装等，施工单位应单独编制专项施工方案，并附安全验算结果。其中涉及深基坑、地下暗挖工程、高大模板工程的专项施工方案，施工单位还应组织专家进行论证、审查，经施工单位技术负责人签字，报总监理工程师审查签字后组织实施。

6）规模大、群体工程、分期出图的工程，经建设单位批准可分阶段报项目监理机构审查施工组织设计。

（2）审查施工组织设计（专项施工方案）时应掌握的原则。

1）施工组织设计（专项施工方案）的编制，审核和审批应符合规定的程序。

2）施工组织设计（专项施工方案）应符合国家的技术政策，充分考虑施工承包合同规定的条件、施工现场条件及法规条件的要求，突出"安全第一，预防为主"的原则。

3）施工组织设计（专项施工方案）的针对性。充分掌握本工程的特点及难点，施工条件的分析等。

4）施工组织设计（专项施工方案）的可操作性。是否可行并保证施工安全，实现安全目标。

5）安全技术方案的先进性。施工组织设计采用的安全技术方案、安全技术措施是否先进适用，安全技术是否成熟。

6）安全管理体系、安全保证措施是否健全且切实可行。

7）劳动保护、环保、消防和文明施工措施是否切实可行并符合有关规定。

（3）施工组织设计（专项施工方案）审查的注意事项。

1）专项施工方案的内容应符合规定。专项施工方案应力求细致、全面、具体，并根据需要进行必要的设计计算，对所引用的计算方法和数据，必须注明其来源和依据，对所选用的力学模型，必须与实际构造或实际情况相符。为了便于方案的实施，方案中除应有详尽的文字说明外，还应有必要的构造详图，图示应清晰明了、标注齐全。

2）施工组织设计中施工方案与施工平面图布置应协调一致。施工平面图的静态布置内容，如临时供水、供电、供气、供热、施工道路、临时办公用房、物资仓库等，以及动态布置内容，如施工材料、模板、工具器具，应做到布置有序，有利于各阶段施工方案的实施。

3）施工组织设计中施工方案与施工进度计划应一致。施工进度计划的编制应以确定的施工方案为依据，正确体现施工的总体部署、流向顺序及工艺关系等。

（4）专项施工方案审查要点。

1）土方工程。具体内容包括：施工现场地下管线、地下工程等防护措施；施工现场毗邻建筑物、构筑物、地下管线等防护措施；场区的排水、防洪措施；土方开挖顺序和方法；基坑支护设计区施工详图、计算书；基坑四周的安全防护；基坑边荷载限定；基坑支护变形监测方案；基坑设计与施工方案的审批等。

2）脚手架。具体内容包括：脚手架设计计算书；脚手架设计方案；脚手架验收方案；脚手架使用安全措施；脚手架拆除方案；脚手架施工方案的审批等。

3）模板施工。具体内容包括：模板支撑设计计算书的荷载取值、计算方法；模板设计的支撑系统及支撑模板的楼地面强度要求；模板设计图中细部构造的大样图、材料规格、尺寸、连接件等；模板设计中的安全措施；模板施工方案的审批。

4）塔式起重机。具体内容包括：塔机的基础方案中对地基与基础的要求；塔机安装拆除的安全措施；塔机使用中的检查、维修管理；塔机驾驶员的从业资格；塔机使用中班前检查制度；塔机的安全使用制度；塔机施工方案的审批等。

5）临时用电。具体内容包括：负荷计算；电源的进线、总配电箱的装设位置和线路走向；导线截面和电气设备的类型规格；电气平面图、接线系统图；是否采用 TN-S 接零保护系统；是否实行"一机一闸一漏一箱"；是否实行"三级配电、三级保护"；照明用电措施；临时用电方案的审批等。

4. 危险源的控制

（1）监理单位应检查并督促施工承包单位进行危险源识别、评价、控制等，并建立档案。危险源是指可能导致死亡、伤害、职业病、财产损失、工作环境破坏或上述情况的组合所形成的根源或状态。

施工承包单位应根据本企业的施工特点，依据建设工程项目的类别、特征、规模及自身管理水平等情况，识别出危险源，列出清单，并对危险源进行一一评价，将其中导致事故发生的可能性较大且事故发生会造成严重后果的危险源定义为重大危险源。同时，施工承包单位应建立管理档案，其内容包括危险源识别评价结果和清单。针对重大危险源可能出现伤害的范围、性质和时效性，施工承包单位应制定消除或控制的措施，且纳入安全管理制度、安全教育培训、安全操作规程或安全技术措施中。

承包工程的工程变更或施工条件等内外条件发生变化，都会引起重大危险源的改变。因此，施工承包单位应对重大危险源的识别及时更新。监理工程师应检查、督促施工承包单位对重大危险源进行及时更新。

（2）检查并督促施工承包单位对重大危险源制定应急救援预案。监理工程师应检查并督促施工承包单位对可能出现高处坠落、物体打击、坍塌、触电、中毒以及其他群体伤亡事故的重大危险源制定应急救援预案，应急救援预案应包括有针对性的安全技术措施，监控措施，检测方法，应急人员的组织，以及应急材料、器具、设备的配备等。

5. 安全管理制度的控制

（1）安全目标管理制度。监理工程师应检查并督促施工单位建立健全安全目标管理制度。施工单位要制定总的安全目标（如伤亡事故控制目标、安全达标、文明施工目标），以便于制定年、月达标计划，将目标分解到人，责任落实、考核到人。

（2）安全生产责任制度。监理工程师应检查并督促施工单位建立健全安全生产责任制度。安全生产责任制度作为保障安全生产的重要组织手段，施工单位应明确规定各级领导、各职能部门和各类人员在施工生产活动中应负的安全职责，把"管生产必须管安全"的原则从制度上固定下来。通过建立安全生产责任制度，有利于强化各级安全生产责任，增强各级管理人员和作业人员的安全生产责任意识，使安全管理纵向到底、横向到边，做到责任明确、协调配合，共同努力去实现建设工程安全生产。

（3）安全生产资金保障制度。监理工程师应检查并督促施工单位建立健全安全生产资金保障制度，安全生产资金是指建设单位在编制建设工程概算时，为保障安全施工确定的资金，建设单位根据工程项目的特点和实际需要，在工程概算中要确定安全生产资金，并全部、及时地将这笔资金划拨给施工单位。安全生产资金保障制度是指施工单位对安全生产资金必须用于施工安全防护用具及设施的采购和更新、安全施工措施的落实、安全生产条件的改善等。

安全生产资金保障制度有利于改善劳动条件、防止工伤事故、消除职业病和职业中毒等危害，保障从业人员生命安全和身体健康，确保正常安全生产措施的需要，也是促进施工生产发展的一项重要措施。

（4）安全教育培训制度。监理工程师应检查并督促施工单位建立健全安全教育培训制度。安全教育培训制度是安全管理的重要环节，是提高从业人员安全素质的有效途径和基础性工作。按规定，施工单位从业人员必须定期接受安全培训教育，坚持先培训、后上岗的原则。实行总分包的工程项目，总承包单位负责统一管理分包单位从业人员的安全教育培训工作，分包单位要服从总承包单位的统一领导。

安全教育培训有利于提高施工单位各层次从业人员提高安全生产的责任感和自觉性，增强安全意识，提高人员安全素质；掌握安全生产科学知识，提高安全管理业务水平和安全操作技术水平，增强安全防护能力，减少伤亡事故的发生。

（5）安全检查制度。监理工程师应检查并督促施工单位建立健全安全检查制度，施工单位必须建立完善的安全检查制度。安全检查是指施工单位对贯彻国家安全生产法律法规的情况、安全生产情况、劳动条件、事故隐患等所进行的检查，其作用是发现并消除施工过程中存在的不安全因素，宣传、贯彻、落实安全生产法律法规与规章制度，纠正违章指挥和违章作业，提高各级负责人与从业人员安全生产自觉性与责任感，掌握安全生产状态和寻找改进需求的重要手段。

施工单位进行安全检查应配备必要的设备或器具，确定检查负责人和检查人员，并明确检查内容及要求。安全检查人员应对检查结果进行分析，找出安全隐患部位，分析原因并制定相应整改防范措施。施工单位项目经理部应编写安全检查报告。

（6）生产安全事故报告制度。监理工程师应检查并督促施工单位建立健全生产安全事故报告制度。施工单位必须建立健全生产安全事故报告制度，防止事故扩大，减少伤害和损失，吸取教训，制定措施，防止同类事故的再次发生。

（7）安全生产管理机构和安全生产管理人员。监理工程师应检查并督促施工单位建立健全安全生产管理机构和专职安全生产管理人员。施工单位安全生产管理机构和专职安全生产管理人员是指协助施工单位各级负责人执行安全生产法律法规、方针、政策，实现安全管理目标的具体工作部门和人员。《建设工程安全生产管理条例》规定，施工单位应设立各级安全生产管理机构，配备专职安全生产管理人员。施工单位应设立各级安全生产管理机构，配备与其经营规模相适应的、具有相关技术职称的专职安全生产管理人员。专兼职安全生产管理人员数量应符合国务院或各级地方人民政府建设行政主管部门的规定。

（8）三类人员考核任职制度和特种人员持证上岗制度。监理工程师应检查并督促施工单位建立健全三类人员考核任职制度和特种人员持证上岗制度。施工单位三类人员是指施工单位的主要负责人、项目负责人和专职安全生产管理人员。

（9）安全技术管理制度。监理工程师应检查并督促施工单位建立健全安全技术管理制度。施工单位安全技术管理的主要内容有危险源控制、施工组织设计（方案）、专项安全技术方案、安全技术交底、安全技术标准规范和操作规程、安全设备和工艺的选用等。

（10）设备安全管理制度。监理工程师应检查并督促施工单位建立健全设备安全管理制度，施工单位应当根据国家、地方建设行政主管部门有关机械设备管理规定，建立健全设备安全管理制度。设备安全管理制度应包括设备及应急救援设备的安装拆卸、设备验收、设备检测、设备使用、设备保养和维修、设备改造和报废等各项设备管理制度，设备安全管理制度中还应明确相应管理的要求，以及职责权限、工作程序、监督检查、考核方法等内容的具体规定和要求，并组织实施。

（11）安全设施和防护管理制度。监理工程师应检查并督促施工单位建立健全安全设施和防护管理制度。根据《建设工程安全生产管理条例》规定，施工单位应当在施工现场危险部位，设置明显的安全警示标志，施工单位应建立施工现场正确使用安全警示标志和安全色的相应规定，在规定中应明确使用部位、内容的相应管理要求，以及职责权限、监督检查、考核方法等内容的具体规定和要求，并组织实施。安全警示标志包括安全色和安全标志，进入工地的人员通过安全色和安全标志能提高对安全保护的警觉，以防发生事故。

（12）特种设备管理制度。监理工程师应检查并督促施工单位建立健全特种设备管理制度。检查是否建立特种设备安全管理制度和落实专人进行管理；是否建立特种设备的使用管理。

（13）消防安全责任制度。监理工程师应检查并督促施工单位建立健全消防安全责任制度。检查是否建立消防安全责任制度，并确定消防安全责任人；是否建立各项消防安全管理制度和操作规程；是否设置消防通道、消防水源，配备消防设施和灭火器材；施工现场入口处是否设置明显标志。

五、施工过程的安全监理

施工过程体现在一系列的现场施工作业和管理活动中，作业和管理活动的效果将直接影响施工过程的施工安全。因此，监理工程师对施工过程的安全监理工作应体现在对作业和管理活动的控制上。

为确保建设工程施工安全，监理工程师要对施工过程进行全过程、全方位的控制，对整个施工过程要按事前、事中及事后进行控制，针对具体作业和管理，监理工程师也要按事前、事中及事后进行控制。监理工程师对施工过程的安全监理主要围绕影响工程施工安全的因素进行。

1. 作业活动准备状态的监控

（1）审查施工现场劳动组织和作业人员的资格。

（2）检查施工单位对从业人员施工中的安全教育培训。

（3）作业安全技术交底的监控。施工单位做好安全技术交底，是取得施工安全的重要条件之一。安全技术交底是施工单位指导作业人员安全施工的技术措施，是建设工程安全技术方案或措施的具体落实。安全技术交底由施工单位负责项目管理的技术人员根据分部、分项工程的具体要求、特点和危险因素编写，是作业人员的指令性文件，因而要具体、明确、针对性强，并应进行分级交底。

监理工程师检查监督施工单位安全技术交底的重点内容如下：

1）是否按安全技术交底的规定实施和落实。单位工程开工前，施工单位项目技术负责人必须将工程概况、施工方法、施工工艺、施工程序、安全技术措施，向承担施工的责任工长、作业队长、班组长和相关人员进行交底。各分部、分项工程、关键工序、专项施工方案实施前，施工单位项目技术负责人、专职安全生产管理人员应会同项目施工员将安全技术措施向参加施工的施工管理人员进行交底。

2）是否按安全技术交底的要求和内容实施和落实。

3）是否按安全技术交底的手续规定实施和落实。所有安全技术交底除口头交底外，还必须有双方签字确认的书面交底记录。

4）是否针对不同工种、不同施工对象，分阶段、分部位进行安全交底。

（4）对分包单位的监控。分包工程开始施工前，监理工程师要检查、督促施工总承包单位对分包商在施工过程中涉及的危险源予以识别、评价和控制策划，并将与策划结果有关的文件和要求事先通知分包单位，以确保分包单位能遵守施工总承包单位的施工组织设计（或安全生产保证计划）的相关要求，如对分包单位自带的机械设备的安装、验收、使用、维护和操作人员持证上岗的要求，相关安全风险及控制要求等。

2. 作业活动运行过程的监控

（1）对重大危险源及与之相关的重点部位、过程和活动应组织专人进行重点监控。监理工程师要根据已识别的重大危险源，确定与之相关的需要进行重点监控的重点部位、过程和活动，如深基坑施工、地下暗挖施工、高大模板施工、起重机械安装和拆除、整体式提升脚手架升降、大型构件吊装等。

（2）安全防护设施的搭设和拆除的监理，以及对其使用维护管理的监控。

1）脚手架搭设和拆除的监控。监理工程师要对施工单位脚手架搭设和拆除进行监管。施工单位应按脚手架施工方案的要求进行交底、搭设。普通脚手架搭设到一定高度时，按《建筑施工安全检查标准》的要求，分步、分阶段进行检查、验收，合格后做好记录，再报监理工程师核查验收，经核查合格后，施工单位方可投入使用。使用中，施工单位应落实专人负责检查、维护。

2）洞口、临边、高处作业等安全防护设施搭设和拆除的监控。监理工程师应对洞口、临边、高处作业所采取的安全防护设施，如通道防护栅、电梯井防护、楼层周边和预留洞口防护设施、基坑临边防护设施、悬空或攀登作业防护设施的搭设、拆除进行监控。

3）安全防护设施使用维护的监控。工程施工多数情况为露天作业，而且现场情况多变，又是多工种立体交叉作业，设备、设施在验收合格投入使用后，在施工过程中往往会出现缺陷和问题，施工人员在作业中往往会发生违章现象。为了及时排除动态过程中人和物的不安全因素，防患于未然，监理工程师要对安全防护设施、设备在日常运行和使用过程中易发生事故的主要环节、部位进行动态的检查，以保持设备、设施持续完好有效，并做好检查记录。

（3）施工现场危险部位安全警示标志的检查。监理工程师应对施工现场入口处起重设备、临时用电设施、脚手架、出入通道口、楼梯口、电梯井口、孔洞口、桥梁口、隧道口、基坑边沿、爆破物及危险气体和液体存放处等危险部位设置的安全警示标志进行检查，并做好检查记录。

（4）施工机具、施工设施使用维护管理的监控。监理工程师应对施工机具、施工设施使用、维护、保养等进行检查，并做好检查记录。施工机具在使用前，施工单位必须对安全保险、传动保护装置及使用性能进行检查验收，填写验收记录，合格后方可使用。使用中，施工单位应对施工机具、施工设施进行检查、维护、保养、调整等。

（5）施工现场临时用电的监控。监理工程师应对施工现场临时用电进行检查，做好检查记录。监理工程师应按现行标准《施工现场临时用电安全技术规范》JGJ 46规定，对变配电装置、架空线路或电缆干线的敷设，分配电箱等用电设备进行检查。

（6）起重机械、设备安装和拆除的监控，对其使用维护管理的控制。监理工程师应对塔式起重机、施工升降机、井架与龙门架等起重机械、设备的安装和拆除进行监控。塔式起重机、施工升降机、井架与龙门架等起重机械、设备的安装和拆除前，施工单位应按专项施工方案组织安全技术交底。安装拆除过程中，应采取防护措施，并进行现场过程控制，安装搭设完毕后，一般由施工单位按规定自行检查、验收并报主管部门备案。

（7）个体劳动防护用品使用的监控。监理工程师应按危险源及有关劳动防护用品发放标准规定对现场管理人员和操作人员安全帽、安全带等劳动防护用具和安全防护服装进行检查、监督，并做好检查记录。严禁不符合劳动防护用品佩戴标准的人员进入作业场所。

（8）安全物资的监控。监理工程师应对安全物资进场、使用、储存和防护进行检查。

（9）安全检测工具性能、精度的监控。监理工程师应检查、督促施工单位配备好安全检测工具。施工单位应根据本工程项目施工特点，有效落实各施工场所配备完善相应的安全检测设备和工具。常用安全检测工具包括卷尺、经纬仪、水准仪、卡尺、塞尺、检查受力状态的传感器、力矩扳手、检查电器的接地电阻测试仪、绝缘电阻测试仪、电压电流表、漏电测试仪、测量噪声的声级机、测量风速的风速仪等。

在施工过程中，监理工程师应加强对施工单位的安全检测工具的计量检定管理的检查监督，对国家明令实施强制检定的安全检测工具，施工单位必须按要求落实进行检定，同时施工单位应加强对其他安全检测工具的检定校正管理工作。施工单位的安全检测工具应每年检定、校正一次，并应有书面记录。

监理工程师应定期检查施工单位安全检测工具的性能、精度状况，确保其处于良好的状态，并做好检查记录。

（10）施工现场消防安全的监控。按防火要求，监理工程师应对施工现场木工间、油漆仓库、氧气与乙炔瓶仓库、电工间等重点防火部位；高层外脚手架上焊接等作业活动；氧气、乙炔瓶和化学溶剂等易燃易爆危险物资的储存、运输、标识、防护；灭火器等消防器材和设施进行检查，并做好检查记录。

在火灾易发部位作业或者储存、使用易燃易爆物品时，施工单位应当采取相应的防火防爆措施，并落实专人负责管理。对施工中动用明火，施工单位应根据防火等级建立并实施动火与明火作业分级审批制度，并定期对消防设施、器材等进行检查、维护，确保其完好、有效。

监理工程师还应对施工单位消防安全责任制度进行检查、监督，督促施工单位落实消防安全管理。

（11）施工现场及毗邻区域地下管线、建（构）筑物等的专项防护的监控。监理工程师应对施工现场及毗邻区域内地下管线，如供水、排水、供电、供气、供热、通信、广播、电视等地下管线，相邻建（构）筑物，地下工程等采取的专项防护措施情况进行检查。在城市市区中，深基坑工程进行施工时，施工单位应确保施工现场及毗邻区域内地下管线、建（构）筑物等不受损坏，监理工程师在施工过程中应组织监理员进行重点监控。

（12）粉尘、废气、废水、固体废弃物、噪声等排放的监控。粉尘、废气、废水、固体废弃物、噪声等的排放可能造成的职业危害和环境影响，监理工程师应定期检查、监督施工单位落实施工现场和施工组织设计中关于劳动保护、环境保护和文明施工的各项措施，使其排放控制在允许范围内，并做好检查记录。

（13）施工现场环境卫生安全的监控。监理工程师应对施工现场环境卫生安全进行定期检查、监督，并做好检查记录。施工单位应按施工组织设计的施工平面布置方案将办公生活区与工作区分开设置，并保持安全距离。

监理工程师应检查并督促施工单位做好工作区的施工前期围挡、场地、道路、排水设施准备，按规划堆放物料，由专人负责场地清理、道路维护保洁、水沟与沉淀池的疏通和清理，设置安全标志，开展安全宣传，督促施工作业人员做好班后清理工作以及对作业区域安全防护设施的检查维护。

监理工程师检查并督促施工单位必须按卫生标准要求在施工现场设置宿舍、食堂、厕所、浴室等，具备卫生、安全、健康、文明的有关条件，杜绝职工集体食物中毒等恶劣事故发生。

（14）大型起重机械设备拆装单位的监控。

1）安装或拆除过程的监控。按《建设工程安全生产管理条例》规定，设备安装单位在安装完毕后，应当进行自检，出具自检合格证明并向施工单位进行安全使用说明。施工总承包单位必须参与对施工起重机械设备安装或拆除过程的监控和管理。监理工程师对安装或拆除施工过程监控管理的重点应包括以下几方面内容：

①专项施工方案及安全技术措施是否完整。

②施工起重机械设备基础的隐蔽工程是否经验收。

③施工起重机械设备安装或拆除的程序和过程控制是否按照方案进行，安全技术交底是否执行。

④施工起重机械设备安装或拆除的专业施工单位监控人员是否到位。

⑤施工起重机械设备安装完毕后检查验收工作是否进行。

2）安装后检验、检测的监控。起重机械设备安装完毕后，除了安装单位的自查、自检以外，施工总承包单位应按照各级建设行政主管部门的要求，委托相应的检测机构对已安装的起重机械设备实施检测，经检测合格后，再报监理工程师核查，经核查合格后方可投入使用。

3. 安全验收的控制

安全设施搭设、施工机械安装完成后，施工单位必须进行自检，自检合格后，需经行业检测机构检测的还必须报检测机构进行检测，检测合格后，再向监理工程师申请核查，监理工程师必须严格遵照国家标准、规范、规程的规定，按照专项施工方案和安全技术措施的设计要求，严格把关，并办理书面签字手续，同意施工单位投入使用。

4. 施工过程安全监理的手段

（1）审核技术文件、报告和报表。对技术文件、报告和报表的审核，是监理工程师对建设工程施工安全进行全面监督检查和控制的重要手段，审核内容包括以下几方面：

1）有关技术证明文件。

2）专项施工方案。

3）有关安全物资的检验报告。

4）反映工序施工安全的图表。

5）设计变更、修改图和技术核定书。

6）有关应用新工艺、新材料、新技术、新结构的技术鉴定书。

7）有关工序检查与验收资料。

8）有关安全设施、施工机械验收核查资料。

9）有关安全隐患、安全事故等安全问题的处理报告。

10）审核与签署现场有关安全技术签证、文件等。

（2）现场安全检查和监督。

1）现场安全检查的内容。

①施工中作业和管理活动的监督检查与控制。主要是监督、检查在作业和管理活动过程中，人员、施工机械设备、材料、施工方法、施工工艺、施工操作以及施工环境条件等是否均处于良好的状态，是否符合保证工程施工安全的要求，若发现有问题及时纠偏并加以控制。

②对于重要的和对工程施工安全有重大影响的工序、工程部位、作业活动，监理工程师

应在现场施工过程中安排监理员进行旁站。

③对安全记录资料进行检查，以确保各项安全管理制度的有效落实。

2）现场安全检查的类型及要求。

①日常安全检查，如每日例行安全检查等。

②定期安全检查，如每周例行安全检查（包括每周脚手架安全检查、每周施工用电安全检查、每周塔式起重机安全检查等）、每月安全检查和每季度安全检查等。

③专业性安全检查，如基坑支护安全检查、临边与洞口安全检查、脚手架安全检查、模板安全检查、塔机安全检查和临时用电安全检查等。

3）现场安全检查的方式。

①旁站。在施工阶段，许多建设工程安全事故隐患是由于现场施工或操作不当或不符合标准、规范、规程所致，违章操作或违章指挥往往带来安全事故的发生。同时，由于安全事故的特殊性，一旦安全事故发生后，就会造成人员伤亡或直接经济损失。因此，通过监理人员的现场旁站监督和检查，及时发现存在的安全问题并得到控制，才能保证施工安全。旁站的工程部位、工艺或作业活动，应根据每个建设工程的特点、重大危险源部位、施工单位安全管理水平等决定。一般而言，深基础工程、地下暗挖工程、起重吊装工程、起重机械安装拆除施工等高危作业应进行旁站监控。

②巡视。巡视不限于某一部位及工艺过程，其检查范围为施工现场所有安全生产。

③平行检验。平行检验在安全技术复核及复验工作中采用较多，是监理人员对安全设施、施工机械等进行安全验收核查、做出独立判断的重要依据之一。

5. 安全隐患的处理

建设工程安全隐患是指在建设工程项目中存在的可能导致人员伤亡、财产损失或环境破坏的潜在危险因素。

建设工程重大安全隐患是指在建筑工程中存在的，可能引发重大人员伤亡、巨额财产损失、严重社会影响或对公共安全构成严重威胁的安全隐患。

判别建设工程重大安全隐患通常考虑以下几个方面：

（1）结构稳定性。如基础不均匀沉降、主体结构严重变形、构件承载能力严重不足等可能导致建筑物倒塌的情况。

（2）施工设备和机械。大型施工设备（如塔式起重机、施工升降机等）存在严重故障、安装拆卸不符合规范，可能造成重大事故。

（3）高处作业。如高处作业防护设施严重缺失或失效，可能导致人员高处坠落。

（4）施工用电。施工现场临时用电系统存在严重缺陷，容易引发触电事故。

（5）深基坑工程。支护结构失效、坑壁坍塌风险极大。

（6）脚手架和模板支撑系统。搭建不符合规范，承载能力不足，有垮塌危险。

（7）消防安全。消防设施严重不足或失效，施工现场存在严重的火灾隐患。

（8）违法违规施工。未按照法定建设程序进行施工或违反强制性标准进行施工。

具体的判别标准会根据国家和地方的相关法规、规范以及行业标准来确定，同时也需要结合工程的实际情况和专业人员的判断，专业人员要有重大安全隐患即事故意识。

监理工程师对安全隐患的处理应符合下列规定：

（1）监理工程师应区别"通病""顽症""首次出现""不可抗力"等类型，要求施工单位修订和完善安全整改措施。

（2）监理工程师应对检查出的安全事故隐患立即发出安全隐患整改通知单。施工单位应对安全隐患原因进行分析，制定纠正和预防措施。安全事故整改措施经监理工程师确认后实施。

（3）监理工程师对检查出的违章指挥和违章作业行为应立即向责任人当场指出，立即纠正。

（4）监理工程师对安全事故整改措施的实施过程和实施效果应进行跟踪检查，保存验证记录。

6. 安全专题会议

针对某些专门安全问题，监理工程师应组织专题会议，集中解决较重大或普遍存在的安全问题。

7. 规定安全监理工作程序

规定双方必须遵守的安全监理工作程序，按规定的程序进行工作，这也是进行安全监理的必要手段。

8. 安全生产奖惩制

执行安全生产协议书中安全生产奖惩制，确保施工过程中的安全，促使施工生产顺利进行。

情景二 文明施工和现场消防检查

1. 学习情境描述

某地块住宅工程在开工前，施工单位项目负责人组织编制了文明施工专项方案和消防安全管理方案及应急预案，经项目技术负责人审核、项目负责人批准并签字后上报监理单位，经项目总监理工程师审查批准后实施。

在基础施工阶段，监理单位参加了施工单位项目负责人组织的安全文明施工验收和消防安全检查，对存在的问题签发了安全整改单，施工单位对照整改完成后进行了书面回复。

2. 学习目标

知识目标：

（1）了解安全文明施工的概念。

（2）掌握消防检查。

能力目标：

能开展施工现场文明施工验收；根据现场消防安全管理制度对防火技术方案的落实情况进行定期检查。

素养目标：

忠于职守的爱岗敬业精神。

3. 任务书

根据给定的工程项目，开展施工现场文明施工和现场消防检查。

4. 工作准备

引导问题 1：什么是文明施工？文明施工的内容和要求有哪些？

_____

_____

小提示：

文明施工是指保持施工场地整洁、卫生，施工组织科学，施工程序合理的一种施工活动。实现文明施工，不仅要着重做好现场的场容管理工作，而且还要相应做好现场材料、设备、安全、技术、保卫、消防和生活卫生等方面的管理工作。一个工地的文明施工水平是该工地乃至所在企业各项管理工作水平的综合体现。

企业应通过培训教育提高现场人员的文明意识和素质，并通过建设现场文化，使现场成为企业对外宣传的窗口，树立良好的企业形象。项目经理部应按照文明施工标准，定期进行评定、考核和总结。

文明施工内容包括：

（1）进行现场文化建设。

（2）规范场容，保持作业环境整洁卫生。

（3）创造有序生产的条件。

（4）减少对居民和环境的不利影响。

文明施工的基本要求包括：

（1）施工现场要建立文明施工责任制，划分区域，明确管理负责人，实行挂牌制，做到现场清洁整齐。

（2）施工现场场地平整，道路坚实畅通，有排水措施，基础、地下管道施工完成后要及时回填平整，清除积土。

（3）现场施工临时水电要有专人管理，不得有长流水、长明灯。

（4）施工现场的临时设施，包括生产、办公、生活用房、仓库、料场、临时上下水管道以及照明、动力线路，要严格按施工组织设计确定的施工平面图布置、搭设或埋设整齐。

（5）工人操作地点和周围必须清洁整齐，做到活完脚下清，工完场地清，丢洒在楼梯、楼板上的杂物和垃圾要及时清除。

（6）要有严格的成品保护措施，严禁损坏污染成品，堵塞管道。

（7）建筑物内清除的垃圾渣土，要通过临时搭设的竖井、利用电梯井或采取其他措施稳妥下卸，严禁从门窗口向外抛掷。

（8）施工现场不准乱堆垃圾及余物。应在适当地点设置临时堆放点，并定期外运。清运垃圾及流体物品，要采取遮盖防漏措施，运送途中不得遗撒。

（9）根据工程性质和所在地区的不同情况，采取必要的围护和遮挡措施，并保持外观整洁。

（10）针对施工现场情况设置宣传标语和黑板报，并适时更换内容，切实起到表扬先进、促进后进的作用。

（11）施工现场严禁居住家属，严禁居民、家属、儿童在施工现场穿行、玩耍。

（12）施工现场应建立不扰民措施，针对施工特点设置防尘和防噪声设施，夜间施工必须有当地主管部门的批准。

引导问题2：文明施工专项方案的内容是什么？

_____

_____

小提示：

（1）文明施工是施工现场的基本要求。施工现场的文明设施反映了该施工企业安全管理的水平和企业形象。在工程开工前后，施工现场应制定文明施工专项方案，明确文明施工管理措施。

（2）文明施工专项方案应对工地的现场围挡、封闭管理、施工现场、材料堆放、临时建筑、办公与生活用房、施工现场标牌、节能环保、防火防毒、保健急救、综合治理等做出规划，制定实施措施。具体要求可按现行标准《建筑施工安全检查标准》JGJ 59、《建筑施工现场环境与卫生标准》JGJ 146、《浙江省建筑施工安全标准化管理规定》及《浙江省建筑施工现场安全质量标准化管理实用手册》编制。文明施工专项方案应与绿色施工相结合。

（3）文明施工专项施工方案的编制应达到工程项目安全生产文明施工目标。

（4）文明施工专项方案由项目负责人组织编制，经项目技术负责人审核、项目负责人批准并签字。

引导问题3：施工现场文明施工如何检查验收？验收成果是什么？

_____

_____

小提示：

（1）项目部应在基础、主体工程施工中及结顶后、装饰工程施工时分四阶段进行文明施工综合检查验收；使用过程中完成的项目应及时进行验收。

（2）临时用房验收应对照文明施工专项方案，按现行规范、标准和规章及表2-1的要求进行，对验收中未达到要求的部分应形成整改记录并落实人员整改。

（3）文明施工验收由项目负责人组织，项目技术负责人、安全员及有关管理人员参加。项目监理工程师应当参加并提出验收意见，见表2-1。

表2-1 文明施工验收表

序号	验收项目	技术要求	验收结果
1	专项方案	施工现场文明施工应单独编制专项方案，制定专项安全文明施工措施，经项目负责人批准后方可实施	
2	封闭管理	围墙应沿工地四周连续设置，要求坚固、稳定、整洁、美观，不得采用彩条布、竹笆等。市区围墙设置高度大于或等于2.5m且应美化，其他工地围墙高度大于或等于1.8m；彩钢板围挡高度不宜超过2.5m，立柱间距不宜大于3.6m，围挡应进行抗风计算；进出口应设置大门、门卫室，门头应有企业"形象标志"，大门应采用硬质材料制作，能上锁且美观、大方。外来人员进出应登记，工作人员必须佩戴工作卡	
3	施工场地	施工现场主要道路加工场地、生活区应混凝土硬化、平整、畅通、环通，裸露的场地和集中堆放的土方应采取覆盖、固化等措施。施工现场应设置吸烟处，建筑材料、构件、料具须按总平面布置图分门别类堆放，并标明名称、品种、规格等，堆放整齐，有防止扬尘措施	
4	现场绿化	位于城市主要道路和重点地段的建筑工地，应当在城市道路红线与围墙之间、沿施工围墙及建筑工地合适区域临时绿化；现场出入口两侧，须进行绿化布置，种植乔木、灌木，设置花坛并布置草花；在建筑工地办公区、生活区的适当位置布置集中的绿地。绿地布置应以开敞式为主并设置花坛	

（续）

序号	验收项目	技术要求	验收结果
5	进出车辆	土方、渣土、松散材料和施工垃圾的运输应采用密闭式运输车辆或采取覆盖措施；施工现场出入口处应采取保证车辆清洁的冲水设施（洗车池及压力水源），并设置排水系统，做到不积水、不堵塞、不外流	
6	临时用房	临时用房选址应科学合理，搭设应编制专项施工方案。现场作业区与生活区、办公区必须明显划分。宿舍内净高度大于或等于2.5m，必须设置可开启式窗户。宿舍内的床铺不得超过2层，每间宿舍不宜超过8人，严禁采用通铺。临时用房主体结构安全，必须具备产品合格证或设计图且不得超过二层	
7	生活卫生设施	施工现场应设置食堂、厕所、淋浴间、开水房、密闭式垃圾站（或容器）及盥洗设施等临时设施。盥洗设施使用节水龙头，食堂必须有餐饮服务许可证。炊事员必须持健康证上岗，应穿戴洁净的工作服、工作帽和口罩，食堂配置消毒设施。办公区和生活区应有灭鼠、灭蟑螂、灭蚊、灭蝇等措施。固定的男女淋浴室和厕所，天棚、墙面刷白，墙裙应当贴面砖，地面铺设地砖，施工现场应设置自动水冲式或移动式厕所。宿舍建立卫生管理制度，生活用品摆放整齐	
8	防火防中毒	建立防火防中毒责任制，有专职（或兼职）的消防安全人员及足够的灭火器，在建工程（高度24m以上或单体体积30000m³以上）应设置消防立管，数量不少于2根，管径不小于DN100，每层留消防水源接口，配备消防水枪、水带和软管；动用明火必须有审批手续和监护人，易燃易爆的仓库及重点防火部位应有专人负责。宿舍内严禁使用煤气灶、电饭煲及其他电热设备。宿舍区域内设置消防通道且有标志，使用有毒材料或在有可能存在有毒气体的部位施工要采取防中毒措施	
9	综合治理	建立门卫值班制度，治安保卫责任制落实到人，建立防范盗窃、斗殴等事件发生的应急预案，建立学习和娱乐场所。现场建立民工学校，开展教学活动	
10	表牌标识	现场设有"五牌二图"及读报栏、宣传栏、黑板报；主要施工部位、作业点和危险区域以及主要通道口必须针对性地悬挂醒目的安全警示牌和安全生产宣传横幅	
11	保健急救	现场必须备有保健药箱和急救器材，配备经培训的急救人员。经常开展卫生防病宣传教育，并做好记录	
12	节能环保	临时设施应采用节能材料，墙体、屋面应采用隔热性能好的材料。施工现场采取降噪声措施，夜间施工应办理有关手续，现场禁止焚烧各类废弃物质，对现场易飞扬物质采取防扬尘措施，生活和施工污水经过处理后排放	
施工单位验收意见		监理单位验收意见		验收人员	项目负责人： 项目技术负责人： 项目施工员： 项目安全员： 验收日期：

引导问题4：施工现场消防防火的内容是什么？

_____

_____

小提示：

（1）施工现场必须有消防平面布置图，必须建立健全消防防火责任制和管理制度，并成立领导小组，配备足够、合适的消防器材及义务消防人员。

（2）建筑物每层应配备消防设施，建筑高度大于24m或单体体积超过30000m³的在建工程，应放置临时消防给水系统。消防竖管数量不少于2根，消防立管管径应当计算确定，且不应少于DN100。高度超过100m的在建工程，应在适当楼层增设临时中转水池及加压水泵。各层设消防水源接口，配备足够灭火器，放置位置正确、固定可靠。

（3）现场动用明火必须有审批手续、消防器材和动火监护人。

（4）易燃易爆物品堆放间、木工间、油漆间等消防防火重点部位要采取必要的消防安全措施，配备专用消防器材，并有专人负责。

引导问题5：如何开展施工现场文明施工和现场消防检查？其成果是什么？

_____

_____

小提示：

（1）项目部应根据现场消防安全管理制度对防火技术方案的落实情况进行定期检查，项目部专（兼）职消防员或安全员应开展日常巡查和每月定期安全检查，并将检查情况记入"消防安全检查记录表"（表2-2）。

（2）对检查中发现的安全隐患，项目部应责成整改人员进行整改，整改落实情况记入"消防安全检查记录表"，由项目部项目专（兼）职消防员负责复查。

表2-2　消防安全检查记录表

工程名称		项目负责人	
专（兼）职消防员		检查时间	
检查情况			
整改措施			
整改人员（签名）			
复查（验证）情况			
	专（兼）职消防员签名：　　　　　复查时间：		

引导问题 6：监理单位检查施工现场文明施工和现场消防的主要工作有哪些？

_____

_____

小提示：

（1）审核专项施工方案。

（2）文明施工验收。

（3）消防安全检查。

（4）形成安全检查资料。

5. 工作实施

（1）任务下发。根据指导老师确定的工程项目，模仿案例，依据审查的基本步骤，对案例工程进行施工现场文明施工和现场消防检查。

（2）步骤交底。

1）工作步骤和要点。

①**第一步：审核专项施工方案。**工程开工前，监理单位应审核施工单位上报的文明施工专项方案和消防安全管理方案及应急预案等专项方案，审批通过后实施。

a. 文明施工专项方案应对工地的现场围挡、封闭管理、施工场地、材料堆放、临时建筑、办公与生活用房、施工现场标牌、节能环保、防火防毒、保健急救、综合治理等的规划和措施进行重点审核。

b. 施工现场防火技术方案应对消防组织（领导小组与消防队员）、施工现场重大火灾危险源辨识、施工现场防火技术措施、临时消防设施配备、临时疏散设施配备、临时消防设施和消防警示标志布置图等进行重点审核。

c. 施工现场消防应急预案应对应急灭火处置机构及各级人员应急处置职责、报警、接警处置的程序和通信联络方式、扑救初期火灾的程序和措施、应急疏散及救援的程序和措施等进行重点审核。

②**第二步：文明施工验收。**监理单位应参加由施工单位项目负责人组织，项目技术负责人、安全员及有关管理人员参加的文明施工验收，验收应对照文明施工专项方案，按现行规范、标准和规章及"文明施工验收表"进行，对验收中未达到要求的部分形成整改记录并落实人员整改。在基础、主体工程施工中及结顶后、装饰工程施工时分四阶段进行文明施工综合检查验收；施工过程中完成的项目应及时进行验收。

③**第三步：消防安全检查。**施工单位应根据现场消防安全管理制度对防火技术方案的落实情况进行定期检查并形成"消防安全检查记录表"，对检查中发现的消防安全隐患，项目部应责成整改人员进行整改，监理单位应参加并定期对现场消防安全及台账进行抽查。

④**第四步：形成安全检查资料。**安全文明验收和消防安全检查完成后，监理单位应对存在的问题及时下发安全整改单要求施工单位整改，所有检查内容和结果应在监理日志中记录。

2）成果要求。

文明施工专项方案

文明施工验收表

施工临时用房验收表

消防保卫专项方案

消防安全检查记录表

一级动火许可证

二级动火许可证

二级动火许可证

相关知识（拓展）

一、文明施工和施工现场消防的监理

1. 安全文明施工标志

监理单位应对下列安全文明施工标志内容进行检查：

（1）施工现场应有安全标志布置平面图，并有绘制人签名，经项目负责人审批。安全标志分为禁止、警告、指令和提示四类。

（2）安全标志应按标志布置平面图挂设，特别是主要施工部位、作业点和危险区域主要通道口均应挂设相关的安全标志。

（3）各种安全标志应符合国家现行标准《安全标志及其使用导则》GB 2894 的规定，制作美观、统一。

（4）安全标志应由项目部专职安全生产管理人员负责管理，作业条件变化或损坏时，应及时更换。各种安全标志设置后，未经项目负责人批准，不得擅自移动或拆除。

2. 安全监控信息化

（1）工地应配置远程视频电子监控系统，监控镜头宜设置在大门出入口及塔式起重机上部，并在办公区设立视频监控室，即时录像，以实现全过程跟踪监控管理。

（2）有条件的项目可将视频系统接入互联网，接入企业信息化系统，实行远程查看项目部现场实时情况。

（3）项目部应连接企业信息化办公系统，通过办公系统及时了解企业的各类文件、通知等信息，应用工程管理系统，通过月报的形式及时填报各类功能模块的内容，以便于提高项目部管理水平和企业或主管部门掌控能力。

3. 封闭管理

（1）施工现场必须实行封闭管理，设置进出口大门，制定门卫制度，严格执行外来人员进场登记制度，门卫值班室应设在进出口大门一侧，配备一定数量的安全帽。

（2）门墩柱上应有企业的"形象标志"，大门宜采用铁质材料，力求美观、大方，并能上锁，不得采用竹笆片等易损、易破材料。大门应书写企业名称。主要出入口明显处应设置工程概况牌。

（3）大门尺寸应由施工企业根据企业内部的规定及现场实际情况而定。

（4）进入施工现场所有人员必须佩带工作卡。

（5）沿工地四周连续设置围挡，围挡材料要求坚固、稳定、统一、整洁、美观，应采用砌体、彩钢板等硬质材料，城区主要路段和其他涉及市容景观路段的工地设置围挡的高度不低于2.5m，一般路段及市政工程工地的围挡高度不低于1.8m，墙面必须美化，以达到统一、整洁、美观的要求。

（6）围墙基础可采用砖基础、混凝土基础和灰土基础，基底土层要夯实，不得使用黏土实心砖。

（7）砖砌墙体顶部采用压顶处理，以确保围墙坚固、稳定、实用，围墙压顶采用砖压顶或琉璃瓦压顶。

（8）围墙外侧面应采用涂料装饰或喷绘装饰，邻近市区的项目宜有亮灯设置。

4. 道路硬化

（1）施工现场场地道路应通畅、平坦、整洁，无散落物。施工现场实行硬地坪施工，作业区、生活区主干道地面应采用150cm厚C15混凝土进行硬化，场内其他次道路地面视情况硬化处理。场内主要通道宽度应在4m以上，并应设置成循环道路，若受条件限制无法循环时，应有车辆回转场地。

（2）施工现场应有良好的排水措施，严防泥浆、污水、废水外流或堵塞下水道和排水管道。施工现场设置排水沟、沉淀池，施工污水、废水必须经二级沉淀符合排放条件后方可排放。

5. 场地绿化

（1）施工现场适当地方设置茶水亭，可以把茶水亭与吸烟处合在一起，作业区内禁止吸烟。

（2）应积极美化施工现场环境，根据季节变化，适当进行绿化布置。

6. 材料堆放

（1）建筑材料、构件、料具必须按施工现场总平面图布置堆放，并布置合理。

（2）建筑材料、构配件、料具等必须做到安全、整齐堆放，不得超高。堆放分门别类、悬挂标牌，标牌应统一制作，标明名称、品种、规格、数量以及检验状态等。

（3）建立材料收发管理制度，仓库、工具间材料堆放整齐，易燃易爆物品分类堆放，配置专用灭火器由专人负责，确保安全。

（4）作业后应做到工完料尽、场地清，施工现场应做到可回收废物、不可回收废物、危险废物三种废物全封闭堆放，施工垃圾、生活垃圾应分类并及时清运。高层建筑设封闭式临时专用垃圾通道或容器吊运，严禁凌空抛掷。其他场所设置可移动的分类垃圾箱。

7. 文明施工

（1）文明施工专项方案。

1）文明施工是施工现场的基本要求。施工现场的文明设施反映了施工企业安全管理水平和企业形象。在工程开工前，施工现场应制定文明施工专项方案，明确文明施工管理措施。

2）文明施工专项方案应对工地的现场围挡、封闭管理、施工现场、材料堆放、临时建筑、办公与生活用房、施工现场标牌、节能环保、防火防毒、保健急救、综合治理等做出规划，制定实施措施。文明施工专项方案应与"绿色施工"相结合。

3）文明施工专项施工方案的编制应满足工程项目安全生产文明施工目标。

4）文明施工专项方案由项目负责人组织编制。经项目技术负责人审核、项目负责人批准并签字。

（2）临时设施专项施工方案。

1）建设工程开工前，项目部应对施工现场进行平面规划，明确临时设施的建造计划，绘制施工总平面图，编制临时设施专项施工方案。施工总平面图和临时设施专项施工方案应经建设或监理单位审核。

2）临时房屋搭建若由专业单位承建，承建单位应有相应资质。承建单位应编制临时房屋搭拆方案，加盖公章并经总承包单位项目技术负责人、监理单位总监理工程师审核后实施。

3）临时设施的平面布置应符合《建设工程施工现场消防安全技术规范》（GB 50720—2011）的规定，临时设施搭建使用的原材料应有产品合格证。搭建临时房屋应有设计图说明书，荷载较大的房间不宜设在二楼，房屋所附的用电线路应符合施工用电规范的要求。材料阻燃性能应符合消防要求。

4）临时设施专项施工方案由项目技术负责人编制，项目负责人批准。监理单位应对方案进行审核。

（3）文明施工验收。

1）项目部应在基础、主体工程施工中及结顶后、装饰工程施工时分四阶段进行文明施工综合检查验收；使用过程中完成的项目应及时进行验收。

2）临时用房验收应对照文明施工专项方案，按现行规范、标准和规章及文明施工验收表要求进行，对验收中未达到要求的部分应形成整改记录并落实人员整改。

3）文明施工验收由项目负责人组织，项目技术负责人、安全员及有关管理人员参加。项目监理工程师应当参加并提出验收意见。

（4）施工临时用房验收。

1）根据《建筑工程预防坍塌事故若干规定》的要求，结合当前建筑施工临时设施时有坍塌的情况，提出对施工现场搭设临时用房应进行验收的要求。

2）临时用房验收按照设计文件及专项方案对基础、建筑结构安全、抗风措施、房屋所附电气设备、防火情况进行验收，并填写临时设施验收表。未经验收或验收不合格者不得投入使用。

3）临时用房验收时应检查材料产品合格证、产品检测检验合格报告及生产厂家生产许可证等。

4）验收项目技术负责人组织临时用房搭设负责人、施工负责人、项目安全员进行验收。项目监理工程师应当参加验收并提出验收意见。施工临时用房验收表见表 2-3。

表 2-3　施工临时用房验收表

工程名称：

序号	验收项目	技术要求	验收结果
1	专项方案	施工现场临时用房应单独编制专项施工方案，编制、审核、审批手续齐全	
2	地基与基础	地基加固、基础构造及强度、基础与墙体连接、房屋抗风措施是否符合施工图设计	
3	房屋建筑	各种建筑尺寸、标高、面积是否符合施工图及合同要求	
4	房屋结构	房屋结构构件材料、结构件的连接（焊接）节点、结构支撑件安装是否符合施工图和有关标准要求，当采用金属夹芯板材时，其芯材的燃烧性能等级应为 A 级	
5	使用功能	门窗开闭是否灵活，防火、隔热、防盗等是否符合要求	
6	用电设备	用电线路敷设、开关插座及电气设备安装、线路接地等是否符合用电安全标准	

施工单位验收意见		监理单位验收意见		验收人员	临时用房搭设单位负责人： 项目技术负责人： 项目施工员： 项目安全员： 验收日期：

（5）施工现场标牌。

1）施工现场必须设有"五牌二图"，即工程概况牌、管理人员名单及监督电话牌、消防保卫牌、安全生产牌、文明施工牌、施工现场平面图、施工现场消防平面图。标牌规格统一、位置合理、字迹端正、线条清晰、表示明确，并固定在现场内主要进出口处，严禁将"五牌二图"挂在外脚手架上。

2）施工现场应合理悬挂安全生产宣传和警示牌，标牌悬挂牢固可靠，特别是主要施工部位、作业点和危险区域以及主要通道口都必须有针对性地悬挂醒目的安全警示牌。

3）施工现场应合理地设置宣传栏、读报栏、黑板报，营造安全氛围。

（6）办公设施。

1）施工现场办公区、生活区与作业区分开设置，保持安全距离。现场办公室应符合安全、消防、节能、环保要求和国家有关规定，现场办公楼应设置预算组、质量组、安全组、资料组、施工组、项目经理室、会议室、安全监控室等。

2）办公室搭设高度不宜超过二层，且有防风加固措施，项目部编制临时设施专项施工方案报企业技术负责人审定、总监理工程师批准后施工。

3）周围环境应当安全、清洁。办公室的朝向和间距应符合日照、通风及消防要求。办公室的室内外高差不应小于 0.30m，四周应设排水沟。

4）会议室宜设在底层，一般要求面积不宜小于 30m²，净层高在 2.5m 以上，设置会议桌，椅子配备不少于 20 张，有条件的可配备音响、电视等，会议室内壁上应悬挂企业简介、综合管理体系方针、工程管理目标牌、工程效果图、质量安全保证体系网络图等，会议室内应保持卫生整洁、桌椅整齐，可设置花草等装饰物。

5）各办公室内的文件柜、办公桌、椅子应统一，办公室内可放置一些花卉盆景，室外合理种植一些绿化，墙上悬挂规章制度、岗位职责、图表、安全帽、考勤表等，所有图表规格要一致，字迹工整清晰，张挂整齐。

（7）生活设施。

1）宿舍。

①严格宿舍建设用地选址，搭设高度不宜超过2层，最大允许高度不应大于6m，安全出口应分散布置。幢与幢的间距不应小于3.5m，楼梯和走廊净宽度不应小于1.0m。楼梯扶手高度不应低于0.9m，外廊高度不应低于0.5m。项目部编制临时设施专项施工方案报公司审批通过后施工，施工过程中项目部管理人员应做好隐患检查记录，完成后进行验收。

②宿舍朝向和间距应符合日照、通风及消防要求。宿舍内外高差不少于0.3m，四周应设置排水沟，层数为3层或每层建筑面积大于200m²时，应设置至少2部疏散楼梯，并设置紧急疏散标志牌，以便紧急疏散，在二层楼道扶手上必须设置不少于两组落水斗，便于倾倒废水。

③宿舍应建立管理制度，门口挂住宿人员登记牌，生活区应设置垃圾筒等设施。

④宿舍内日常用品要放置整齐有序，衣物、被褥折叠整齐，鞋类摆好，室外设晾晒衣服架，不得在室内晾晒衣服。宿舍内配备个人物品存放柜、脸盆架、桌凳等。

⑤住宿区应设置非机动车棚。非机动车棚采用钢管、角钢、彩钢板、薄型石棉瓦等材料拼制，拆装方便，可重复使用，电动车棚还应安装充电插座，方便电动车充电。

⑥临时宿舍使用年限不应超过5年，宿舍内床铺不得超过2层，每间宿舍不宜超过8人，严禁采用通铺。

⑦宿舍内夏季应有消暑降温和防蚊虫叮咬措施。冬季应有保暖和防煤气中毒措施，有条件的可以安装空调。

2）食堂。

①食堂必须有《餐饮服务卫生许可证》，炊事人员身体健康证，其证件和《食堂卫生责任制》等标牌应上墙。食堂工作人员上岗必须穿戴洁净的工作服、工作帽和口罩，并应保持个人卫生。炊事员每年体检一次，无体检合格证的人员一律不准上岗。

②食堂应选在上风向，地势较高，干燥，远离厕所、垃圾站、有毒有害场所等污染源，且便于排水的地方。有良好的通风和洁卫措施，保持卫生整洁。

③食堂设施布局合理，有专用的食品加工操作间、食品原料存放间，饭、菜出售场所。食堂内应功能分隔，特别是灶前灶后、仓储间、生熟食间应分开。燃气罐应单独设置存放间，存放间应通风良好并严禁存放其他物品。

④餐厅与厨房（包括辅房）面积之比不少于3∶2（餐厅面积可按每餐位1m²估算）。餐厅内应设电风扇和消毒设施。餐厅布置简洁、大方、适用、美观，桌椅布置合理。

⑤厨房制作间地面、墙壁即灶台应贴防滑瓷砖，并保持墙面、地面干净，墙壁房顶应平整、密闭、不漏水。

⑥厨房内必须装设纱门、纱窗，有完善的防尘、防绳、防鼠设施，食品储存做到隔墙离地。门扇下方应设不低于0.5m的防鼠挡板，粮食存放台距墙面和地面应大于0.2m。

⑦每个食堂至少配备150L以上容积的冰箱或冰柜。面案、蔬菜、肉类案等工具应分开使用，并标志明显。刀、墩、板、抹布以及其他用具、容器应定位存放，用后洗净，保持清洁。食堂不得制售素荤菜、凉菜。无冷藏条件的剩菜、剩饭不得再加工出售；经冷藏后的饭、菜须回锅加热煮透后方可出售。

⑧食堂内严禁存放灭鼠药、消毒药、防冻剂及其他有毒、有害物质。食堂外必须设置密闭式泔水池，并及时清运。采购的食品应当新鲜、卫生，必要时应当索取有关证明。食物应

48h 留样，并有留样记录。

⑨厨房内应配备必要的油烟净化器。保证排风通畅、消毒彻底，食堂排水应当通畅，并设隔油池，隔油池每周清掏不少于 2 次，应有记录。

3）淋浴房。

①生活区应设置固定的男、女淋浴室，围护材料宜采用砖、砌体、彩钢板等材料，地面应铺设防滑地砖，排水通畅，墙面瓷砖高度不低于 1.8m。顶棚应进行吊顶。

②浴室必须有门有锁，并设置更衣室，内置可容纳相当于淋浴龙头双倍数量的衣柜。

③浴室内应设置冷热水管和淋浴喷头，原则上每 20 人设一个喷头，喷头间距不应小于 1m，应采用节水龙头。

④浴室内宜采用煤气、电、太阳能等热水器或者简易锅炉，煤气设施应隔离，锅炉应验收。

⑤用电设施必须满足用电安全，照明等必须安装防爆灯具和防水开关。

⑥浴厕间应有良好的通风设施，配备专职卫生保洁员，并随时保持清、无异味。

4）厕所。

①生活区应设置通风良好的自冲式厕所。厕所高度不得低于 2.5m，上部应设天窗，应满足男厕每 50 人、女厕每 25 人设 1 个蹲便器，男厕每 50 人设置 1 个小便槽。蹲便器间距不应小于 0.9m，蹲位之间应设置隔板，隔板高度不宜低于 30cm，并设置水龙头和洗手池。施工现场也可根据实际需要设置移动式简易厕所。

②厕所内墙、蹲坑、坑槽、小便槽均应贴瓷砖，地面应贴防滑地砖。地面不得积水，大小便槽必须有定时冲洗装置。

③厕所蹲位之间设置隔板，隔板高度自地面起不低于 0.9m。每个大便蹲位尺寸为（1.00~1.20）m×（0.85~1.20）m，每个小便池站位尺寸为 0.70×0.65m，独立小便器间距为 0.8m。厕内单排蹲位外开门走道宽度以 1.3m 为宜；双排蹲位外开门走道宽度以 1.5m 为宜，蹲位无门走道宽度以 1.20~1.50m 为宜。通槽式水冲厕所槽深不得小于 0.4m，槽底宽不得小于 0.15m，上宽为 0.2~0.25m。

④厕所内应有照明设施，应采取防蝇、防蚊设施，厕所四周应植树种花以美化环境。

⑤厕所应有符合抗渗要求的化粪池，厕所污水经化粪池接入市政污水管网。

（8）保健急救。

1）施工现场必须配备装有常用药品的保健药箱和急救器材。

2）施工现场配备的急救人员应经培训，应掌握良好的"人工呼吸""固定绑扎""止血"等急救措施，并会使用简单的急救器材。

3）施工现场应经常性地开展卫生防病宣传教育和急救常识教育，并做好记录。

4）施工现场为保障作业人员健康，办公区和生活区应采取灭鼠、灭蚊、灭蝇、灭蟑等措施，并应定期投放和喷洒药物。

5）现场施工人员患有法定传染病时，应及时进行隔离，并由卫生防疫部门进行处理。

8. 消防管理

（1）现场防火。

1）施工现场必须有消防平面布置图，必须建立健全消防防火责任制和管理制度，并成立领导小组，配备足够、合适的消防器材及义务消防人员。

2）建筑物每层应配备消防设施，建筑高度大于 24m 或单体体积超过 30000m³ 的在建工

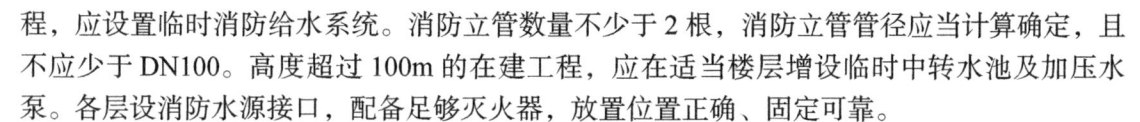

程，应设置临时消防给水系统。消防立管数量不少于 2 根，消防立管管径应当计算确定，且不应少于 DN100。高度超过 100m 的在建工程，应在适当楼层增设临时中转水池及加压水泵。各层设消防水源接口，配备足够灭火器，放置位置正确、固定可靠。

3）现场动用明火必须有审批手续、消防器材和动火监护人。

4）易燃易爆物品堆放间、木工间、油漆间等消防防火重点部位要采取必要的消防安全措施，配备专用消防器材，并有专人负责。

（2）消防安全检查记录表。

1）项目部应根据现场消防安全管理制度对防火技术方案的落实情况进行定期检查，项目部专（兼）职消防员或安全员应开展日常巡查和每月定期安全检查，并将检查情况记入消防安全检查记录表。

2）对检查中发现的安全隐患，项目部应责成整改人员进行整改，整改落实情况记入消防安全检查记录表，由项目部项目专（兼）职消防员负责复查。

（3）动火许可证。

1）现场动用明火应实行许可制度，动用明火前应履行动火审批手续。动火有关人员应填写动火申请，经项目负责人或项目技术负责人审核后填写动火许可证（表 2-4），未经批准不得动用明火。

2）根据动用明火的危险程度和发生火灾的可能性，动火许可分为三个等级，分别采取不同的管理措施。在履行动火审批手续时应区别对待，具体要求见表 2-4"动火须知及防火措施"。

3）项目负责人或项目技术负责人对动火条件应当派专员检查，对不符合条件的不予批准。项目监理工程应当对动火许可提出审核意见。

4）现场动用明火前应落实动火监护人员，受明火影响区域应设置防火措施并配备足够灭火器材。

表 2-4　动火许可证

存根									
作业名称				动火部位					
动火时间		月	日	时	分至	月	日	时	分止
申请动火理由									
作业人员姓名				监护人姓名					
申请动火人		申请日期		批准人			批准时间		
动火许可证（操作人员执）									
作业名称				动火部位					
动火时间		月	日	时	分至	月	日	时	分止
动火须知及防火措施									
作业人员姓名				监护人姓名					
申请动火人		申请日期		批准人			批准时间		

情景三　施工机械管理检查

1. 学习情境描述

某地块住宅工程主体施工，为了方便钢筋、模板等材料运输，施工单位拟在每两栋楼之间安装一台塔式起重机，施工单位完成塔式起重机安装方案及相关安装手续资料后上报监理单位，监理单位审批后，施工单位先后向主管部门申报了塔式起重机安装告知和使用登记手续。实施过程中，监理单位对塔式起重机基础施工进行了验收，对塔式起重机安装过程进行了旁站，安装完成后对塔式起重机安全性能检测进行了见证，待钢筋检测、混凝土试块报告、安全性能检测报告等所有资料齐全并取得建设主管部门同意后投入了使用，并委托第三方定期进行维保养护。

2. 学习目标

知识目标：

（1）了解安全施工机械管理的概念。

（2）掌握施工机械安全的检查验收。

能力目标：

能开展建筑施工现场施工机械安全的检查验收。

素养目标：

忠于职守的爱岗敬业精神。

3. 任务书

根据给定的工程项目，开展施工现场施工机械安全的检查与验收。

4. 工作准备

引导问题 1：货用施工升降机的进场和安装有哪些要求？有哪些使用管理要求？

_____

_____

小提示：

（1）货用施工升降机的进场和安装要求。货用施工升降机制造单位必须具有特种设备制造许可证，其产品应具有特种设备制造监检证书，自由端安装高度不超过产品说明书和相关规定要求。安装单位应具备起重设备安装工程专业承包资质和安全生产许可证。安装拆卸人员必须持有特种作业操作资格证书。

由安装单位编制货用施工升降机安装拆卸工程专项施工方案，经安装单位技术负责人批准后，报送施工总承包单位、监理单位审核。安装单位对货用施工升降机月检不少于2次，使用单位、租赁单位和监理单位应派员参加。

（2）货用施工升降机的使用要求。货用施工升降机驾驶员必须持有特种作业上岗证书。每班作业前，按规定日检、试车；使用期间，安装单位或租赁单位应按使用说明书的要求对货用施工升降机定期进行保养。

不得装载超出吊笼空间的超长物料，不得超载运行。当发生防坠安全器制停吊笼的情况时，应查明制停原因，排除故障，并应检查吊笼、导轨架及钢丝绳，确认无误并重新调整防坠安全器后运行。作业结束后，应将吊笼返回最底层停放，控制开关应扳至零位，并应切断电源，锁好开关箱。

引导问题2：施工现场塔式起重机进场要求是什么？安装、拆卸及验收的内容有哪些？使用管理的要求有哪些？

_____

_____

小提示：

（1）塔式起重机的进场检验要求。塔式起重机制造单位必须具有特种设备制造许可证，其产品应具有特种设备制造监检证书。安装单位应具备起重设备安装工程专业承包资质和安全生产许可证。安装拆卸人员必须持有特种作业上岗证书。由安装单位编制塔式起重机安装拆卸工程专项施工方案，经安装单位技术负责人批准后，报送施工总承包单位、监理单位审核。安装单位对塔式起重机月检不少于1次，使用单位、租赁单位和监理单位应派员参加。

施工现场有多台塔式起重机交叉作业时，应编制专项方案，并应采取防碰撞的安全措施。

塔式起重机在安装前和使用过程中，发现有下列情况之一的，不得安装和使用：

1）结构件上有可见裂纹和严重锈蚀的。

2）主要受力构件存在塑性变形的。

3）连接件存在严重磨损和塑性变形的。

4）钢丝绳达到报废标准的。

5）安全装置不齐全或失效的。

（2）塔式起重机的安装、拆卸及验收内容。塔式起重机的安装、拆卸应办理告知手续，并进行安全技术交底。进入现场的安装拆卸作业人员应佩戴安全防护用品，高处作业人员应系安全带，穿防滑鞋。作业人员严禁酒后作业。

两台塔式起重机之间的最小架设距离应保证处于低位塔式起重机的起重臂端部与另一台塔式起重机的塔身之间至少有2m的距离；处于高位塔式起重机的吊钩升至最高点或平衡重的最低位与低位塔式起重机中处于最高位置部件之间的垂直距离不应小于2m。

塔式起重机选址，起重臂回转区域应避开学校、幼儿园、商场、居民区、道路等上空。确因场地小，应制定专项施工方案，限止起重臂回转角度，禁止吊重物出工地围墙外。

安装、拆卸作业应统一指挥，分工明确。严格按专项施工方案和使用说明书的要求、顺序作业。危险部位安装或拆卸时应采取可靠的防护措施，应使用对讲机等通信工具进行指挥。

塔式起重机验收合格后，应悬挂验收合格标志牌、操作规程牌和安全警示标志等。验收资料应包括塔式起重机产权备案表、安装（拆卸）告知表、安装（拆卸）单位资质证书和安全生产许可证、特种作业人员上岗证、安装（拆卸）专项方案、基础及附着装置设计计算书和施工图、检测报告、验收书、使用说明书、安装（拆卸）合同、安全协议和设备租赁合同等。

1）安装作业应符合的规定。

①安装前应根据专项施工方案，检查塔式起重机基础的隐蔽工程验收记录和混凝土强度报告等相关资料；以及辅助设备就位点的基础、地基承载力等。

②安装作业应根据专项施工方案要求实施。安装作业中应统一指挥，人员应分工明确、职责清楚，不少于4人。

③安装辅助设备就位后，应对其机械和安全性能进行检验，合格后方可作业。安装所使用的钢丝绳、卡环、吊钩等起重机具应经检查合格后方可使用。

④连接件及其防松、防脱件严禁用其他代用品代用。连接件及其防松、防脱件应使用力矩扳手或专用工具紧固连接螺栓。

⑤当遇特殊情况安装作业不能连续进行时，必须将已安装的部位固定牢靠并达到安全状态，经检查确认无隐患后，方可停止作业。

⑥塔式起重机独立状态（或附着状态下最高附着点以上）塔身轴心线对支撑面的垂直度不大于4/1000。塔式起重机附着状态下最高附着点以下塔身轴心线对支撑面的垂直度不大于2/1000。

⑦塔式起重机加节后需进行附着的，应按照先装附着装置、后顶升加节的顺序进行，附着装置的位置和支撑点的强度应符合要求。

⑧自升式塔式起重机进行顶升加节的要求：顶升系统必须完好；结构件必须完好；顶升前应确保顶升横梁搁置正确；应确保塔式起重机的平衡；顶升过程中，不得进行起升、回转、变幅等操作；应有顶升加节意外故障应急对策与措施。

2）拆卸作业应符合的规定。

①塔式起重机拆卸前应检查主要结构件、连接件、电气系统、起升机构、回转机构、变幅机构、顶升机构等项目。发现问题应采取措施，解决后方可进行拆卸作业。

②当用于拆卸作业的辅助起重设备设置在建筑物上时，应明确设置位置、锚固方法，并应对辅助起重设备的安全性及建筑物的承载能力等进行验算。

③拆卸时应先降塔身标准节、后拆除附着装置。

④自升式塔式起重机每次降塔身标准节前，应检查顶升系统和附着装置的连接等，确认完好后方可进行作业。

⑤塔式起重机拆卸作业应连续进行；当遇特殊情况拆卸作业不能继续时，应采取措施保证塔式起重机处于安全状态。

3）安装验收应符合的规定。

①塔式起重机安装完毕，安装单位应进行自检，自检合格后报检测机构检测，检测合格后由施工总承包单位组织安装单位、使用单位、租赁单位和监理单位验收。在30日内报当

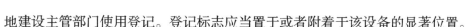

地建设主管部门使用登记。登记标志应当置于或者附着于该设备的显著位置。

②塔式起重机初始安装高度不宜大于使用说明书规定的最大独立高度的80%。

③安装验收书中各项检查项目应数据量化、结论明确。施工总承包单位、安装单位、使用单位、租赁单位和监理单位验收人均应签字确认。

（3）塔式起重机的使用管理。塔式起重机起重驾驶员、起重信号工、司索工必须持有特种作业上岗证书。塔式起重机使用前，应对起重驾驶员、起重信号工、司索工等作业人员进行安全技术交底。每班作业前，应按规定日检、试吊；使用期间，安装单位或租赁单位应按使用说明书的要求对塔式起重机定期进行保养。

塔式起重机力矩限制器、重量限制器、变幅限位器、行走限位器、高度限位器等安全保护装置不得随意调整和拆除。施工现场两台及以上塔式起重机交叉作业，应制定防碰撞专项方案。塔式起重机不得起吊重量超过额定载荷的吊物，且不得起吊重量不明的重物。物件起吊时应绑扎牢固，不得在吊物上堆放或悬挂其他物件；零星材料起吊时，必须用吊笼或钢丝绳绑扎牢固。当吊物上站人时不得起吊。应确保塔式起重机在非工作工况时臂架能随风转动。行走式塔机必须设置有效的卷线器。

引导问题3：起重吊装机械的检查内容是什么？

_____

_____

小提示：

（1）施工方案。起重吊装作业必须根据工程实际情况，有针对性地编制专项施工方案。专项施工方案经施工总承包单位和监理单位审核批准后方可实施。超过一定规模的起重吊装作业的专项施工方案应经专家论证。

（2）起重机械。

1）起重机吊装作业应符合下列规定：

①起重机进场使用前应进行检查，各项载荷指标及安全性能合格后方可使用。

②起重机的力矩限制器、变幅限制器、起重量限制器以及各种行程限位开关、吊钩防脱绳保险等安全保护装置，应齐全、灵敏可靠。

③起重机作业时，起重臂和重物下方严禁有人停留、工作或通过。严禁用起重机载运人员。

2）自制的起重扒杆吊装作业应符合下列规定：

①起重扒杆应进行专项设计，并在专项施工方案中明确。

②起重扒杆必须按照设计进行安装，作业前进行试吊，验收合格后方可使用，并做好书面记录。

3）钢丝绳与地锚设置应符合下列规定：

①起重钢丝绳应符合《钢丝绳》（GB/T 8918—1996）等有关标准的规定。起重钢丝绳的选用应符合起重设备性能和技术要求，磨损、断丝不得超标。

②缆风绳安全系数必须大于3.5。

③滑轮、地锚的设置应符合专项施工方案的要求。

4）起重机作业路面的地基承载力应符合专项施工方案的要求。

5）起重作业应符合下列规定：

①驾驶员、指挥、司索应持证上岗。高处作业必须有可靠的信号传递措施。

②起重吊点的确定应符合设计或专项施工方案的要求；索具、钢丝绳规格型号、绳径倍数应符合设计或专项施工方案的要求。

③起重吊装作业应按照操作规程执行。每天（班）作业前均应进行试吊，正常后才能作业。

④不得起吊重量不明的重物或超载；不得在不安全的情况下进行吊装作业。

⑤起重吊装作业时应设置警戒线，悬挂警戒标志，并派专人监护。

⑥起重吊装人员必须有可靠的立足点并有相应的安全防护措施。作业平台应坚实、牢固，且单独设置。临边防护符合要求。构件堆放应整齐、稳固。堆放场地应符合堆载要求。在建筑物结构上堆放材料，不得超过设计允许的载荷规定。

引导问题 4：其他常用施工机具的检查内容是什么？

_____

_____

小提示：

进场施工机具安装后必须经企业安全管理部门验收，合格后方可使用。操作人员应经过专业培训，持证上岗。施工机具的操作应遵守相关的操作规程，设置专用的开关箱，并应做好保护接零。严禁使用倒顺开关控制机具，应有专人管理，无人操作时应切断电源。

引导问题 5：监理单位对施工机具的安全监理工作有哪些？

_____

_____

小提示：

监理单位应依据相关法规、标准要求，对施工机具的合法合规和权属等情况进行审查，对生产、安拆单位的资格进行审核，审批相关安拆方案和施工机具专项应急预案，组织并参与各项验收，并对方案、规范和规定在使用过程中的落实等进行检查，及时纠偏。

5. **工作实施**

（1）任务下发。根据指导老师确定的工程项目，模仿案例，依据审查的基本步骤，对案例工程进行施工现场施工机械安全检查与验收。

（2）步骤交底。

1）工作步骤和要点。

①**第一类：起重机械。**

a. **第一步：审核安装拆卸专项施工方案。**安装前，监理单位应对施工单位委托专业安装单位编制的起重机械安装拆卸专项施工方案及安全事故应急救援预案进行审核，符合要求后同意实施。

b. **第二步：基础工程验收**。监理单位应对起重机械基础进行验收，验收要求参照建筑起重机械的安装使用说明书，主要验收内容：基础尺寸、钢筋隐检、混凝土强度及外观质量等。

c. **第三步：产权备案**。起重机械安装前，监理单位应核查起重机械的产权归属，当使用单位与产权单位不是同一个时，应办理相应的租赁手续。

d. **第四步：安装告知**。建筑起重机械安装前，监理单位应核查起重机械安装告知相关资料，齐全后提交建设主管部门，核查内容主要包括建筑起重机械产权备案表；安装单位资质证书及安全生产许可证副本；安装单位特种作业人员名单及证书；建筑起重机械安装工程专项施工方案；安装单位与使用单位签订的安装合同及安装单位与施工总承包单位签订的安全协议书；安装单位负责建筑起重机械安装工程专职安全生产管理人员及技术人员名单；建筑起重机械安装工程生产安全事故应急救援预案；辅助起重机械人员资料及特种作业人员名单。

e. **第五步：使用登记**。建筑起重机械安装完成，经有资质部门检测通过、施工单位自检后，监理单位应对起重机械进行验收并核查使用登记资料是否齐全，合格后向建设主管部门办理建筑起重机械使用登记，完成后可投入使用。

f. **第六步：使用过程检查**。建筑起重机械每日首次作业前，当班驾驶员应对设备相关零部件及有关设施进行检查；使用满一个月，监理单位应督促并参与使用单位和产权单位联合对设备进行安全检查。

g. **第七步：顶升加节**。起重机在使用过程中需要顶升加节的，监理单位应督促施工单位委托原安装单位或者具有相应资质的安装单位按照专项施工方案实施。

h. **第八步：拆卸告知**。在建筑起重机械准备拆卸前，监理单位应核查施工单位拆卸告知的有关资料，齐全后报建设主管部门，经主管部门同意后方可进行拆除工作。

②**第二类：打桩机械**。

a. **第一步**。桩基施工前，监理单位应对施工单位编制的桩基工程专项方案进行审查，方案中应明确安全生产文明施工措施。

b. **第二步**。打桩机械在使用前，监理单位应督促施工单位组织有关人员根据相关技术规程、专项施工方案和"桩基工程安全技术综合验收表"进行验收，经打桩单位负责人、施工员、项目部专职安全员和专业监理工程师验收合格后投入使用。

③**第三类：起重吊装机械**。

a. **第一步：安全专项施工方案**。起重吊装作业或采用起重机械进行安装的工程，监理单位应审核施工单位编制的起重吊装工程安全专项施工方案，方案应明确起重吊装安全技术要点和保证安全的技术措施。

b. **第二步：安全技术综合验收**。起重吊装机械在使用前，监理单位应督促施工单位项目负责人、吊装单位负责人等根据相关技术规程、专业施工方案和"起重吊装机械安全技术综合验收表"进行验收。

c. **第三步：作业吊装**。在正式吊装前，监理单位应督促施工单位有关人员对起重吊装机械在空载、满载、超载情况下分别进行动作试验，试吊后方可正式开始吊装，过程中监理单位应核查作业人员持证上岗、安全保证措施的落实情况等。

④**第四类：施工机具。**

a. **第一步**。监理单位应对进场的施工机具合格证进行核查。

b. **第二步**。施工机具投入使用前，监理单位应督促并参与安全技术验收和试运转，合格后方可投入使用。

c. **第三步**。监理单位应督促施工单位做好日常维护保养，并填写维护保养记录。

2）成果要求。

塔式起重机安拆专项方案

建筑起重机械产权备案表

建筑起重机械设备安装（拆卸）告知表

建筑起重机械使用登记表

塔式起重机安装自检表

塔式起重机安装验收表

塔式起重机安全监控系统安装验收表

塔式起重机顶升加节验收表

塔式起重机每日使用前检查表

塔式起重机月度安全检查表

建筑起重机械基础验收表

货用施工升降机基础验收表

货用施工升降机安装自检表

货用施工升降机安装验收表

货用施工升降机每日使用前检查表

货用施工升降机月度安全检查表

打桩机工程安全技术综合验收表

起重吊装机械安全技术综合验收表

起重吊装机械作业试吊记录表

平刨机安全技术验收表

圆盘锯安全技术验收表

钢筋机械安全技术验收表

电焊机安全技术要求和验收表

搅拌机安全技术要求和验收表

挖土机械安全技术要求和验收表

相关知识（拓展）

一、货用施工升降机的安全装置、楼层卸料平台及地面防护

1. 安全装置

货用施工升降机必须具有防坠安全器、起重量限制器、对重防松断绳保护装置、安全停层装置、上下限位装置、缓冲器等。所有安全装置必须齐全、灵敏、可靠。在便于驾驶员操作的位置必须设置紧急断电开关。

2. 楼层卸料平台及地面防护

楼层卸料平台应有设计施工图。卸料平台必须独立设置，满足稳定性要求，层高不应小于 2m，两侧应有不低于 1.2m 的防护栏板。平台板采用 4cm 厚木板或防滑钢板，铺设严密。楼层卸料平台必须设置防护门。防护门应定型化、工具化，高度不低于 1.8m，防护门锁止装置应采用碰撞闭合装置，不得采用插销，并有防止外开的措施。

地面防护围栏高度不应小于 1.8m，围栏门应具有电气安全开关。进料口上方搭设防护棚。防护棚应在架体三面设置，低架宽度不应小于 3m，高架不小于 5m；防护棚应设置两层，上下层间距不应小于 60cm，采用脚手片的，上下层应垂直铺设。

二、塔式起重机的安全装置

塔式起重机上力矩限制器、起重量限制器、变幅限位器、高度限位器、行走限位器、回转限位器等各种安全装置应齐全、灵敏、可靠。行走式塔式起重机轨道应设置极限位置阻挡器。卷扬机卷筒应设置防止钢丝绳滑出的防护保险装置。多台塔机交叉作业，应使用工作空间限制器。

三、常用施工机具使用的基本规定

1. 平刨

（1）平刨防护装置应设防护罩，刨刀设护手装置。刨厚度小于30mm或长度小于400mm的木料时，应用压板、棍推进。

（2）不得使用平刨、圆盘锯合用一台电动机的多功能木工机械。

2. 圆盘锯

（1）圆盘锯的锯片上方应设防护挡板，锯片和传动部位应设防护罩。

（2）当锯料接近端头时，应用推棍送料。

3. 钢筋加工机械

（1）钢筋冷拉作业区和对焊作业区应有安全防护措施。

（2）钢筋机械的传动部位应装设防护罩。

4. 电焊机

（1）电焊机应做好保护接零并装设漏电保护器，交流电焊机械应配装防二次侧触电保护器。

（2）一次侧电源线长度不得超过5m，二次线长度不得超过30m，一、二次线接线柱与外壳绝缘良好，并设有防护罩。

（3）应使用自动开关，不得使用手动电源开关。

（4）焊把线应使用橡皮电缆。焊把线老化、破皮或接头超过3处的应及时更换。

（5）电焊机应有防雨设施。

5. 搅拌机

（1）离合器、制动器应保持正常状态。钢丝绳断丝不超过标准。

（2）操作手柄应设保险装置，以防误操作。

（3）搅拌机应搭设防雨、防落物的防护棚。操作台应平整、有足够的空间。

（4）料斗保险钩应齐全有效。料斗升起不用时应挂好保险钩并使其处于受力状态。

（5）搅拌机的传动部位应设有防护罩。

6. 手持电动工具

（1）在潮湿和金属构架等导电性良好的场所使用Ⅰ类手持电动工具，必须穿戴绝缘用品。

（2）使用手持电动工具不得随意接长电源线和更换插头。

7. 气瓶

（1）气瓶应有标准色标或明显标志。

（2）气瓶间距应大于5m，距明火应大于10m。当不能满足安全距离时，应采取隔离措施。

（3）气瓶使用和存放时均不得平放。

（4）气瓶应分别存放，不得在强光下曝晒。

（5）气瓶必须装有防振圈和安全防护帽。

（6）乙炔瓶使用中应增设回火装置。

8. 机动翻斗车

（1）机动翻斗车的制动装置（包括手制动）应保证灵敏有效。

（2）不得违章行驶，料斗内不得乘人。

9. 潜水泵

（1）潜水泵应直立于水中，水深不得小于0.5m，四周设立坚固的防护围栏。不得在含泥沙的水中使用。

（2）潜水泵放入水中或提出水面时，应先切断电源，严禁拉拽电缆或出水管。

（3）必须做好保护接零，漏电保护器的动作电流不应大于15mA。电缆线密封完好，作业时30m以内水面不准有人进入。

10. 打桩机械

（1）打桩作业应编制专项施工方案。专项施工方案应由打桩单位编制，经施工总承包单位、监理单位审核批准后方可实施。

（2）行走路线地基承载力应符合专项施工方案的要求。

（3）打桩机应装设超高限位装置且灵敏可靠。各传动部位应设置防护装置。

（4）打桩机作业区内应无高压线路。作业区应有明显标志或围栏，非工作人员不得进入。

情景四　施工安全专项检验

1. 学习情境描述

某地块住宅工程拟准备地下室深基坑工程施工，施工单位按照《危险性较大的分部分项工程安全管理办法》规定编制了深基坑专项施工方案，并组织了专家论证，按照论证意见修改完成，经监理单位审批后按照方案开始实施。在基坑施工过程中，监理单位对基坑工程进行了专项安全检查，发现局部安全网破损、上下通道不规范、基坑监测数据提供不及时等问题，签发了监理通知，施工单位立即安排进行了整改并做了书面整改回复。

2. 学习目标

知识目标：

（1）了解。

1）基础、模板工程施工安全技术规程。

2）脚手架的种类、施工机械种类。

3）各参建单位安全责任。

（2）熟悉。

1）基础、模板工程施工安全管理基本要求。

2）脚手架的搭设流程，各类施工机械安拆、使用要求。

3）现场安全管理的标准、规范。

（3）掌握。

1）基础、模板工程施工安全检查标准。

2）脚手架的验收标准及检查方法，施工机械的安全控制。

3）现场安全管理操作方法。

①临时用电。

②高处作业。

③基坑工程。

④脚手架。

⑤支模架。

⑥安全防护设施。

能力目标：

能进行施工安全专项检验。

素养目标:

忠于职守的爱岗敬业精神。

3. 任务书

根据给定的工程项目,开展施工现场施工安全专项检验。

4. 工作准备

引导问题1:什么是施工安全专项检验?它包括哪些检查内容?

_____

_____

小提示:

安全生产专项检查是我国在实践中创造出来的。它是在劳动保护工作中的具体运用,是推动开展劳动保护工作的有效措施。它包括企业本身对生产卫生工作进行的经常性检查,也包括由地方劳动部门、行业主管部门联合组织的定期检查。还可以对安全卫生进行普遍检查,也可以对某项问题,如防暑降温、电气安全等进行专业重点或季节性检查。

安全检查的内容包括以下几方面:

(1)查思想。检查各级管理人员对安全生产的认识,对安全生产方针、政策、法令、规程的理解和贯彻的情况。

(2)查管理。检查安全管理工作的实施情况,如安全生产责任制、各项规章制度和档案是否健全,安全教育、安全技术措施、伤亡事故管理的实施情况。

(3)查隐患。检查劳动条件、生产设备、安全卫生设施是否符合要求以及职工在生产中是否存在不安全行为和事故隐患。

(4)查事故处理。对发生的事故车间是否及时报告、认真调查、严肃处理;是否按"四不放过"的要求处理事故;是否采取有效措施,防止类似事故重复发生。

也可以概括为安全检查的具体内容包括查管理制度、查现场管理、查安全培训、查安全防护措施、查特种设备及危险源的管理、查应急预案及演练情况、查违章、查事故隐患等。

引导问题2:什么是施工现场临时用电安全的检查?施工现场临时用电安全技术档案内容是什么?

_____

_____

小提示:

施工现场临时用电安全的检查包括临时用电配电线路宜采用电缆敷设。配电箱、开关箱应采用由专业厂家生产的定型化产品,并应符合现行标准《低压成套开关设备和控制设备　第4部分:对建筑工地用成套设备(ACS)的特殊要求》GB 7251.4及《施工现场临时用电安全技术规范》JGJ 46、《建筑施工安全检查标准》JGJ 59,并取得"3C"认证证书,配电箱内使用的隔离开关、漏电保护器及绝缘导线等电器元件也必须取得"3C"认证。

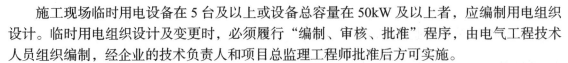

施工现场临时用电设备在 5 台及以上或设备总容量在 50kW 及以上者,应编制用电组织设计。临时用电组织设计及变更时,必须履行"编制、审核、批准"程序,由电气工程技术人员组织编制,经企业的技术负责人和项目总监理工程师批准后方可实施。

安全技术档案应包括下列内容:

(1)用电组织设计的全部资料。

(2)修改用电组织设计的资料。

(3)用电技术交底资料。

(4)用电工程检查验收表。

(5)电气设备的试验、检验凭单和调试记录。

(6)接地电阻、绝缘电阻和漏电保护器漏电动作参数测定记录表。

(7)定期检(复)查表。

(8)电工安装、巡检、维修、拆除工作记录。

定期检查时,临时用电工程应按分部、分项工程进行定期检查,复查接地电阻值和绝缘电阻值,对安全隐患必须及时处理,并应履行复查验收手续。

引导问题 3:高处作业"三宝"是什么?其检查标准是什么?

_____

_____

小提示:

"三宝"是指安全帽、安全网、安全带。其检查标准如下:

(1)安全帽。进入施工现场作业区者必须戴好安全帽,扣好帽带。施工现场安全帽宜有企业标志,分色佩戴。安全帽应正确使用,不准使用缺衬、缺带及破损的安全帽。安全帽材质应符合现行标准《头部防护——安全帽》GB 2811,性能应符合现行标准《安全帽测试方法》GB/T 2812,必须满足耐冲击、耐穿透、耐低温性能、侧向刚性能等技术要求。帽壳上应有永久性标志。

塑料安全帽的使用期限不应超过 3 年,玻璃钢安全帽的使用期限不应超过 2.5 年,到期安全帽应进行抽查测试。

(2)安全网。施工现场应根据使用部位和使用需要,选择符合现行标准要求的、合适的密目式安全立网、立网和平网。建筑物外侧脚手架的立面防护、建筑物临边的立面防护,应选用密目式安全网;物料提升机外侧应采用立网封闭;电梯井内、脚手架外侧、钢结构厂房或其他框架结构构筑物施工时,作业层下部应采用平网封闭。严禁用密目式安全立网、立网代替作平网使用。安全网必须有产品生产许可证和质量合格证。严禁使用无证不合格的产品。

密目式安全网宜挂设在杆件的内侧。安全网应绷紧、扎牢、拼接严密,相邻网之间应紧密结合或重叠,空隙不得超过 80mm,绑扎点间距不得大于 500mm,不得使用破损的安全网。

安全网应符合现行标准《安全网》GB 5725 的相关要求,应满足耐冲击性能、耐贯穿性能、阻燃等要求。

（3）安全带。施工现场高处作业应系安全带，宜使用速差式安全带。安全带一般应做到高挂低用，挂在牢固可靠处，不准将绳打结使用。安全带使用后由专人负责存放在干燥、通风的仓库内。

安全带应符合现行标准《坠落防护　安全带》GB 6095 相关要求并有产品检验合格证明。材质应符合现行标准《安全带检验方法》GB 6096 相关要求。安全带寿命一般为 3～5 年，使用 2 年后应做批量抽验。

引导问题 4：基坑工程施工前有哪些准备工作？基坑工程的监测内容是什么？支护结构、土方开挖、降排水、坑边荷载要求是什么？

_____

_____

小提示：

基坑支护工程施工前应编制专项施工方案，经施工总承包单位、监理单位（建设单位）审核批准后方可实施。对于超过一定规模的危险性较大的基坑支护工程，应按有关规定对专项施工方案进行专家论证；施工单位应按专家论证意见修改完善，并经施工单位技术负责人和总监理工程师批准后方可实施。

基坑施工前施工企业应组织专项施工方案技术交底，对场地标高、周围建筑物和构筑物、道路及地下管线等调查核实，必要时应取证留档。

基坑工程施工过程中，应按基坑设计文件及相关标准规定对已完成工程进行质量检测及验收，验收合格后方可进行后续工程施工。

基坑监测主要包括支护结构、相关自然环境、施工工况、地下水状况、基坑底部及周围土体、周围建（构）筑物、周围地下管线及地下设施、周围重要的道路、其他应监测的对象。

支护结构、土方开挖、降排水、坑边荷载要求如下：

（1）支护结构。支护结构的施工顺序、施工技术措施等应符合设计、相关标准和专项施工方案的要求。采用的原材料及半成品应按照相关标准的规定进行检验。安装与拆除应符合设计工况及专项施工方案要求，必须严格遵守先支撑后开挖的原则。

（2）土方开挖。应根据设计及专项施工方案的施工顺序及工况进行土方开挖，不得超工况开挖。土方应分区、分块、分层均衡开挖；开挖后应按设计及专项施工方案的要求及时支撑、浇筑垫层。

基坑开挖过程中，应采取措施防止碰撞支护结构、工程桩或扰动基底原状土。根据基坑监测数据及周围环境情况指导土方开挖施工；当基坑及周围环境监测数据超过设计报警值时，应立即停止施工，采取措施后方可继续施工。

（3）降排水。基坑工程应按专项施工方案要求采取有效的排水和降水措施。当基坑降水可能引起坑外水位下降时，应采取防止临近建筑物、构筑物和地下管线沉降的措施。基坑周边地面应设置排水沟，且应避免水渗漏进入坑内；放坡开挖时，应对坡顶、坡面、坡脚采取坡面保护措施。基坑内集水坑距离坑壁不宜小于 3m。

（4）坑边荷载。基坑周边荷载不应超过设计要求；现场布置应符合专项施工方案的要求。当基坑周边荷载超过设计要求时，应采取措施，并征得基坑支护设计单位同意。

引导问题 5：脚手架的检查内容有哪些？

_____

_____

小提示：

脚手架的检查内容包括以下几方面：

（1）施工方案。施工单位应在脚手架施工前编制脚手架施工专项方案，专项方案应有针对性，能有效地指导施工，明确安全技术措施。其主要内容应包括以下几方面：

1）工程概况。其包括工程项目的规模、相关单位的名称情况、计划开竣工日期等。

2）编制依据。其包括相关法律、法规、规范性文件、标准、规范及图纸（国标图集）、施工组织设计等。

3）计算书及相关图纸。其应有设计计算书及卸荷方法详图，绘制架体与建筑物拉结详图、现场杆件立面、平面布置图及剖面图，节点详图，并说明脚手架基础做法。

4）施工计划。其包括施工进度计划、材料与设备计划。

5）施工工艺技术。其包括技术参数、工艺流程、施工方法、检查验收等。

6）施工安全保证措施。其包括组织保障、技术措施、应急预案、监测监控等。

7）劳动力计划。其包括专职安全生产管理人员、特种作业人员等。

悬挑式脚手架专项施工方案中应对挑梁、钢索、吊环、压环、预埋件、焊缝及建筑结构的承载能力进行计算。悬挑梁应作为悬臂结构计算，不得考虑钢丝绳对悬臂结构的受力。同时应考虑压环破坏时钢丝绳作为受力构件进行验算。

专项方案应当由施工单位技术部门组织本单位施工技术、安全、质量等部门的专业技术人员进行审核。经审核合格的，由施工单位技术负责人审批签字。实行施工总承包的，专项方案应当由总承包单位技术负责人及相关专业承包单位技术负责人审批签字。经施工单位审批合格后报监理单位，由项目总监理工程师审批签字。合格后方可按此专项方案进行现场施工。

搭设高度 50m 及以上落地式钢管脚手架、架体高度 20m 及以上的悬挑式脚手架和提升高度 150m 及以上的附着式整体和分片提升脚手架工程的专项方案应当由施工单位组织召开专家论证会。实行施工总承包的，由施工总承包单位组织召开专家论证会。

施工单位应当严格按照专项方案组织施工，不得擅自修改、调整专项方案。如因设计、结构、外部环境等因素发生变化确需调整的，修改后的专项方案应重新审核审批。需要专家论证的，应当重新组织专家进行论证。

（2）脚手架材质。钢管脚手架宜采用外径 48.3mm、壁厚 3.6mm 的 Q235 钢管，表面平整光滑，无锈蚀、裂纹、分层、压痕、划道和硬弯，新用钢管有出厂合格证。搭设架子前应进行保养、除锈并统一涂色，颜色应力求美观。严禁使用壁厚小于 3.0mm 的钢管。

钢管脚手架搭设使用的扣件应符合现行标准《钢管脚手架扣件》GB/T 15831 的规定。扣件应有生产许可证，规格与钢管匹配，采用可锻铸铁，不得有裂纹、气孔、缩松、砂眼等锻造缺陷，贴和面应平整，活动部位灵活，夹紧钢管时开口处最小距离不小于 5mm。扣件式钢管脚手架扣件，在螺栓拧紧扭力矩达 65N·m 时，不得发生破坏。

（3）使用要求。施工荷载均匀分布，施工总荷载应满足施工方案要求，不得超载使用。一般结构脚手架不得超过 3.0kN/m²，装饰脚手架不得超过 2.0kN/m²。建筑垃圾或废弃的物料必须及时清除。

作业层上的施工荷载应符合设计要求，不得超载。不得将模板支架、缆风绳、泵送混凝土和砂浆的输送管固定在脚手架上，严禁悬挂起重设备。

引导问题 6：模板支撑架的构造要求是什么？

_____

_____

小提示：

模板支撑架搭设高度不宜超过 24m。高宽比不宜大于 3，当高宽比大于 3 时，应设置缆风绳或连墙件。具体要求如下：

（1）扣件式钢管模板支撑架的构造要求。

1）扫地杆、水平拉杆、剪刀撑宜采用外径 48.3mm、壁厚 3.6mm 的钢管，用扣件与钢管立杆扣牢。扫地杆、水平拉杆宜采用搭接，剪刀撑应采用搭接，搭接长度不得小于 1000mm，并应采用不少于 2 个旋转扣件分别在离杆端不小于 100mm 处进行固定。

2）立杆接长严禁搭接，必须采用对接扣件连接，相邻两立杆的对接接头不得在同步内，且对接接头沿竖向错开的距离不宜小于 500mm，各接头中心距主节点不宜大于步距的 1/3。严禁将上段的钢管立杆与下段钢管立杆错开固定在水平拉杆上。

3）当在立杆底部或顶部设置可调托座时，其调节螺杆的伸缩长度不应大于 200mm。

4）立杆的纵横杆距离不应大于 1200mm。对高度超过 8m，或跨度超过 18m，或施工总荷载大于 15kN/m²，或集中线荷载大于 20kN/m 的模板支撑架，立杆的纵横距离除满足设计要求外，不应大于 900mm。

5）模板支撑架步距，应满足设计要求，且不应大于 1.8m。

6）主节点处必须设置一根横向水平杆，用直角扣件扣接且严禁拆除。每步的纵、横向水平拉杆应双向拉通。

7）模板支撑架应按下列规定设置剪刀撑：

①模板支撑架四周应满布竖向剪刀撑，中间每隔 4 排立杆设置一道纵、横向竖向剪刀撑，由底至顶连续设置。

②模板支撑架四边与中间每隔 4 排立杆从顶层开始向下每隔 2 步设置一道剪刀撑。

③钢管立柱底部应设厚度不小于 50mm 的垫木和底座，顶部宜采用可调支托，U 形支托与楞梁两侧如有间隙必须楔紧，其螺杆伸出钢管顶部不得大于 200mm，螺杆外径与立柱钢管内径的间隙不得大于 3mm。

④在立柱底距地面 200mm 高处，沿纵、横水平方向应按纵下横上的顺序设扫地杆。当立柱底部不在同一高度时，高处的纵向扫地杆应向低处延长不少于 2 跨，高低差不得大于 1m，立柱距边坡上方边缘不得小于 0.5m。

⑤可调支托底部的立柱顶端应沿纵、横向设置一道水平拉杆。扫地杆与顶部水平拉杆之

间的间距，在满足模板设计所确定的水平拉杆步距要求条件下，进行平均分配。确定步距后，在每一步距处纵、横向应各设一道水平拉杆。当层高在8～20m时，在最顶步距两水平拉杆中间应加设一道水平拉杆；当层高大于20m时，在最顶步距两水平拉杆中间应分别增加一道水平拉杆。所有水平拉杆的端部均应与四周建筑物顶紧、顶牢。无处可顶时，应在水平拉杆端部和中部沿竖向设置连续式剪刀撑。

⑥满堂模板和共享空间模板支架立柱，在外侧周圈应设由下至上的竖向连续式剪刀撑；中间在纵、横向应每隔10m左右设由下至上的竖向连续式剪刀撑，其宽度宜为4～6m，并在剪刀撑部位的顶部、扫地杆处设置水平剪刀撑。剪刀撑杆件的底端应与地面顶紧，夹角宜为45°～60°。当建筑层高在8～20m时，除应满足上述规定外，还应在纵、横向相邻的两竖向连续式剪刀撑之间增加之字撑，在有水平剪刀撑的部位，应在每个剪刀撑中间处增加一道水平剪刀撑。当建筑层高超过20m时，在满足以上规定的基础上，应将所有之字撑全部改为连续式剪刀撑。

（2）碗扣式钢管模板支撑架的构造要求。

1）模板支撑架应根据所承受的荷载选择立杆的间距和步距。底层纵、横向水平拉杆作为扫地杆时，距地面高度不应大于350mm。立杆底部应设置可调底座或固定底座。立杆上端包括可调螺杆，伸出顶层水平拉杆的长度不应大于0.7m。

2）模板支撑架四周从底到顶连续设置竖向剪刀撑；中间纵、横向由底至顶连续设置竖向剪刀撑，其间距应小于或等于4.5m。

3）剪刀撑的斜杆与地面夹角应为45°～60°，斜杆应每步与立杆扣结。

4）当模板支撑架高度大于4.8m时，顶端和底部必须设置水平剪刀撑，中间水平剪刀撑设置间距应小于或等于4.8m。

（3）门式钢管模板支撑架的构造要求。

1）门架的跨距与间距应根据支架的高度、荷载由计算和构造要求确定，跨距不宜超过1.5m，净间距不宜超过1.2m。

2）门架立杆上宜设置托座和托梁。支撑架宜采用调节架、可调托座调整高度。可调托座调节螺杆高度不宜超过150mm。

3）支撑架底部应设置纵、横向扫地杆，在每步门架两侧立杆上应设置纵、横向水平加固杆，并应采用扣件与门架立杆扣紧。

4）支撑架在四周和内部纵、横向应与建筑结构柱、墙进行刚性连接，连接点应设在水平剪刀撑或水平加固杆设置层，并应与水平拉杆连接。

5）支撑架应设置剪刀撑对架体进行加固。在支架的外侧周边及内部纵、横向每隔6～8m，应由底至顶设置连续竖向剪刀撑；搭设高度8m及以下时，在顶层应设置连续的水平剪刀撑；搭设高度超过8m时，在顶层和竖向每隔4步及以下应设置连续的水平剪刀撑；水平剪刀撑宜在竖向剪刀撑斜杆交叉层设置。

引导问题7：安全防护中的"四口"防护是什么？临边防护应采取什么防护措施？

_____

_____

小提示：

（1）"四口"防护。

1）楼梯口防护。楼梯口和梯段边，应在1.2m、0.6m高处及底部设置三道防护栏杆，杆件内侧挂密目式安全立网。顶层楼梯口应随工程结构进度安装正式防护栏杆或者临时栏杆，梯段旁边也应设置栏杆，作为临时护栏。防护栏杆转角部位宜采用工具式防护栏杆。

2）电梯井口防护。电梯井口必须设定型化、工具化的可开启式安全防护栅门，涂刷黄黑相间警示色。安全防护栅门高度不得低于1.8m，并设置180mm高踢脚板，门离地高度不大于50mm，门宜上翻外开。电梯井内应每层设置硬质材料隔离措施。安全隔离应封闭严密牢固。当隔离措施采用钢管落地式满堂架且高度大于24m时应采用双立杆。

3）预留洞口、坑井防护。管桩及钻孔桩等桩孔上口、杯形或条形基础上口、未填土的坑槽以及上人孔、天窗、地板门等处，均应按洞口防护设置稳固的盖件，并有醒目的标志警示。竖向洞口应设栏杆，防护严密。竖向洞口下边沿至楼板或底面低于800mm的窗台等竖向洞口，如侧边落差大于2m时，应增设临时护栏。

楼板面等处短边长为250～500mm的水平洞口、安装预制构件时的洞口以及缺件临时形成的洞口，应设置盖件，四周搁置均衡，并有固定措施；短边长为500～1500mm的水平洞口，应设置网格式盖件，四周搁置均衡，并有固定措施，上满铺木板或脚手片；短边长大于1500mm的水平洞口，洞口四周应增设防护栏杆。

4）通道口防护。进出建筑物主体通道口应搭设防护棚。棚宽大于通道口，两端各长出1m，进深尺寸应符合高处作业安全防护范围。坠落半径（R）分别为当坠落物高度为2～5m时，R为3m；当坠落物高度为5～15m时，R为4m；当坠落物高度为15～30m时，R为5m；当坠落物高度大于30m时，R为6m。

场内（外）道路边线与建筑物（或外脚手架）边缘距离分别小于坠落半径的，应搭设安全通道。木工加工场地、钢筋加工场地等上方有可能坠落物件或处于起重机调杆回转范围之内的，应搭设双层防护棚。安全防护棚应采用双层保护方式，当采用脚手片时，层间距600mm，铺设方向应互相垂直。各类防护棚应有单独的支撑体系，固定可靠安全。严禁用毛竹搭设，且不得悬挑在外架上。

（2）临边防护措施。

1）基坑四周栏杆柱应采用预埋或打入地面方式，深度为500～700mm。栏杆柱离基坑边口的距离，不应小于500mm。当基坑周边采用板桩时，钢管可打在板桩外侧。

2）混凝土楼面、地面、屋面或墙面栏杆柱可用预埋件与钢管或钢筋焊接方式固定。当在砖或砌块等砌体上固定时，栏杆柱可预先砌入规格相适应的80mm×6mm弯转扁钢作为预埋件的混凝土块，固定牢固。

3）临边防护应在1.2m、0.6m高处及底部设置三道防护栏杆，杆件内侧挂密目式安全立网。横杆长度大于2m时，必须加设栏杆柱。坡度大于1:2.2的斜面（屋面），防护栏杆的高度应为1.5m。

4）双笼施工升降机卸料平台门与门之间空隙处应封闭。吊笼门与卸料平台边缘的水平距离不应大于50mm。吊笼门与层门间的水平距离不应大于200mm。

施工现场应配备足够的安全帽、安全网、安全带。楼梯口、通道口、预留洞口、电梯井口及临边应防护严密。施工现场竖向安全防护宜采用密目式安全立网，建筑物外立面竖向安

全防护不应采用安全平网或安全立网。禁止使用阻燃性能不符合规定要求的密目式安全网。

5. 工作实施

（1）任务下发。根据指导老师确定的工程项目，模仿案例，依据检查的基本步骤，对案例工程进行安全专项检验。

（2）步骤交底。

1）工作步骤和要点。

①**第一类：临时用电验收。**

a. **第一步：核查专项施工方案。** 工程开工前，监理单位应审核施工单位编制的施工用电安全专项方案，该方案由施工单位项目负责人、电气专业技术人员编制，方案内容包括：确定电源进线、变电所及配电室、配电装置及线路走向；进行负荷计算；设计配电系统；选择导线、电缆、配电装置及电器、接地装置，设计防雷装置；绘制用电平面图等；制定安全用电措施和电气防火措施等。

b. **第二步：施工用电安全技术综合验收。** 工程开工前，监理单位应督促施工单位组织首次临时用电安全验收，验收时应查验与方案的符合性、电器材料和设备合格证明、检测报告、接地电阻测验、绝缘电阻和漏电保护器检测、电工上岗证等。

c. **第三步：日常检查。** 监理单位应不定期地对临时用电线路架设、箱体、接线、接地等进行检查。

②**第二类：高处作业检查。**

a. **第一步。** 监理单位应对用于高处的"三宝"产品合格证明文件和检测报告等进行核查，符合要求的同意使用。

b. **第二步：高处作业防护设施安全验收。** 除"三宝"外，监理单位应督促施工单位对"四口五临边"［即楼梯口、电梯（管道）井口、预留洞口、通道口及基坑、阳台、楼、屋面、卸料平台临边］及攀登和悬空作业及时加设防护，一般情况下每一楼层不少于一次验收。

③**第三类：基坑工程验收。**

a. **第一步。** 监理单位应督促施工单位及时编制基坑工程专项方案，如果是深基坑，还应组织专家论证。

b. **第二步。** 基坑工程施工前，应委托有资质的第三方监测单位编制监测方案并进行现场跟踪监测，监理单位应实时关注监测报告中的数据情况，当监测数据达到报警值时应及时督促施工单位采取纠正措施，防止事故的发生。

④**第四类：脚手架验收。**

a. **第一步：方案审核。** 监理单位应审核施工单位报审的脚手架专项施工方案，对搭设高度大于或等于50m的落地式脚手架、大于或等于18m的悬挑式脚手架、提升高度大于或等于150m的附着式整体和分片提升式脚手架，还应督促施工单位进行专家论证。

b. **第二步：原材料、人员资质等核查。** 监理单位应对进场的钢管、扣件等材料合格证和复检报告等进行核查，符合要求后同意使用，对于拟进行搭设作业的工人应核查其是否具有架子工上岗证。

c. **第三步：脚手架验收。** 监理单位应在下列阶段督促施工单位进行检查验收：基础完工后及脚手架搭设前；作业层上施加荷载前；每搭设完 6~8m 高度后；达到设计高度后；遇有 6 级强风及以上大风或大雨后、冻结地区解冻后；停用超过一个月。

脚手架安全技术综合验收由项目技术负责人组织施工员、安全员、作业班组负责人及有关人员参加。项目监理工程师应当参加验收，验收后签署验收意见，并加盖公章。

⑤**第五类：支模架验收。**

a. **第一步：方案审核。**监理单位应审核施工单位报审的支模架专项施工方案，对模板支架搭设高度在 8m 及以上、搭设跨度 18m 及以上；施工总荷载 15kN/m^2 及以上、集中荷载 20kN/m 及以上的高大支模架，还应督促施工单位进行专家论证。

b. **第二步：原材料、人员资质等核查。**监理单位应对进场的钢管、扣件等材料合格证和复检报告等进行核查，符合要求后同意使用，对于拟进行搭设作业的工人应核查其是否具有架子工上岗证。

c. **第三步：支模架搭设验收。**每层（座）支模架搭设完成后，监理单位应督促施工单位及时验收，其中对安装后扣件螺栓拧紧扭力矩应采用扭力扳手检查，高大模板支架梁底水平拉杆与立杆连接扣件螺栓拧紧扭力矩应全数检查。

d. **第四步：模板拆除验收。**监理单位应对施工单位报审的拆模申请进行审核，模板拆除的时间应符合现行标准《混凝土结构工程施工质量验收规范》GB 50204 的有关规定，且其同条件混凝土试块强度应达到拆模要求。

模板的拆除作业区应设围栏和挂牌警示标志，并应设专人负责监护。严禁非操作人员进入作业区内。拆下的模板、杆件及构配件严禁抛扔。

2）成果要求。

安全生产检查记录汇总表

项目安全生产检查记录表

高处作业防护设施安全验收表

深基坑专项方案及论证报告

基坑监测方案

"三宝"质量证明文件清单

模板方案及论证报告

模板支撑架验收记录表

模板支撑架工程安全技术综合
验收表

模板拆除申请表

钢管、扣件等材料质量证明清单

钢管扣件式脚手架安全技术综合验收表

脚手架拆除申请表

高处作业吊篮监测报告

吊篮安装告知

吊篮使用登记表

高处作业吊篮安全技术综合验收表

临时用电专项方案

施工用电安全技术综合验收表

接地电阻测验记录表

绝缘电阻和漏电保护器检测记录表

安全防护设施交接验收记录

安全防护用品发放记录表

相关知识（拓展）

一、安全事故处理四不放过

（1）事故原因没有查清楚不放过。

（2）事故责任者没有处理不放过。

（3）广大职工没有受到教育不放过。

（4）防范措施没有落实不放过。

二、基坑监测

下列基坑工程应实施监测：

（1）开挖深度大于或等于 5m 的基坑工程。

（2）开挖深度小于 5m，但现场地质情况和周围环境较复杂的基坑工程。

（3）其他需要监测的基坑工程。基坑工程实施前监测单位应编制监测方案。监测方案需经建设单位、基坑支护设计单位、监理单位认可，监测单位应严格按监测方案实施监测。当基坑工程设计或施工有重大变更时，监测单位应与建设单位及相关单位研究并及时调整监测方案。当监测数据达到监测报警值时必须立即通报建设单位及相关单位。

基坑工程施工期间应安排专人进行巡视检查。基坑工程巡视检查应包括以下内容：

1）支护结构。

①支护结构成型质量。

②冠梁、围檩、支撑有无裂缝出现。

③支撑、立柱有无较大变形。

④止水帷幕有无开裂、渗漏。

⑤墙后土体有无裂缝、沉陷及滑移。

⑥基坑有无涌土、流沙、管涌。

2）施工工况。

①开挖后暴露的土质情况与岩土勘察报告有无差异。

②基坑开挖分段长度、分层厚度及支锚设置是否与设计及专项施工方案一致，有无超长、超深开挖。

③场地地表水、地下水排放状况是否正常，基坑降水、回灌设施是否运转正常。

④基坑周边地面有无超载。

3）基坑周边环境。

①地下管道有无破损、泄漏情况。

②周边建（构）筑物有无新增裂缝出现。

③周边道路（地面）有无裂缝、沉陷。

④邻近基坑及建（构）筑物的施工变化情况。

4）监测设施。

①基准点、监测点完好状况。

②监测元件的完好及保护情况。

③有无影响观测工作的障碍物。

当出现下列情况之一时，应加强监测，提高监测频率，并及时向建设单位及相关单位报告监测结果：

a. 监测数据达到报警值。

b. 监测数据变化较大或者速率加快。

c. 存在勘察未发现的不良地质。

d. 超深、超长开挖或未及时加撑等违反设计工况施工。

e. 基坑及周边大量积水、长时间连续降雨、市政管道出现泄漏。

f. 基坑附近地面荷载突然增大或超过设计限值。

g. 支护结构出现开裂。

h. 周边地面突发较大沉降或出现严重开裂。

i. 邻近的建（构）筑物突发较大沉降、不均匀沉降或出现严重开裂。

j. 基坑底部、坡体或支护结构出现管涌、渗漏或流沙等现象。

k. 基坑工程发生事故后重新组织施工。

l. 出现其他影响基坑及周边环境安全的异常情况。

当出现下列情况之一时，必须立即报警，并实时跟踪监测，应立即停止施工，并对基坑支护结构和周边的保护对象采取应急措施：

a. 监测数据达到监测报警值的累计值。

b. 基坑支护结构或周边土体的位移值突然明显变大或基坑出现渗漏、流沙、管涌、隆起、陷落或较严重的渗漏等。

c. 基坑支护结构的支撑或锚杆体系出现过大变形、压屈、断裂、松弛或拔出的迹象。

d. 周边建（构）筑物的结构部分、周边地面出现危害结构的变形裂缝或较严重的突发裂缝。

e. 根据当地工程经验判断，出现其他必须进行危险报警的情况。

情景五 绿色施工检查

1. 学习情境描述

某地块住宅工程，根据地方要求实施绿色施工，监理单位在施工单位绿色专项施工方案的基础上编制了绿色施工监理实施细则，在施工过程中，按照规范和设计图要求对绿色施工工序作业进行巡查，严格按照绿色施工要求进行控制。

2. 学习目标

知识目标：

（1）了解绿色施工的概念。

（2）熟悉施工现场的绿色施工内容。

（3）掌握如何进行绿色施工。

能力目标：

会进行施工现场绿色施工检查。

素养目标：

具备绿色施工的职业素养。

3. 任务书

根据给定的工程项目，开展施工现场绿色施工检查。

4. 工作准备

引导问题 1：什么是绿色施工？

_____

_____

小提示：

绿色施工是指在保证质量、安全等基本要求的前提下，通过科学管理和技术进步，最大限度地节约资源，减少对环境的负面影响，实现"四节一环保"（即节能、节材、节水、节地和环境保护）的建筑工程施工活动。

引导问题 2：怎么保护施工现场的环境？

_____

_____

小提示：

（1）施工现场扬尘控制应符合下列规定：

1）施工现场宜搭设封闭式垃圾站。

2）细散颗粒材料、易扬尘材料应封闭堆放、存储和运输。

3）施工现场出口应设冲洗池，施工场地、道路应采取定期洒水抑尘措施。

4）土石方作业区内扬尘目测高度应小于1.5m，结构施工、安装、装饰装修阶段目测扬尘高度应小于0.5m，不得扩散到工作区域外。

5）施工现场使用的热水锅炉等宜使用清洁燃料。不得在施工现场融化沥青或焚烧油毡、油漆以及其他产生有毒、有害烟尘和恶臭气体的物质。

（2）噪声控制应符合下列规定：

1）施工现场应对噪声进行实时监测，施工场界环境噪声排放昼间不应超过70dB（A），夜间不应超过55dB（A）。噪声测量方法应符合现行国家标准《建筑施工场界环境噪声排放标准》GB 12523的规定。

2）施工过程宜使用低噪声、低振动的施工机械设备，对噪声控制要求较高的区域应采取隔声措施。

3）施工车辆进出现场，不宜鸣笛。

（3）光污染控制应符合下列规定：

1）应根据现场和周边环境采取限时施工、遮光和全封闭等避免或减少施工过程中光污染的措施。

2）夜间室外照明灯应加设灯罩，光照方向应集中在施工区范围内。

3）在光线作用敏感区域施工时，电焊作业和大型照明灯具应采取防光外泄措施。

（4）水污染控制应符合下列规定：

1）污水排放应符合现行行业标准《污水排入城镇下水道水质标准》CJ 343的有关要求。

2）使用非传统水源和现场循环水时，宜根据实际情况对水质进行检测。

3）施工现场存放的油料和化学溶剂等物品应设专门库房，地面应做防渗漏处理。废弃的油料和化学溶剂应集中处理，不得随意倾倒。

4）易挥发、易污染的液态材料，应使用密闭容器存放。

5）施工机械设备使用和检修时，应控制油料污染；清洗机具的废水和废油不得直接排放。

6）食堂、盥洗室、淋浴间的下水管线应设置过滤网，食堂应另设隔油池。

7）施工现场宜采用移动式厕所，并委托环卫单位定期清理。固定厕所应设化粪池。隔油池和化粪池应做防渗处理，并及时清运、消毒。

（5）施工现场垃圾处理应符合下列规定：

1）垃圾应分类存放、按时处理。

2）应制定建筑垃圾减排计划，建筑垃圾的回收利用应符合现行国家标准《工程施工废弃物再生利用技术规范》GB/T 50743的有关要求。

3）有毒有害废弃物的分类率应达到100%，对有可能造成二次污染的废弃物应单独储存，并设置醒目标志。

4）现场清理时，应采用封闭式运输，不得将施工垃圾从窗口、洞口、阳台等处抛撒。

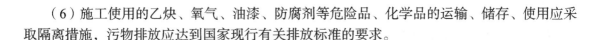

（6）施工使用的乙炔、氧气、油漆、防腐剂等危险品、化学品的运输、储存、使用应采取隔离措施，污物排放应达到国家现行有关排放标准的要求。

引导问题 3：施工现场的资源节约有哪些内容？应符合哪些规定？

_____

_____

小提示：

（1）节材及材料利用应符合下列规定：

1）应根据施工进度、材料使用时点、库存情况等制订材料的采购和使用计划。

2）现场材料应堆放有序，并满足材料储存及质量保持的要求。

3）工程施工使用的材料宜选用距施工现场 500km 以内生产的建筑材料。

（2）节水及水资源利用应符合下列规定：

1）现场应结合给水、排水点位置进行管线线路和阀门预设位置的设计，并采取管网和用水器具防渗漏的措施。

2）施工现场办公区、生活区的生活用水应采用节水器具。

3）施工现场宜建立雨水、中水或其他可利用水资源的收集利用系统。

4）应按照生活用水与工程用水的定额指标进行控制。

5）施工现场喷洒路面、绿化浇灌不宜使用自来水。

（3）节能及能源利用应符合下列规定：

1）应合理安排施工顺序及施工区域，减少作业区机械设备数量。

2）应选择功率与负荷相匹配的施工机械设备，机械设备不宜低负荷运行，不宜采用自备电源。

3）应制定施工能耗指标，明确节能措施。

4）应建立施工机械设备档案和管理制度，机械设备应定期保养维修。

5）生产、生活、办公区域及主要机械设备宜分别进行耗能、耗水及排污计量，并做好相应记录。

6）应合理布置临时用电线路，选用节能器具，采用声控、光控和节能灯具，照明照度宜按最低照度设计。

7）宜利用太阳能、地热能、风能等可再生能源。

8）施工现场宜错峰用电。

（4）节地及土地资源保护应符合下列规定：

1）应根据工程规模及施工要求布置施工临时设施。

2）施工临时设施不宜占用绿地、耕地以及规划红线以外的场地。

3）施工现场应避让、保护场区及周边的古树名木。

引导问题 4：施工过程如何实施绿色施工监理？

_____

_____

小提示：

（1）施工准备阶段的监理。监理单位应仔细审核施工队伍的技术水平、质量保证体系，以及企业的管理体系、本次作业的组织设计。严格审核企业的施工组织设计以及节能技术方案设计。对于施工图还要进行会审，确保该图纸是否取得施工图审查合格书以及建筑装修装饰节能设计认定书，以节能的目标为基础，严格控制施工材料的使用。绿色施工的另一个重要关键环节是施工方案与施工组织设计，方案中要制定环境管理计划与应急救援方案，在确保建筑工程安全和质量的前提下，制定建筑垃圾减量化、材料利用循环以及节水、节地、节能的措施，对施工总平面及临时用地进行规划。

（2）施工过程质量的监控。

1）工程监理的常用方法及举措。在进行工程质量的监督时，通常采取实测实量与跟踪旁站的方式，采取巡视、平行检验、见证取样等方式对工程施工过程的质量进行监控，组织管理人员定期或不定期召开会议，对工程施工中遇到的各种问题进行分析，并提出解决方案，全面协调工程建设方的关系，实施工程质量动态监理。

2）建筑材料及设备的监控。在建筑工程质量控制中，建筑材料及设备是极为关键的环节。在工程建设中，如果材料及设备有质量问题，后果是十分严重的，极有可能造成安全事故。

在施工过程中，监理部门对材料质量的把关应是十分严格的，保证所有材料都是优等品，合格证、生产许可证、性能检测证等相关证件都是必不可少的，使每一项材料的来源都可查，在质量和安全方面得以保证。要做到以下几个方面：

①充分了解新型材料各个方面的参数，调查新型材料使用情况，是否有企业在建筑工程中使用过该材料。

②对该新型材料的调查结果进行分析，然后在当前的建筑工程中模拟试用，预测这种材料可能出现的问题并且制定出解决方案。

③在实施过程中，认真观察与检测，并且做好相关记录，发现问题时及时解决，将此材料所引发问题而带来的人身财产损失降到最低。

（3）竣工验收阶段的监理。施工完成后，应及时按照工程竣工验收标准验收工程整体质量，若具备验收条件，按照相关法律法规、规章制度和规范进行验收检查，对不合格的施工作业提出书面建议并且上交监理单位，同时专业监理技术员在建筑节能质量验收方面应有评估性意见，在检查合格后，监理单位应进行建筑节能专项评估工作，将建筑节能控制资料完善保存。

5. 工作实施

（1）任务下发。根据指导老师确定的工程项目，模仿案例，依据绿色施工监理的基本步骤，对案例工程进行绿色施工监理。

（2）步骤交底。

①**第一步：方案审核**。监理单位应审核施工单位的绿色施工专项方案。绿色施工方案内容应包括环境应急救援预案，采取有效措施，降低环境负荷，保护地下设施和文物等资源；在保证工程安全、质量及进度前提下的节材措施；符合工程所在地水资源状况的节水措施；

施工节能措施；节地与施工用地保护措施。

②**第二步：绿色施工过程监理**。对整个施工过程实施动态内部管理，定期巡视检查施工过程中的绿色施工工序作业情况。加强对施工策划、施工准备、材料采购、现场施工、工程验收等各阶段的内部管理和自评估。

相关知识（拓展）

绿色施工的监理

1. 组织与管理

（1）建设单位应履行下列职责：

1）在编制工程概算和招标文件时，应明确绿色施工的要求，并提供包括场地、环境、工期、资金等方面的条件保障。

2）应向施工单位提供建设工程绿色施工的设计文件、产品要求等相关资料，保证资料的真实性和完整性。

3）应建立工程项目绿色施工的协调机制。

（2）设计单位应履行下列职责：

1）应按国家现行有关标准和建设单位的要求进行工程的绿色设计。

2）应协助、支持、配合施工单位做好建筑工程绿色施工的有关设计工作。

（3）监理单位应履行下列职责：

1）应对建筑工程绿色施工承担监理责任。

2）应审查绿色施工组织设计、绿色施工方案或绿色施工专项方案，并在实施过程中做好监督检查工作。

（4）施工单位应履行下列职责：

1）施工单位是建筑工程绿色施工的实施主体，应组织绿色施工的全面实施。

2）实行总承包管理的建设工程，总承包单位应对绿色施工负总责。

3）总承包单位应对专业承包单位的绿色施工实施管理，专业承包单位应对工程承包范围的绿色施工负责。

4）施工单位应建立以项目经理为第一责任人的绿色施工管理体系，制定绿色施工管理制度，负责绿色施工的组织实施，进行绿色施工教育培训，定期开展自检、联检和评价工作。

5）绿色施工组织设计、绿色施工方案或绿色施工专项方案编制前，应进行绿色施工影响因素分析，并据此制定实施对策和绿色施工评价方案。

参建各方应积极推进建筑工业化和信息化施工。建筑工业化宜重点推进结构构件预制化和建筑配件整体装配化。应做好施工协同，加强施工管理，协商确定工期。参建各方应积极推进建筑工业化和信息化施工。建筑工业化宜重点推进结构构件预制化和建筑配件整体装配化。

施工现场应建立机械设备保养、限额领料、建筑垃圾再利用的台账和清单。工程材料和机械设备的存放、运输应制定保护措施。

施工单位应强化技术管理，绿色施工过程技术资料应收集和归档。根据绿色施工要求，对传统施工工艺进行改进。建立不符合绿色施工要求的施工工艺、设备和材料的限制、淘汰等制度。按照国家法律、法规的有关要求，制定施工现场环境保护和人员安全等突发事件的应急预案，据此制定实施对策和绿色施工评价方案。施工现场应建立机械设备保养、限额领料、建筑垃圾再利用的台账和清单。工程材料和机械设备的存放、运输应制定保护措施。

2. 资源节约

（1）节材及材料利用应符合下列规定：

1）应根据施工进度、材料使用时点、库存情况等制订材料的采购和使用计划。

2）现场材料应堆放有序，并满足材料储存及质量保持的要求。

3）工程施工使用的材料宜选用距施工现场500km以内生产的建筑材料。

（2）节水及水资源利用应符合下列规定：

1）现场应结合给水、排水点位置进行管线线路和阀门预设位置的设计，并采取管网和用水器具防渗漏的措施。

2）施工现场办公区、生活区的生活用水应采用节水器具。

3）施工现场宜建立雨水、中水或其他可利用水资源的收集利用系统。

4）应按照生活用水与工程用水的定额指标进行控制。

5）施工现场喷洒路面、绿化浇灌不宜使用自来水。

（3）节能及能源利用应符合下列规定：

1）应合理安排施工顺序及施工区域，减少作业区机械设备数量。

2）应选择功率与负荷相匹配的施工机械设备，机械设备不宜低负荷运行，不宜采用自备电源。

3）应制定施工能耗指标，明确节能措施。

4）应建立施工机械设备档案和管理制度，机械设备应定期保养维修。

5）生产、生活、办公区域及主要机械设备宜分别进行耗能、耗水及排污计量，并做好相应记录。

6）应合理布置临时用电线路，选用节能器具，采用声控、光控和节能灯具，照明照度宜按最低照度设计。

7）宜利用太阳能、地热能、风能等可再生能源。

8）施工现场宜错峰用电。

（4）节地及土地资源保护应符合下列规定：

1）应根据工程规模及施工要求布置施工临时设施。

2）施工临时设施不宜占用绿地、耕地以及规划红线以外的场地。

3）施工现场应避让、保护场区及周边的古树名木。

3. 环境保护

（1）施工现场扬尘控制应符合下列规定：

1）施工现场宜搭设封闭式垃圾站。

2）细散颗粒材料、易扬尘材料应封闭堆放、存储和运输。

3）施工现场出口应设冲洗池，施工场地、道路应采取定期洒水抑尘措施。

4）土石方作业区内扬尘目测高度应小于1.5m，结构施工、安装、装饰装修阶段目测扬尘高度应小于 0.5m，不得扩散到工作区域外。

5）施工现场使用的热水锅炉等宜使用清洁燃料。不得在施工现场融化沥青或焚烧油毡、油漆以及其他产生有毒、有害烟尘和恶臭气体的物质。

（2）噪声控制应符合下列规定：

1）施工现场应对噪声进行实时监测，施工场界环境噪声排放昼间不应超过 70dB（A），夜间不应超过 55dB（A）。噪声测量方法应符合现行国家标准《建筑施工场界环境噪声排放标准》GB 12523 的规定。

2）施工过程宜使用低噪声、低振动的施工机械设备，对噪声控制要求较高的区域应采取隔声措施。

3）施工车辆进出现场，不宜鸣笛。

（3）光污染控制应符合下列规定：

1）应根据现场和周边环境采取限时施工、遮光和全封闭等避免或减少施工过程中光污染的措施。

2）夜间室外照明灯应加设灯罩，光照方向应集中在施工区范围内。

3）在光线作用敏感区域施工时，电焊作业和大型照明灯具应采取防光外泄措施。

（4）水污染控制应符合下列规定：

1）污水排放应符合现行行业标准《污水排入城镇下水道水质标准》CJ 343 的有关要求。

2）使用非传统水源和现场循环水时，宜根据实际情况对水质进行检测。

3）施工现场存放的油料和化学溶剂等物品应设专门库房，地面应做防渗漏处理。废弃的油料和化学溶剂应集中处理，不得随意倾倒。

4）易挥发、易污染的液态材料，应使用密闭容器存放。

5）施工机械设备使用和检修时，应控制油料污染，清洗机具的废水和废油不得直接排放。

6）食堂、盥洗室、淋浴间的下水管线应设置过滤网，食堂应另设隔油池。

7）施工现场宜采用移动式厕所，并委托环卫单位定期清理。固定厕所应设化粪池。隔油池和化粪池应做防渗处理，并及时清运、消毒。

（5）施工现场垃圾处理应符合下列规定：

1）垃圾应分类存放、按时处理。

2）应制订建筑垃圾减排计划，建筑垃圾的回收利用应符合现行国家标准《工程施工废弃物再生利用技术规范》GB/T 50743 的有关规定。

3）有毒有害废弃物的分类率应达到 100%；对有可能造成二次污染的废弃物应单独储存，并设置醒目标志。

4）现场清理时，应采用封闭式运输，不得将施工垃圾从窗口、洞口、阳台等处抛撒。

（6）施工使用的乙炔、氧气、油漆、防腐剂等危险品、化学品的运输、储存、使用应采取隔离措施，污物排放应达到国家现行有关排放标准的要求。

4. 施工准备

施工单位应根据设计资料、场地条件、周边环境和绿色施工总体要求，明确绿色施工的目标、材料、方法和实施内容，并在图纸会审时提出需要设计单位配合的建议和意见。编制包含绿色施工管理和技术要求的绿色施工组织设计、绿色施工方案或绿色施工专项方案，并经审批通过后实施。

绿色施工组织设计、绿色施工方案或绿色施工专项方案编制应符合下列规定：

（1）应考虑施工现场的自然与人文环境特点。

（2）应有减少资源浪费和环境污染的措施。

（3）应明确绿色施工的组织管理体系、技术要求和措施。

（4）应选用先进的产品、技术、设备、施工工艺和方法，利用规划区域内设施。

（5）应包含改善作业条件、降低劳动强度、节约人力资源等内容。

施工现场宜推行电子文档管理及建筑材料数据库，应采用绿色性能相对优良的建筑材料。施工单位宜建立施工机械和设备数据库。应根据现场和周边环境情况，对施工机械和设备进行节能、减排和降耗指标分析和比较，采用高性能、低噪声和低能耗的机械设备。

在绿色施工评价前，依据工程项目环境影响因素分析情况，对绿色施工评价要素中一般项和优选项的条目数进行相应调整，并经工程项目建设和监理方确认后，作为绿色施工的相应评价依据。

5. 施工场地

（1）现场平面布置。在施工总平面设计时，应对施工场地、环境和条件进行分析，确定具体实施方案。施工总平面布置宜利用场地及周边现有和拟建建筑物、构筑物、道路和管线等。

施工前应制订合理的场地使用计划；施工中应减少场地干扰，保护环境。临时设施的占地面积可按最低面积指标设计，有效使用临时设施用地。塔式起重机等垂直运输设施基座宜采用可重复利用的装配式基座或利用在建工程的结构。

施工现场平面布置应符合下列原则：

1）在满足施工需要前提下，应减少施工用地。

2）应合理布置起重机械和各项施工设施，统筹规划施工道路。

3）应合理划分施工分区和流水段，减少专业工种之间交叉作业。

施工现场平面布置应根据施工各阶段的特点和要求，实行动态管理。施工现场生产区、办公区和生活区应实现相对隔离。施工现场作业棚、库房、材料堆场等布置宜靠近交通线路和主要用料部位。施工现场的强噪声机械设备宜远离噪声敏感区、场区围护及道路。施工现场大门、围挡和围墙宜采用可重复利用的材料和部件，并应工具化、标准化。施工现场入口应设置绿色施工制度图牌。施工现场道路布置应遵循永久道路和临时道路相结合的原则。施工现场主要道路的硬化处理宜采用可周转使用的材料和构件。施工现场围墙、大门和施工道路周边宜设绿化隔离带。

（2）临时设施。临时设施的设计、布置和使用，应采取有效的节能降耗措施，并符合下列规定：

1）应利用场地自然条件，临时建筑的体形宜规整，应有自然通风和采光，并应满足节能要求。

2）临时设施宜选用由高效保温、隔热、防火材料制成的复合墙体和屋面，以及密封保温隔热性能好的门窗。

3）临时设施建设不宜使用一次性墙体材料。

办公和生活临时用房应采用可重复利用的房屋。严寒和寒冷地区外门应采取防寒措施。

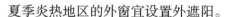

夏季炎热地区的外窗宜设置外遮阳。

6. 地基与基础工程

桩基施工应选用低噪、环保、节能、高效的机械设备和工艺。

地基与基础工程施工时，应识别场地内及相邻周边现有的自然、文化和建（构）筑物特征，并采取相应保护措施。场内发现文物时，应立即停止施工，派专人看管，并通知当地文物主管部门。地基与基础工程施工应符合下列要求：

1）现场土、料存放应采取加盖或植被覆盖措施。

2）土方、渣土装卸车和运输车应有防止遗撒和扬尘的措施。

3）对施工过程产生的泥浆应设置专门的泥浆池或泥浆罐车储存。

（1）土石方工程。土石方工程在开挖前应进行挖、填方的平衡计算，在土石方场内应有效利用、运距最短和工序衔接紧密。工程渣土应分类堆放和运输，其再生利用应符合现行国家标准《工程施工废弃物再生利用技术规范》GB/T 50743 的规定。宜采用逆作法或半逆作法进行施工，施工中应采取通风和降温等改善地下工程作业条件的措施。在受污染的场地进行施工时，应对土质进行专项检测和治理。土石方爆破施工前，应进行爆破方案的编制和评审；应采用防尘和飞石控制措施。4级风以上天气，严禁土石方工程爆破施工作业。

（2）桩基工程。成桩工艺应根据桩的类型、使用功能、土层特性、地下水位、施工机械、施工环境、施工经验、制桩材料供应条件等，按安全适用、经济合理的原则选择。

混凝土灌注桩施工应符合下列规定：

1）灌注桩采用泥浆护壁成孔时，应采取导流沟和泥浆池等排浆及储浆措施。

2）施工现场应设置专用泥浆池，并及时清理沉淀的废渣。

工程桩不宜采用人工挖孔成桩。特殊情况采用时，应采取护壁、通风和防坠落措施。在城区或人口密集地区施工混凝土预制桩和钢桩时，应采取护壁、通风和防坠落措施。工程桩桩顶剔除部分的再生利用应符合现行国家标准《工程施工废弃物再生利用技术规范》GB/T 50743 的规定。

（3）地基处理工程。换填法施工应符合下列规定：

1）回填土施工应采取防止扬尘的措施，4级风以上天气严禁回填土施工。施工间歇时应对回填土进行覆盖。

2）当采用砂石料作为回填材料时，宜采用振动碾压。

3）灰土过筛施工应采取避风措施。

4）开挖原土的土质不适宜回填时，应采取土质改良措施后加以利用。

在城区或人口密集地区，不宜使用强夯法施工。高压喷射注浆法施工的浆液应用专用容器存放，置换出的废浆应及时收集清理。采用砂石回填时，砂石填充料应保持湿润。基坑支护结构采用锚杆（锚索）时，宜优先采用可拆式锚杆。喷射混凝土施工宜采用湿喷或水泥裹砂喷射工艺，并采取防尘措施。锚喷作业区的粉尘浓度不应大于 $10mg/m^3$，喷射混凝土作业人员应佩戴防尘用具。

（4）地下水控制。基坑降水宜采用基坑封闭降水方法，基坑施工排出的地下水应加以利用。

采用井点降水施工时，地下水位与作业面高差宜控制在 250mm 以内，并根据施工进度

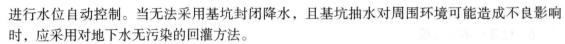

进行水位自动控制。当无法采用基坑封闭降水，且基坑抽水对周围环境可能造成不良影响时，应采用对地下水无污染的回灌方法。

7. 主体结构工程

预制装配式结构构件，宜采取工厂化加工；构件的存放和运输应采取防止变形和损坏的措施；构件的加工和进场顺序应与现场安装顺序一致；不宜二次倒运。基础和主体结构施工应统筹安排垂直和水平运输机械。施工现场宜采用预拌混凝土和预拌砂浆。现场搅拌混凝土和砂浆时，应使用散装水泥；搅拌机棚应有封闭降噪和防尘措施。

（1）混凝土结构工程。

1）钢筋工程。钢筋宜采用专用软件优化放样下料，根据优化配料结果合理确定进场钢筋的定尺长度；在满足相关规范要求的前提下，合理利用短筋。

钢筋工程宜采用专业化生产的成型钢筋。钢筋现场加工时，宜采取集中加工方式。钢筋连接宜采用机械连接方式。进场钢筋原材料和加工半成品应存放有序、标识清晰、储存环境适宜，并应采取防潮、防污染等措施，建立健全保管制度。钢筋除锈时，应采取避免扬尘和防止土壤污染的措施。钢筋加工中使用的冷却液体，应过滤后循环使用，不得随意排放。钢筋加工产生的粉末状废料，应按建筑垃圾及时收集和处理，不得随意掩埋或丢弃。钢筋安装时，绑扎丝、焊剂等材料应妥善保管和使用，散落的余废料应及时收集利用。箍筋宜采用一笔箍或焊接封闭箍。

2）模板工程。应选用周转率高的模板和支撑体系。模板宜选用可回收利用的塑料、铝合金等材料。宜使用大模板、定型模板、爬升模板和早拆模板等工业化模板体系。采用木或竹制模板时，宜采取工厂化定型加工、现场安装的方式，不得在工作面上直接加工拼装。在现场加工时，应设封闭场所集中加工，并采取有效的隔声和防粉尘污染措施。模板安装精度应符合现行国家标准《混凝土结构工程施工质量验收规范》GB 50204 的要求。

脚手架和模板支撑宜选用承插式、碗扣式、盘扣式等管件合一的脚手架材料搭设。高层建筑结构施工，应采用整体或分片提升的工具式脚手架和分段悬挑式脚手架。模板及脚手架施工应及时回收散落的铁钉、铁丝、扣件、螺栓等材料。短木方应叉接接长，木、竹胶合板的边角余料应拼接并合理利用。模板脱模剂应选用环保型产品，并由专人保管和涂刷，剩余部分应及时回收。模板拆除宜按支设的逆向顺序进行，不得硬撬或重砸。拆除平台楼层的底模，应采取临时支撑、支垫等防止模板坠落和损坏的措施，并应建立维护维修制度。

3）混凝土工程。在设计混凝土配合比时，应减少水泥用量，增加工业废料、矿山废渣的掺量；当混凝土中添加粉煤灰时，宜利用其后期强度。混凝土宜采用泵送、布料机布料浇筑；地下大体积混凝土宜采用溜槽或串筒浇筑。超长无缝混凝土结构宜采用滑动支座法、跳仓法和综合治理法施工；当裂缝控制要求较高时，可采用低温补仓法施工。混凝土应采用低噪声振捣设备振捣，也可采取围挡降噪措施；在噪声敏感环境或钢筋密集时，宜采用自密实混凝土。混凝土宜采用塑料薄膜加保温材料覆盖保湿、保温养护；当采用洒水或喷雾养护时，养护用水宜使用回收的基坑降水或雨水；混凝土竖向构件宜采用养护剂进行养护。混凝土结构宜采用清水混凝土，其表面应涂刷保护剂。混凝土浇筑余料应制成小型预制件，或采用其他措施加以利用，不得随意倾倒。清洗泵送设备和管道的污水应经沉淀后回收利用，浆料分离后可作为室外道路、地面等垫层的回填材料。

（2）砌体结构工程。砌体结构宜采用工业废料或废渣制作的砌块及其他节能环保的砌块。砌块运输宜采用托板整体包装，现场应减少二次搬运。砌块湿润和砌体养护宜使用检验合格的非自来水水源。混合砂浆掺加料可使用粉煤灰等工业废料。

砌筑施工时，落地灰应及时清理、收集和再利用。砌块应按组砌图砌筑；非标准砌块应在工厂加工后按计划进场，现场切割时应集中加工，并采取防尘降噪措施。毛石砌体砌筑时产生的碎石块，应加以回收利用。

（3）钢结构工程。钢结构深化设计时，应结合加工、运输、安装方案和焊接工艺要求，确定分段、分节数量和位置，优化节点构造，减少钢材用量。钢结构安装宜选用高强螺栓连接，钢结构宜采用金属涂层进行防腐处理。大跨度钢结构安装宜采用起重机吊装、整体提升、顶升和滑移等机械化程度高、劳动强度低的方法。钢结构加工应制订废料减量计划，优化下料，综合利用余料，废料应分类收集、集中堆放、定期回收处理。钢材、零（部）件、成品、半成品件和标准件等应堆放在平整、干燥的场地或仓库内。复杂空间钢结构制作和安装，应预先采用仿真技术模拟施工过程和状态。钢结构现场涂料应采用无污染、耐候性好的材料。防火涂料喷涂施工时，应采取防止涂料外泄的专项措施。

（4）其他。装配式混凝土结构安装所需的埋件和连接件以及室内外装饰装修所需的连接件，应在工厂制作时准确预留、预埋。钢混组合结构中的钢结构构件，应结合配筋情况，在深化设计时确定与钢筋的连接方式。钢筋连接、套筒焊接、钢筋连接板焊接及预留孔应在工厂加工时完成，严禁安装时随意割孔或后焊接。索膜结构施工时，索、膜应工厂化制作和裁剪，现场安装。

8. 装饰装修工程

（1）地面工程。

1）地面基层处理应符合下列规定：

①基层粉尘清理应采用吸尘器；没有防潮要求的，可采用洒水降尘等措施。

②基层需要剔凿的，应采用噪声剔凿机具和剔凿方式。

2）地面找平层、隔气层、隔声层施工应符合下列规定：

①找平层、隔气层、隔声层厚度应控制在允许偏差的范围内。

②干作业应有防尘措施。

③湿作业应采用喷洒方式保湿养护。

3）水磨石地面施工应符合下列规定：

①应对地面洞口、管线口进行封堵，墙面应采取防污染措施。

②应采取水泥浆收集处理措施。

③其他饰面层的施工宜在水磨石地面完成后进行。

④现制水磨石地面应采取控制污水和噪声的措施。

施工现场切割地面块材时，应采取降噪措施；污水应集中收集处理。

地面养护期内不得上人或堆物；对地面养护用水，应采用喷洒方式，严禁养护用水溢流。

（2）门窗及幕墙工程。木制、塑钢、金属门窗应采取成品保护措施。外门窗安装应与外墙面装修同步进行，宜采取遮阳措施。门窗框周围的缝隙填充应采用憎水保温材料。幕墙与主体结构的预埋件应在结构施工时埋设。连接件应采用耐腐蚀材料或采取可靠的防腐措施。

硅胶使用应进行相容性和耐候性复试。

（3）吊顶工程。吊顶施工应减少板材、型材的切割。应避免采用温、湿度敏感材料进行大面积吊顶施工。高大空间的整体顶棚施工，宜采用地面拼装、整体提升就位的方式。高大空间吊顶施工时，宜采用可移动式操作平台等节能、节材设施。

（4）隔墙及内墙面工程。隔墙材料宜采用轻质砌块砌体或轻质墙板，严禁采用实心烧结黏土砖。预制板或轻质隔墙板间的填塞材料应采用弹性或微膨胀的材料。抹灰墙面应采用喷雾方法进行养护。使用溶剂型腻子找平或直接涂刷溶剂型涂料时，混凝土或抹灰基层含水率不得大于8%；使用乳液型腻子找平或直接涂刷乳液型涂料时，混凝土或抹灰基层含水率不得大于10%。木材基层含水率不得大于12%。涂料施工应采取遮挡、防止挥发和劳动保护等措施。

9. 保温和防水工程

（1）保温工程。保温施工宜选用结构自保温、保温与装饰一体化、保温板兼做模板、全现浇混凝土外墙与保温一体化和管道保温一体化等方案。采用外保温材料的墙面和屋顶，不宜进行焊接、钻孔等施工作业。确需施工作业时，应采取防火保护措施，并应在施工完成后，及时对裸露的外保温材料进行防护处理。应在外门窗安装，水暖及装饰工程需要的管卡、挂件，电气工程的暗管、接线盒及穿线等施工完成后，进行内保温施工。

1）现浇泡沫混凝土保温层施工应符合下列规定：

①水泥、集料、掺合料等宜在工厂干拌、封闭运输。

②拌制的泡沫混凝土宜泵送浇筑。

③搅拌和泵送设备及管道等冲洗水应收集处理。

④养护应采用覆盖、喷洒等节水方式。

2）保温砂浆施工应符合下列规定：

①保温砂浆材料宜采用预拌砂浆。

②现场拌合应随用随拌。

③落地浆体应收集利用。

3）玻璃棉、岩棉类保温层施工应符合下列规定：

①玻璃棉、岩棉类保温材料，应封闭存放。

②玻璃棉、岩棉类保温材料现场裁切后的剩余材料应封闭包装、回收利用。

③雨天、4级以上大风天气不得进行室外作业。

4）泡沫塑料类保温层施工应符合下列规定：

①聚苯乙烯泡沫塑料板余料应全部回收。

②现场喷涂硬泡聚氨酯时，应对作业面采取遮挡、防风和防护措施。

③现场喷涂硬泡聚氨酯时，环境温度宜在10～40℃，空气相对湿度宜小于80%，风力不宜大于3级。

④硬泡聚氨酯现场作业应准确计算使用量，随配随用。

（2）防水工程。

1）卷材防水层施工应符合下列规定：

①宜采用自粘型防水卷材。

②采用热熔法施工时，应控制燃料泄漏，并控制易燃材料储存地点与作业点的间距。高

温环境或封闭条件施工时，应采取措施加强通风。

③防水层不宜采用热粘法施工。

④采用的基层处理剂和胶粘剂应选用环保型材料，并封闭存放。

⑤防水卷材余料应及时回收。

2）涂膜防水层施工应符合下列规定：

①液态防水涂料和粉末状涂料应采用封闭容器存放，余料应及时回收。

②涂膜防水宜采用滚涂或涂刷工艺，当采用喷涂工艺时，应采取防止污染的措施。

③涂膜固化期内应采取保护措施。

10. 机电安装工程

（1）管道工程。管道连接宜采用机械连接方式。采暖散热片组装应在工厂完成。设备安装产生的油污应随即清理。管道试验及冲洗用水应有组织排放，处理后重复利用。污水管道、雨水管道试验及冲洗用水宜利用非自来水水源。

（2）通风工程。预制风管宜进行工厂化制作。下料时应按先大管料、再小管料，先长料、后短料的顺序进行。预制风管安装前应将内壁清扫干净。预制风管连接宜采用机械连接方式。冷媒储存应采用压力密闭容器。

（3）电气工程。电线导管暗敷应做到线路最短。应选用节能型电线、电缆和灯具等，并应进行节能测试。预埋管线口应采取临时封堵措施。线路连接宜采用免焊接头和机械压接方式。不间断电源柜试运行时应进行噪声监测。不间断电源安装应防止电池液泄漏，废旧电池应回收。电气设备的试运行不得低于规定时间，且不应超过规定时间的 1.5 倍。

11. 拆除工程

（1）拆除施工准备。拆除施工前拆除方案应得到相关方批准；应对周边环境进行调查和记录，界定影响区域。拆除工程应按建筑构配件的情况，确定是保护性拆除还是破坏性拆除。拆除施工应依据实际情况，分别采用爆破拆除、机械拆除和人工拆除的方法。拆除施工前应制定应急预案和防尘措施；采取水淋法降尘时，应有控制用水量和污水流淌的措施。

（2）拆除施工。人工拆除前应制定安全防护和降尘措施。拆除管道及容器时，应查清残留物性质并采取相应的安全措施，方可进行拆除施工。机械拆除宜优先选用低能耗、低排放、低噪声机械；并应合理确定机械作业位置和拆除顺序，采取保护机械和人员安全的措施。在爆破拆除前，应进行试爆，并根据试爆结果，对拆除方案进行完善。

爆破拆除时防尘和飞石控制应符合下列规定：

1）钻机成孔时，应设置粉尘收集装置，或采取钻杆带水作业等降尘措施。

2）爆破拆除时，可采用在爆点位置设置水袋的方法或多孔微量爆破方法。

3）爆破完成后，宜用高压水枪进行水雾消尘。

4）对于重点防护的范围，应在其附近架设防护排架，并挂金属网防护。

对烟囱、水塔等高大建（构）筑物进行爆破拆除时，应在倒塌范围内采取铺设缓冲垫层或开挖减振沟等防振措施。

在城镇或人员密集区域，爆破拆除宜采用噪声小、对环境影响小的静力爆破，并应符合下列规定：

①采用具有腐蚀性的静力破碎剂作业时，灌浆人员必须戴防护手套和防护眼镜。

②静力破碎剂不得与其他材料混放。

③爆破成孔与破碎剂注入不宜同步施工。

④破碎剂注入时，不得进行相邻区域的钻孔施工。

⑤孔内注入破碎剂后，作业人员应保持安全距离，不得在注孔区域行走。

⑥使用静力破碎发生异常情况时，必须停止作业；待查清原因采取安全措施后，方可继续施工。

（3）拆除物的综合利用。建筑拆除物分类和处理应符合现行国家标准《工程施工废弃物再生利用技术规范》GB/T 50743 的规定；剩余的废弃物应做无害化处理。不得将建筑拆除物混入生活垃圾，不得将危险废弃物混入建筑拆除物。拆除的门窗、管材、电线、设备等材料应回收利用。拆除的钢筋和型材应经分拣后再生利用。

领域三

工程施工质量控制与安全管理综合实训

情景一 建筑工程施工质量评价

1. 学习情境描述

某地块住宅工程主体结构结顶，依据《建筑工程施工质量评价标准》（GB/T 50375—2016），现场施工监理单位对主体结构混凝土工程的性能检测、质量记录、允许偏差、观感质量四个评价项目进行了一次自评，其中性能检测得分 36 分、质量记录得分 27 分、允许偏差得分 16 分、观感质量得分 8 分，总计 87 分。

2. 学习目标

知识目标：

（1）了解建筑工程施工质量评价标准。

（2）熟悉建筑工程施工质量评价方法。

（3）掌握建筑工程施工质量评价程序。

能力目标：

会进行建筑工程施工质量评价。

素养目标：

在职业活动中遵守行为规范的职业操守。

3. 任务书

根据给定的工程项目，开展建筑工程施工质量评价。

4. 工作准备

引导问题 1：什么是施工质量评价？

_____

_____

小提示：

施工质量评价是指工程施工质量满足规范要求程度所做的检查、量测、试验等活动，包括工程施工过程质量控制、原材料、操作工艺、功能效果、工程实体质量和工程资料等。

引导问题 2：施工质量评价基础是什么？

_____

_____

小提示：

（1）实施目标管理，健全质量管理体系，落实质量责任，完善控制手段，提高质量保证能力和持续改进能力。

（2）对原材料、施工过程的质量控制和结构安全、功能效果检验，具有完整的施工控制资料和质量验收资料。

（3）完善检验批的质量验收，具有完整的施工操作依据和现场验收检查原始记录。

（4）对工程结构安全、使用功能、建筑节能和观感质量等进行综合核查。

（5）按分部工程、子分部工程进行。

引导问题 3：施工质量评价体系标准是怎样的？

_____

_____

小提示：

（1）评价组成部分的划分标准。根据建筑工程特点分为地基与基础工程、主体结构工程、屋面工程、装饰装修工程、安装工程及建筑节能工程六个部分（图 3-1）。

（2）各评价部分的权重标准。每个评价部分根据其在整个工程中所占的工作量及重要程度给出相应的权重，其权重应符合表 3-1 的规定。

表 3-1　工程评价部分权重

工程评价部分	权重（%）	工程评价部分	权重（%）
地基与基础工程	10	装饰装修工程	15
主体结构工程	40	安装工程	20
屋面工程	5	建筑节能工程	10

注：1. 主体结构、安装工程有多项内容时，其权重可按实际工作量分配，但应为整数。

2. 主体结构工程中的砌体工程若是填充墙时，最多只占 10% 的权重。

3. 地基与基础工程中基础及地下室结构列入主体结构工程中进行评价。

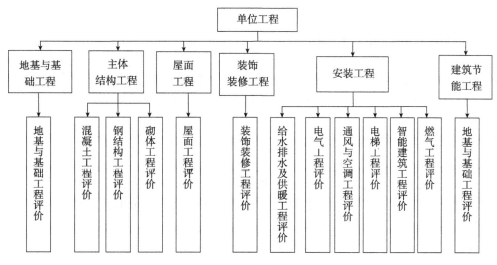

图3-1 工程质量评价内容

注：1. 地下防水工程的质量评价列入地基与基础工程。

　　2. 地基与基础工程中的基础部分的质量评价列入主体结构工程。

（3）各部分的评价项目标准。每个评价部分按工程质量的特点，分为性能检测、质量记录、允许偏差、观感质量四个评价项目。

每个评价项目根据其在该评价部分内所占的工作量及重要程度给出相应的项目分值，其项目分值应符合表 3-2 的规定。

表3-2 评价项目分值

序号	评价项目	地基与基础工程	主体结构工程	屋面工程	装饰装修工程	安装工程	建筑节能工程
1	性能检测	40	40	40	30	40	40
2	质量记录	40	30	20	20	20	30
3	允许偏差	10	20	10	10	10	10
4	观感质量	10	10	30	40	30	20

（4）各评价项目的分值标准。每个评价项目包括若干项具体检查内容，对每一具体检查内容应按其重要性给出分值，其判定结果分为两个档次：一档应为 100% 的分值；二档应为70% 的分值。

（5）优良工程的标准。结构工程、单位工程施工质量评价综合评分达到 85 分及以上的建筑工程应评为优良工程。

引导问题 4：施工质量评价方法有哪些规定？

_____

_____

小提示：

施工质量评价方法应符合下列规定：

（1）性能检测。

1）检查标准。检查项目的检测指标一次检测达到设计要求及规范规定的应为一档，取100%的分值；按相关规范规定，经过处理后满足设计要求及规范规定的应为二档，取70%的分值。

2）检查方法。核查性能检测报告。

（2）质量记录。

1）检查标准。材料、设备合格证、进场验收记录及复试报告、施工记录及施工试验等资料完整，能满足设计要求及规范规定的应为一档，取100%的分值；资料基本完整并能满足设计要求及规范规定的应为二档，取70%的分值。

2）检查方法。核查资料的项目、数量及数据内容。

（3）允许偏差。

1）检查标准。检查项目90%及以上测点实测值达到规范规定值的应为一档，取100%的分值；检查项目80%及以上测点实测值达到规范规定值，但不足90%的应为二档，取70%的分值。

2）检查方法。在各相关检验批中，随机抽取5个检验批，不足5个的取全部进行核查。

（4）观感质量。

1）检查标准。每个检查项目以随机抽取的检查点按"好""一般"给出评价。项目检查点90%及其以上达到"好"，其余检查点达到"一般"的应为一档，取100%的分值；项目检查点80%及其以上达到"好"，但不足90%，其余检查点达到"一般"的应为二档，取70%的分值。

2）检查方法。核查分部（子分部）工程质量验收资料。

引导问题5：如何进行施工质量综合评价？

_____

_____

小提示：

施工质量综合评价分为结构工程质量评价和单位工程质量评价，具体如下：

（1）结构工程质量评价。

1）建筑工程施工质量评价的程序和组织应符合现行国家标准《建筑工程施工质量验收统一标准》GB 50300的相关规定。

2）结构工程质量应包括地基与基础工程和主体结构工程。

3）结构工程质量核查评分应按下式计算：

$$P_S = A + B$$

式中　P_S——结构工程评价得分；

　　　A——地基与基础工程权重实得分；

　　　B——主体结构工程权重实得分。

4）主体结构工程包括混凝土结构、钢结构、砌体结构等。根据工程实际情况，应按比例分配各项权重，总权重为 40%，按下式计算：

$$B = B_1 + B_2 + B_3$$

式中　B_1——混凝土结构工程权重实得分；

　　　B_2——钢结构工程权重实得分；

　　　B_3——砌体结构工程权重实得分。

（2）单位工程质量评价。

1）单位工程质量应包括结构工程、屋面工程、装饰装修工程、安装工程及建筑节能工程。

2）凡在施工中采用绿色施工、先进施工技术并获得省级及以上奖励的，可在单位工程核查后直接加 1～2 分。

3）单位工程质量核查评分应按下式计算：

$$P_C = P_S + C + D + E + F + G$$

式中　P_C——单位工程质量核查得分；

　　　C——屋面工程权重实得分；

　　　D——装饰装修工程权重实得分；

　　　E——安装工程权重实得分；

　　　F——节能工程权重实得分；

　　　G——附加分。

4）安装工程应包括建筑给水排水及供暖工程、建筑电气工程、通风与空调工程、电梯工程、智能建筑工程、燃气工程等。各项权重分配应符合表 3-3 的规定。

表 3-3　安装工程权重分配

工程名称	权重值
建筑给水排水及供暖工程	4
建筑电气工程	4
通风与空调工程	3
电梯工程	3
智能建筑工程	3
燃气工程	3

可按下式计算：

$$E = E_1 + E_2 + E_3 + E_4 + E_5 + E_6$$

式中　E_1——建筑给水排水及供暖工程权重实得分；

　　　E_2——建筑电气工程权重实得分；

　　　E_3——通风与空调工程权重实得分；

　　　E_4——电梯工程权重实得分；

　　　E_5——智能建筑工程权重实得分；

　　　E_6——燃气工程权重实得分。

5）单位工程评价结果可按表3-4进行计算。

表3-4　单位工程核查评分汇总

序号	检查项目	地基与基础工程	主体结构工程	屋面工程	装饰装修工程	安装工程	建筑节能工程	备注
1	性能检测							
2	质量记录							
3	允许偏差							
4	观感质量							
	合　计							

6）结构工程、单位工程质量评价结果可按表3-5填写。

表3-5　结构工程、单位工程质量评价结果

项目名称：

建设单位		勘察单位	
施工单位		设计单位	
监理单位			

工程概况	
工程评价	
评价结论	

建设单位意见	施工单位意见	监理单位意见
项目负责人：	项目负责人：	总监理工程师：
（公章）	（公章）	（公章）
年　月　日	年　月　日	年　月　日

5. 工作实施

（1）任务下发。根据指导老师确定的工程项目，模仿案例，依据审查的基本步骤，对案例工程进行施工质量评价。

（2）步骤交底。

1）工作步骤和要点。

①**第一步：准备工作**。项目在开工前，根据设计图，确定本项目包含地基与基础工程、主体结构工程、屋面工程、装饰装修工程、安装工程及建筑节能工程六个部分。

②**第二步：节点检查**。根据工程形象进度的推进，按照施工质量评价方法在地基与基础工程、主体结构工程、屋面工程、装饰装修工程、安装工程及建筑节能工程六个阶段分别对相应的性能检测、质量记录、允许偏差、观感质量四个评价项目进行评价打分。

③**第三步：分数汇总统计**。对地基与基础工程、主体结构工程、屋面工程、装饰装修工程、安装工程及建筑节能工程六个分部的评分进行汇总，按照工程评价部分权重计算最终得分，形成单位工程核查评分汇总，并由建设、施工、监理三方共同填写完成单位工程（结构工程）质量评价结果。

2）成果要求。

建筑工程施工质量评价标准成果

相关知识（拓展）

一、地基与基础工程质量评价

1. 性能评价

地基与基础工程性能检测项目及评分应符合表3-6的规定。具体评价方法如下：

（1）地基承载力、复合地基承载力、单桩承载力。

1）检查标准。检查项目的检测指标一次检测达到设计要求及规范规定的应为一档，取100%的分值；经过处理后满足设计要求及规范规定的应为二档，取70%的分值。

2）检查方法。核查性能检测报告。

（2）桩身质量检验。

1）检查标准。桩身质量检验一次检测结果为90%及其以上达到Ⅰ类桩，其余达到Ⅱ类桩时应为一档，取100%的分值；一次检测结果为80%及其以上，但不足90%达到Ⅰ类桩，其余达到Ⅱ类桩时应为二档，取70%的分值。

2）检查方法。核查桩身质量检验报告。

（3）地下渗漏水检验。

1）检查标准。无渗漏、结构表面无湿渍的应为一档，取100%的分值；无漏水，总湿渍面积应不大于总防水面积（包括墙、顶、地面）的1/1000，任意100m² 防水面积不超过1处，每处面积不大于0.1m² 的应为二档，取70%的分值。

2）检查方法。核查地下渗漏水检验记录，也可现场观察检查。

（4）地基沉降观测。

1）检查标准。要求进行沉降变形观测的工程，施工期间按设计要求设置沉降观测点，记录完整，各观测点沉降值符合设计要求的应为一档，取100%的分值；施工期间观测点设置滞后或不够完整，各观测点沉降值符合设计要求的应为二档，取 70% 的分值。

2）检查方法。核查沉降观测记录。

表 3-6　地基与基础工程性能检测项目及评分

工程名称			建设单位			
施工单位			评价单位			
序号	检查项目	应得分	判定结果		实得分	备注
			100%	70%		
1	地基承载力 复合地基承载力 桩基单桩承载力及桩身质量检验	60				
2	地下渗漏水检验	20				
3	地基沉降观测	20				
	合计得分					
核 查 结 果	性能检测项目分值 40 分 应得分合计： 实得分合计： $$地基与基础工程性能检测得分 = \frac{实得分合计}{应得分合计} \times 40 =$$ 评价人员：　　　　　　　　　年　　月　　日					

2. 质量记录

地基与基础工程质量记录项目及评分应符合表 3-7 的规定。

3. 允许偏差

地基与基础工程允许偏差项目及评分应符合表 3-8 的规定。

（1）检查标准。

1）天然地基与基础工程允许偏差项目检查标准。

基底标高允许偏差 −50mm；基槽长度、宽度允许偏差 200mm、−50mm。

2）复合地基桩位允许偏差项目检查标准。

桩位允许偏差：振冲桩允许偏差不应大于 100mm；高压喷射注浆桩允许偏差不应大于 0.2D；水泥土搅拌桩允许偏差不应大于 50mm；土和灰土挤密桩、水泥粉煤灰碎石桩、夯实水泥土桩的满堂桩允许偏差不应大于 0.4D（注：D 为桩体直径或边长）。

3）打（压）桩桩位允许偏差应符合表 3-9 的规定。

表 3-7　地基与基础工程质量记录项目及评分

工程名称			建设单位				
施工单位			评价单位				
序号	检查项目		应得分	判定结果		实得分	备注
				100%	70%		
1	材料合格证、进场验收记录及复试报告	钢筋、水泥、外加剂合格证、进场验收记录及复试报告，混凝土进场坍落度测试记录	30				
		预制桩合格证及进场验收记录、桩强度试验报告					
		防水材料合格证、进场验收记录及复试报告					
2	施工记录	地基处理、验槽、钎探施工记录	30				
		预制桩接头施工记录、打（压）桩及试桩施工记录					
		灌注桩成孔、钢筋笼、混凝土灌注桩浇筑施工记录					
		防水层施工记录及隐蔽工程验收记录					
3	施工试验	有关地基材料配合比试验报告、压实系数、桩体及桩间土干密度试验报告	40				
		钢筋连接试验报告					
		混凝土试件强度评定报告					
		预制桩龄期及试件强度试验报告					
		防水材料配合比试验报告					
合计得分							

核查结果	质量记录项目分值 40 分 应得分合计： 实得分合计： $$地基与基础工程质量记录得分 = \frac{实得分合计}{应得分合计} \times 40-$$ 评价人员：　　　　　　　　　年　　月　　日

表 3-8　地基与基础工程允许偏差项目及评分

工程名称					建设单位		
施工单位					评价单位		

序号	检 查 项 目	应得分	判定结果		实得分	备注
			100%	70%		
1	天然地基标高及基槽尺寸偏差	80				
	复合地基桩位偏差					
	打（压）桩桩位偏差					
	灌注桩桩位偏差					
2	防水卷材、塑料板搭接宽度偏差	20				
	合计得分					

核查结果

允许偏差项目分值 10 分

应得分合计：

实得分合计：

$$地基与基础工程允许偏差得分 = \frac{实得分合计}{应得分合计} \times 10 =$$

评价人员：　　　　　　　　　年　　月　　日

表 3-9　打（压）桩桩位允许偏差

序号	项目	允许偏差 /mm
1	有基础梁的桩： （1）垂直基础梁的中心线 （2）沿基础梁的中心线	$100+0.01H$ $150+0.01H$
2	桩数为 1～3 根桩基中的桩	100
3	桩数为 4～16 根桩基中的桩	1/2 桩径或边长
4	桩数大于 16 根桩基中的桩： （1）外边的桩 （2）中间桩	1/3 桩径或边长 1/2 桩径或边长

注：H 为施工现场地面标高与桩顶设计标高的距离。

4）灌注桩桩位允许偏差应符合表 3-10 的规定。

表 3-10　灌注桩桩位允许偏差

序号	成孔方法		桩位允许偏差 /mm	
			$1 \sim 3$ 根、单排桩基垂直于中心线方向和群桩基础的边桩	条形桩基沿中心线方向和群桩基础的中间桩
1	泥浆护壁钻孔桩	$D \leqslant 1000mm$	$D/6$，且不大于 100	$D/4$，且不大于 150
		$D > 1000mm$	$100+0.01H$	$150+0.01H$
2	套管成孔灌注桩	$D \leqslant 500mm$	70	150
		$D > 500mm$	100	150
3	人工挖孔桩	混凝土护壁	50	150
		钢套管护壁	100	200

注：1. D 为桩径。

　　2. H 为施工现场地面标高与桩顶设计标高的距离。

5）防水卷材、塑料板搭接宽度允许偏差 −10mm。

（2）检查方法。随机抽取 5 个检验批进行核查，不足 5 个时全部核查。

4. 观感质量

地基与基础工程观感质量项目及评分应符合表 3-11 的规定。

表 3-11　地基与基础工程观感质量项目及评分

工程名称				建设单位			
施工单位				评价单位			
序号	检查项目		应得分	判定结果		实得分	备注
				100%	70%		
1	地基、复合地基	标高、表面平整、边坡	80				
	桩基	桩头、桩顶标高、场地平整					
2	地下防水	表面质量、细部处理（施工缝、变形缝、穿墙管、预埋件、孔口、坑池等）	20				
	合计得分						

观感质量项目分值 10 分

应得分合计：

实得分合计：

核

查

结

果

$$地基与基础工程观感质量得分 = \frac{实得分合计}{应得分合计} \times 10 =$$

评价人员：　　　年　　月　　日

二、主体结构工程质量评价

1. 混凝土结构工程

（1）性能评价。混凝土结构工程性能检测项目及评分应符合表 3-12 的规定。

表 3-12　混凝土结构工程性能检测项目及评分

工程名称				建设单位		
施工单位				评价单位		
序号	检查项目	应得分	判定结果		实得分	备注
			100%	70%		
1	结构实体混凝土强度	40				
2	结构实体钢筋保护层厚度	40				
3	结构实体位置与尺寸偏差	20				
	合计得分					

核查结果：

性能检测项目分值 40 分

应得分合计：

实得分合计：

$$混凝土结构工程性能检测得分 = \frac{实得分合计}{应得分合计} \times 40 =$$

评价人员：　　　　年　　月　　日

1）结构实体混凝土强度检验。

①检查标准。结构实体混凝土强度应按不同强度等级分别验证，检验方法宜采用同条件养护试件方法，检验符合规范规定的应为一档，取 100% 的分值；当未取得同条件养护试件强度或同条件养护试件强度不符合要求时，可采用回弹 - 取芯法进行检验，检验符合规范规定的应为二档，取 70% 的分值。

②检查方法。核查混凝土结构子分部工程验收资料。

2）结构实体钢筋保护层厚度检验。

①检查标准。结构实体纵向受力钢筋的保护层厚度允许偏差应符合表 3-13 的规定。

表 3-13　结构实体纵向受力钢筋保护层厚度允许偏差

构件类型	允许偏差 /mm
梁	10，−7
板	8，−5

结构实体钢筋保护层厚度一次检测合格率达到 90% 及以上时应为一档，取 100% 的分值；一次检测合格率小于 90% 但不小于 80% 时，可再抽取相同数量的构件进行检验，当按两次抽样总和计算合格率达到 90% 及以上时应为二档，取 70% 的分值。

抽样检验结果中不合格点的最大偏差均不应大于上述规定允许偏差的 1.5 倍。

②检查方法。核查混凝土结构子分部工程验收资料。

3）结构实体位置及尺寸偏差检验。

①检查标准。允许偏差检验项目及检验方法应符合表 3-14 的规定。

结构实体位置与尺寸偏差检验项目的合格率为 80% 及以上的应为一档，取 100% 的标准值；当检验项目的合格率小于 80%，但不小于 70% 时，可抽取相同数量的构件进行检验，当按两次抽样总和计算的合格率为 80% 及以上时，应为二档，取 70% 的标准值。

②检查方法。核查混凝土结构子分部工程验收资料。

表 3-14　结构实体位置与尺寸允许偏差检验项目及检验方法

位置、尺寸允许偏差项目			检验方法
项目	允许偏差 /mm		
	现浇结构	装配式结构	
柱截面尺寸	10，−5	±5	选取柱的一边量测柱中部、下部及其他部位，取 3 点平均值
层高柱垂直度　≤6m	10	5	沿两个方向分别量测，取较大值
层高柱垂直度　>6m	12	10	
墙厚	10，−5	±4	墙身中部量测 3 点，取平均值；测点间距不应小于 1m
梁高、宽	10，−5	±5	量测一侧边跨中及两个距离支座 0.1m 处，取 3 点平均值；量测值可取腹板高度加上此处楼板的实测厚度
板厚	10，−5	±5	悬挑板取距离支座 0.1m 处，沿宽度方向取包括中心位置在内的随机 3 点取平均值；其他楼板，在同一对角线上量测中间及距离两端各 0.1m 处，取 3 点平均值
层高	设计层高	设计层高	与板厚测点相同，量测板顶至上层楼板板底净高，层高量测值为净高与板厚之和，取 3 点平均值

（2）质量记录。混凝土结构工程质量记录项目及评分应符合表 3-15 的规定。评价方法如下：

1）检查标准。材料、设备合格证、进场验收记录及复试报告、施工记录及施工试验等资料完整，能满足设计要求及规范规定的应为一档，取 100% 的分值；资料基本完整并能满足设计要求及规范规定的应为二档，取 70% 的分值。

2）检查方法。核查资料的项目、数量及数据内容。

（3）允许偏差。混凝土结构工程允许偏差项目及评分应符合表 3-16 的规定。评价方法如下：

1）检查标准。检查项目 90% 及以上测点实测值达到规范规定值的应为一档，取 100% 的分值；检查项目 80% 及以上测点实测值达到规范规定值，但不足 90% 的应为二档，取 70% 的分值。

2）检查方法。在各相关检验批中，随机抽取 5 个检验批，不足 5 个的取全部进行核查。

表 3-15　混凝土结构工程质量记录项目及评分

工程名称			建设单位				
施工单位			评价单位				
序号	检查项目		应得分	判定结果		实得分	备注
				100%	70%		
1	材料合格证、进场验收记录及复试报告	钢筋、混凝土拌合物合格证,进场坍落度测试记录,进场验收记录,钢筋复试报告,钢筋连接材料合格证及复试报告	30				
		预制构件合格证、出厂检验报告及进场验收记录					
		预应力锚夹具、连接器合格证,出厂检验报告,进场验收记录及复试报告					
2	施工记录	预拌混凝土进场工作性能测试记录	30				
		混凝土施工记录					
		装配式结构安装施工记录					
		预应力筋安装、张拉及灌浆封锚施工记录					
		隐蔽工程验收记录					
3	施工试验	混凝土配合比试验报告、开盘鉴定报告	40				
		混凝土试件强度试验报告及强度评定报告					
		钢筋连接试验报告					
		无粘结预应力筋防水检测记录、预应力筋断丝检测记录					
		装配式构件安装连接检验报告					
	合计得分						
核查结果	质量记录项目分值30分 应得分合计: 实得分合计: $$混凝土结构工程质量记录得分 = \frac{实得分合计}{应得分合计} \times 30 =$$						
	评价人员:　　　　　年　月　日						

（4）观感质量。混凝土结构工程观感质量项目及评分应符合表 3-17 的规定。评价方法如下:

1）检查标准。每个检查项目以随机抽取的检查点按"好""一般"给出评价。项目检查点 90% 及以上达到"好",其余检查点达到"一般"的应为一档,取 100% 的分值;项目检查点80%及以上达到"好"，但不足90%，其余检查点达到"一般"的应为二档，取70%的分值。

2）检查方法。核查分部（子分部）工程质量验收资料。

表 3-16　混凝土结构工程允许偏差项目及评分

工程名称				建设单位			
施工单位				评价单位			

序号	检查项目			应得分	判定结果		实得分	备注
					100%	70%		
1	混凝土现浇结构	轴线位置	墙、柱、梁 8mm	40				
		标高	层高 ±10mm，全高 ±30mm					
		全高垂直度	$H \leqslant 300mm$ $H/30000+20mm$ $H>300mm$ $H/10000$ 且 $\leqslant 80mm$	40				
		表面平整度	8mm	20				
2	装配式结构	轴线位置	柱、墙 8mm	40				
			梁、板 5mm					
		标高	柱、梁、墙板、楼板底面 ±5mm	40				
		构件搁置长度	梁、板 ±10mm	20				
合计得分								

核查结果	允许偏差项目分值20分 应得分合计： 实得分合计： $$混凝土结构工程允许偏差得分 = \frac{实得分合计}{应得分合计} \times 20 =$$ 评价人员：　　　　年　　月　　日

2. 钢结构工程

（1）性能评价。钢结构工程性能检测项目及评分应符合表3-18的规定。

表 3-17　混凝土结构工程观感质量项目及评分

工程名称			建设单位			
施工单位			评价单位			
序号	检 查 项 目	应得分	判定结果		实得分	备注
			100%	70%		
1	露筋	15				
2	蜂窝	10				
3	孔洞	10				
4	夹渣	10				
5	疏松	10				
6	裂缝	15				
7	连接部位缺陷	15				
8	外形缺陷	10				
9	外表缺陷	5				
	合计得分					
核 查 结 果	观感质量项目分值 10 分					
	应得分合计：					
	实得分合计：					
	$混凝土结构工程观感质量得分 = \dfrac{实得分合计}{应得分合计} \times 10 =$					
				评价人员：	年　月　日	

表 3-18　钢结构工程性能检测项目及评分

工程名称			建设单位			
施工单位			评价单位			
序号	检 查 项 目	应得分	判定结果		实得分	备注
			100%	70%		
1	焊缝内部质量	60				
2	高强度螺栓连接副紧固质量					
3	防腐涂装	20				
4	防火涂装	20				
	合计得分					
核 查 结 果	性能检测项目分值 40 分					
	应得分合计：					
	实得分合计：					
	$钢结构工程性能检测得分 = \dfrac{实得分合计}{应得分合计} \times 40 =$					
				评价人员：	年　月　日	

钢结构工程性能检测评价方法如下：

1）焊缝内部质量检测。

①检查标准。设计要求全焊透的一、二级焊缝应采用无损探伤进行内部缺陷的检验，其评定等级、检验等级及检验比例应符合表3-19的规定。焊缝检验返修率不大于2%时应为一档，取100%的分值；返修率大于2%，但不大于5%时应为二档，取70%的分值。所有焊缝经返修后均应达到合格质量标准。

表 3-19　钢结构工程焊缝内部质量检验标准、检验等级及缺陷分级

焊缝质量等级		一级	二级
内部缺陷 超声波探伤	评定等级	Ⅱ	Ⅲ
	检验等级	B 级	B 级
	检验比例	100%	20%
内部缺陷 射线探伤	评定等级	Ⅱ	Ⅲ
	检验等级	B 级	B 级
	检验比例	100%	20%

②检查方法。核查超声波或射线探伤记录。

2）高强度螺栓连接副紧固质量检测。

①检查标准。高强度螺栓连接副终拧完成1h后，48h内应进行紧固质量检查，其检查标准应符合表3-20的规定。高强度螺栓连接副紧固质量检测点优良点达到95%及以上，其余点达到合格点时应为一档，取100%的分值；检测点优良点达到80%及以上，但不足95%，其余点达到合格点时应为二档，取70%的分值。

表 3-20　高强度螺栓连接副紧固质量检验标准

紧固方法	判定结果	
	优良点	合格点
扭矩法紧固	终拧扭矩偏差 $\Delta T \leqslant 5\%T$	终拧扭矩偏差 $5\%T < \Delta T \leqslant 10\%T$
转角法紧固	终拧角度偏差 $\Delta \theta \leqslant 15°$	终拧角度偏差 $15° < \Delta \theta \leqslant 30°$
扭剪型高强度螺栓施工扭矩	尾部梅花头未拧掉比例 $\delta \leqslant 2\%$	尾部梅花头未拧掉比例 $2\% < \delta \leqslant 5\%$

注：T 为扭矩法紧固时终拧扭矩值，θ 为终拧扭矩角度值，ΔT、$\Delta \theta$ 均为绝对值，δ 为百分数。

②检查方法。核查扭矩法或转角法紧固检测报告。

3）钢结构涂装质量检测。

①检查标准。钢结构涂装后，应对涂层干漆膜厚度进行检测，其检测标准应符合表3-21的规定。

表 3-21　钢结构涂层干漆膜厚度质量检测标准

涂装类型	判定结果	
	优良点	合格点
防腐涂料	干漆膜总厚度允许偏差（Δ） $\Delta \leqslant -10\mu m$	干漆膜总厚度允许偏差（Δ） $-10\mu m < \Delta \leqslant -25\mu m$
薄涂型防火涂料	涂层厚度（δ）允许偏差（Δ） $\Delta \leqslant -5\%\delta$	涂层厚度（δ）允许偏差（Δ） $-5\%\delta < \Delta \leqslant -10\%\delta$
厚涂型防火涂料	90% 及以上面积应符合设计厚度， 且最薄处厚度不应低于设计厚度的 90%	80% 及以上面积应符合设计厚度， 且最薄处厚度不应低于设计厚度的 85%

全部涂装干漆膜厚度检测点优良点达到 95% 及以上，其余点达到合格点时应为一档，取 100% 的分值；当检测点优良点达到 80% 及以上，但不足 95%，其余点达到合格点时应为二档，取 70% 的分值。

②检查方法。核查检测报告。

（2）质量记录。钢结构工程质量记录项目及评分应符合表 3-22 的规定。

表 3-22　钢结构工程质量记录项目及评分

工程名称				建设单位			
施工单位				评价单位			

序号	检查项目		应得分	判定结果		实得分	备注
				100%	70%		
1	材料合格证、进场验收记录及复试报告	钢材、焊材、紧固连接件出厂合格证，进场验收记录，复试报告	30				
		加工件出厂合格证（出厂检验报告）及进场验收记录					
		防火及防腐涂装材料出厂合格证、出厂检验报告、进场验收记录，耐火极限、涂层附着力试验报告					
2	施工记录	焊接施工记录	30				
		预拼装及构件吊装记录					
		网架结构屋面施工记录					
		高强度螺栓连接副施工记录					
		焊缝外观及焊缝尺寸检查记录					
		隐蔽工程验收记录					
3	施工试验	网架结构节点承载力试验记录	40				
		高强度螺栓预拉力复验报告及螺栓最小荷载试验报告，高强度大六角头螺栓连接副扭矩系数复试报告，摩擦面抗滑移系数检验报告					
		焊接工艺评定报告					
		金属屋面系统抗风能力试验报告					
	合计得分						
核查结果	质量记录项目分值 30 分 应得分合计： 实得分合计： 　　　　钢结构工程质量记录得分 $= \dfrac{实得分合计}{应得分合计} \times 30 =$ 　　　　　　　　　　　评价人员：　　　　　　　年　　月　　日						

（3）允许偏差。钢结构工程允许偏差项目及评分应符合表3-23的规定。

表 3-23　钢结构工程允许偏差项目及评分

工程名称			建设单位				
施工单位			评价单位				

序号	检查项目		应得分	判定结果		实得分	备注
				100%	70%		
1	柱脚底座中心线对定位轴线偏移或支座锚栓偏移 5mm		10				
2	结构尺寸	单层结构整体垂直度 $H/1000$，且 ≤ 25mm	25				
		多层结构整体垂直度（$H/2500+10$）且 ≤ 50mm					
		主体结构整体平面弯曲 $L/1500$，且 ≤ 25mm	25				
3	钢管结构	总拼完成后挠度值 ≤ 1.15 倍设计值	40				
		屋面工程完成后挠度值 ≤ 1.15 倍设计值					
	合计得分						

核查结果	允许偏差项目分值 20 分 应得分合计： 实得分合计： $$钢结构工程允许偏差得分 = \frac{实得分合计}{应得分合计} \times 20 =$$ 评价人员：　　　　　　　年　　月　　日

（4）观感质量。钢结构工程观感质量项目及评分应符合表3-24的规定。

表 3-24　钢结构工程观感质量项目及评分

工程名称		建设单位			
施工单位		评价单位			

序号	检查项目	应得分	判定结果		实得分	备注
			100%	70%		
1	焊缝外观质量	10				
2	普通紧固件连接外观质量	10				
3	高强度螺栓连接外观质量	10				
4	主体钢结构构件表面质量	10				
5	钢网架结构表面质量	10				
6	普通涂层表面质量	15				
7	防火涂层表面质量	15				
8	压型金属板安装质量	10				
9	钢平台、钢梯、钢栏杆安装外观质量	10				
	合计得分					

核 查 结 果	观感质量项目分值 10 分
	应得分合计：
	实得分合计：
	$$钢结构工程观感质量得分 = \frac{实得分合计}{应得分合计} \times 10 =$$
	评价人员：　　　　　　　　　　年　　月　　日

3. 砌体结构工程

（1）性能评价。砌体结构工程性能检测项目及评分应符合表 3-25 的规定。

表 3-25　砌体结构工程性能检测项目及评分

工程名称		建设单位			
施工单位		评价单位			

序号	检查项目	应得分	判定结果		实得分	备注
			100%	70%		
1	砂浆强度	30				
2	混凝土强度	30				
3	全高砌体垂直度	40				
	合计得分					

核 查 结 果	性能检测项目分值 40 分
	应得分合计：
	实得分合计：
	$$砌体结构工程性能检测得分 = \frac{实得分合计}{应得分合计} \times 40 =$$
	评价人员：　　　　　　　　　　年　　月　　日

砌体结构工程性能检测评价方法如下：

1）检查标准。

①砂浆强度、混凝土强度检测标准和方法应符合相关规定。

②全高砌体垂直度：全高不大于10m时，垂直度允许偏差不应大于10mm；全高大于10m时，垂直度允许偏差不应大于20mm。

全高垂直度允许偏差各检测点均达到规范规定值的应为一档，取100%的分值；各检测点80%及以上达到规范规定值，但不足100%的应为二档，取70%的分值。

抽样检测结果中，不合格点的最大偏差均不应大于上述规定允许偏差的1.5倍。

2）检查方法。核查分项工程质量验收资料。

（2）质量记录。砌体结构工程质量记录项目及评分应符合表3-26的规定。

表3-26　砌体结构工程质量记录项目及评分

工程名称			建设单位				
施工单位			评价单位				
序号	检查项目		应得分	判定结果		实得分	备注
				100%	70%		
1	材料合格证、进场验收记录及复试报告	水泥、砌体、预拌砌筑砂浆合格证，进场验收记录，水泥、砌块复试报告	30				
2	施工记录	构造柱、圈梁施工记录	30				
		砌筑砂浆使用施工记录					
		隐蔽工程验收记录					
3	施工试验	砂浆、混凝土配合比试验报告	40				
		砂浆、混凝土试件强度试验报告及强度评定					
		水平灰缝砂浆饱满度检测记录					
合计得分							

核查结果	质量记录项目分值30分 应得分合计： 实得分合计： 砌体结构工程质量记录得分 $= \dfrac{实得分合计}{应得分合计} \times 30 =$ 评价人员：　　　　年　月　日

（3）允许偏差。砌体结构工程允许偏差项目及评分应符合表3-27的规定。

表 3-27   砌体结构工程允许偏差项目及评分

工程名称				建设单位			
施工单位				评价单位			
序号	检查项目		应得分	判定结果		实得分	备注
				100%	70%		
1	轴线位移	10mm	40				
2	层高垂直度	5mm	40				
3	上下窗口偏移	20mm	20				
	合计得分						

核查结果

允许偏差项目分值 20 分

应得分合计：

实得分合计：

$$砌体结构工程允许偏差得分 = \frac{实得分合计}{应得分合计} \times 20 =$$

评价人员：   年   月   日

（4）观感质量。砌体结构工程观感质量项目及评分应符合表 3-28 的规定。

表 3-28   砌体结构工程观感质量项目及评分

工程名称		建设单位			
施工单位		评价单位			
序号	检 查 项 目	应得分	判定结果		实得分	备注
			100%	70%		
1	砌筑留槎	20				
2	过梁、压顶	10				
3	构造柱、圈梁	10				
4	砌体表面质量	10				
5	网状配筋及位置	10				
6	组合砌体及马牙槎拉结筋	10				
7	预留孔洞、预埋件	10				
8	细部质量	20				
	合计得分					

核查结果

观感质量项目分值 10 分

应得分合计：

实得分合计：

$$砌体结构工程观感质量得分 = \frac{实得分合计}{应得分合计} \times 10 =$$

评价人员：   年   月   日

三、屋面工程质量评价

1. 性能检测

屋面工程性能检测项目及评分应符合表 3-29 的规定。

表 3-29 屋面工程性能检测项目及评分

工程名称				建设单位		
施工单位				评价单位		
序号	检查项目		应得分	判定结果		实得分	备注
				100%	70%		
1	屋面防水效果检查		50				
2	保温层厚度测试		50				
合计得分							

性能检测项目分值40分

应得分合计：

实得分合计：

核查结果

$$屋面工程性能检测得分 = \frac{实得分合计}{应得分合计} \times 40 =$$

评价人员：　　　　年　月　日

屋面工程性能检测评价方法如下：

（1）检查标准。

1）屋面防水效果。屋面淋水、蓄水或雨后检查，无渗漏、无积水且排水畅通的应为一档，取 100% 的分值；无渗漏且排水畅通，但局部有少量积水，水深不超过 30mm 的应为二档，取 70% 的分值。

2）保温层厚度。抽样测试点全部达到设计厚度的应为一档，取 100% 的分值；抽样测试点 95% 及以上，但不足 100% 达到设计厚度的，且平均厚度达到设计要求，最薄点不小于设计厚度 95% 的应为二档，取 70% 的分值。

（2）检查方法。核查测试记录。

2. 质量记录

屋面工程质量记录项目及评分应符合表 3-30 的规定。

表 3-30　屋面工程质量记录项目及评分

工程名称			建设单位				
施工单位			评价单位				
序号	检查项目		应得分	判定结果		实得分	备注
				100%	70%		
1	材料合格证、进场验收记录及复试报告	瓦及板材等屋面材料合格证、进场验收记录	30				
		防水与密封材料合格证、进场验收记录及复试报告					
		保温材料合格证、进场验收记录及复试报告					
2	施工记录	保温层及基层施工记录	30				
		防水与密封工程施工记录,瓦面与板面施工记录					
		天沟、檐沟、泛水和变形缝等细部施工记录					
3	施工试验	保护层配合比试验报告,防水涂料、密封材料配合比试验报告	40				
	合计得分						

质量记录项目分值 20 分

应得分合计:

实得分合计:

核

查

结

果

$$屋面工程质量记录得分 = \frac{实得分合计}{应得分合计} \times 20 =$$

评价人员:　　　　　年　月　日

3. 允许偏差

屋面工程允许偏差项目及评分应符合表 3-31 的规定。

表 3-31 屋面工程允许偏差项目及评分

工程名称				建设单位				
施工单位				评价单位				

序号	检查项目		应得分	判定结果		实得分	备注
				100%	70%		
1	卷材与涂膜屋面	屋面及排水沟坡度符合设计要求	70				
		防水卷材搭接宽度的允许偏差为 −10mm					
		涂料防水层平均厚度达到设计值、最小厚度不小于设计值的 80%					
	瓦面与板面屋面	压型板纵向搭接及泛水搭接长度、挑出墙面长度不小于 200mm					
		脊瓦搭盖坡瓦宽度不小于 40mm					
		瓦伸入天沟、檐沟、檐口的长度为 50 ~ 70mm					
	刚性屋面与隔热屋面	刚性防水层表面平整度 5mm，架空屋面架空隔热制品距周边墙不小于 250mm					
2	细部构造	防水层伸入水落口杯长度不小于 50mm	30				
		变形缝、女儿墙防水层立面泛水高度不小于 250mm					
合计得分							

允许偏差项目分值 10 分

应得分合计：

实得分合计：

核查结果	

$$屋面工程允许偏差得分 = \frac{实得分合计}{应得分合计} \times 10 =$$

评价人员：　　　　　　年　　月　　日

4. 观感质量

屋面工程观感质量项目及评分应符合表 3-32 的规定。

表 3-32　屋面工程观感质量项目及评分

工程名称				建设单位		
施工单位				评价单位		

序号	检查项目		应得分	判定结果		实得分	备注
				100%	70%		
1	卷材、涂膜屋面	卷材铺设质量	50				
		涂膜防水层质量					
		排气道设置质量					
		上人屋面面层铺设质量					
	瓦、板屋面	瓦与板材铺设质量					
	刚性、隔热等屋面	其他材料屋面					
2	细部构造		50				
	合计得分						

核 查 结 果	观感质量项目分值 30 分 应得分合计： 实得分合计： $$屋面工程观感质量得分 = \frac{实得分合计}{应得分合计} \times 30 =$$

评价人员：　　　　　　　　　年　　月　　日

四、装饰装修工程质量评价

1. 性能检测

装饰装修工程性能检测项目及评分应符合表 3-33 的规定。

表 3-33 装饰装修工程性能检测项目及评分

工程名称			建设单位				
施工单位			评价单位				
序号	检 查 项 目	应得分	判定结果		实得分	备注	
			100%	70%			
1	外窗三性检测	10					
2	外窗、门的安装牢固检验	10					
3	装饰吊挂件和预埋件检验或拉拔力试验	10					
4	阻燃材料的阻燃性试验	10					
5	幕墙的三性及平面变形性能检测	10					
6	幕墙金属框架与主体结构连接检测	10					
7	幕墙后置预埋件拉拔力试验	10					
8	外墙块材镶贴的粘结强度检测	10					
9	有防水要求的房间地面蓄水试验	10					
10	室内环境质量检测	10					
	合计得分						

核 查 结 果	性能检测项目分值 30 分 应得分合计: 实得分合计: $$装饰装修工程性能检测得分 = \frac{实得分合计}{应得分合计} \times 30 =$$ 评价人员:　　　　　　年　　月　　日

2. 质量记录

装饰装修工程质量记录项目及评分应符合表 3-34 的规定。

表 3-34　装饰装修工程质量记录项目及评分

工程名称			建设单位		
施工单位			评价单位		

序号	检查项目		应得分	判定结果 100%	判定结果 70%	实得分	备注
1	材料合格证、进场验收记录及复试报告	装饰装修、地面、门窗保温、阻燃防火材料合格证及进场验收记录，保温、阻燃材料复试报告	30				
		幕墙的玻璃、石材、板材、结构材料合格证及进场验收记录					
		有环境质量要求的材料合格证、进场验收记录及复试报告					
2	施工记录	幕墙、外墙饰面砖（板）、预埋件及粘贴施工记录	30				
		门窗、吊顶、隔墙、地面、饰面砖（板）施工记录					
		抹灰、涂饰施工记录					
		隐蔽工程验收记录					
3	施工试验	有防水要求的房间地面坡度检验记录	40				
		结构胶相容性试验报告					
		有关胶料配合比试验单					
	合计得分						

核查结果	质量记录项目分值 20 分 应得分合计： 实得分合计： $$装饰装修工程质量记录得分 = \frac{实得分合计}{应得分合计} \times 20 =$$ 评价人员：　　　　　　　　　　年　　月　　日

3. 允许偏差

装饰装修工程允许偏差项目及评分应符合表 3-35 的规定。

表 3-35　装饰装修工程允许偏差项目及评分

工程名称				建设单位				
施工单位				评价单位				
序号	检 查 项 目		允许偏差 /mm	应得分	判定结果		实得分	备注
					100%	70%		
1	墙面抹灰工程	立面垂直度	4	20				
		表面平整度	4					
2	门窗工程	门窗框正、侧面垂直度	3	20				
		双面窗内外框间距	4					
	幕墙工程	幕墙垂直度 $H \leq 30m$	10					
		$30m < H \leq 60m$	15					
		$60m < H \leq 90m$	20					
		$H > 90m$	25					
3	地面工程	地面表面平整度	4	30				
4	吊顶工程	接缝直线度	3	10				
5	饰面板（砖）工程	表面平整度	3	10				
		接缝直线度	2					
6	细部工程	扶手高度	3	10				
		栏杆间距	3					
	合 计 得 分							

核查结果

允许偏差项目分值 10 分

应得分合计：

实得分合计：

$$装饰装修工程允许偏差得分 = \frac{实得分合计}{应得分合计} \times 10 =$$

评价人员：　　　　　年　　月　　日

注：H 为幕墙高度。

4. 观感质量

装饰装修工程观感质量项目及评分应符合表 3-36 的规定。

表 3-36 装饰装修工程观感质量项目及评分

工程名称				建设单位			
施工单位				评价单位			
序号	检查项目		应得分	判定结果		实得分	备注
				100%	70%		
1	地面	表面、分隔缝、图案、有排水要求的地面的坡度、块材色差、不同材质分界缝	10				
2	墙面抹灰	表面、护角、阴阳角、分隔缝、滴水线槽	10				
	饰面板（砖）	排砖、表面质量、勾缝嵌缝、细部、边角	10				
3	门窗	安装固定、配件、位置、构造、玻璃质量、开启及密封	10				
	幕墙	主要构件外观、节点做法、玻璃质量、固定、打胶、配件、开启密闭	10				
4	吊顶	图案、颜色、灯具设备安装位置、交接缝处理、吊杆龙骨外观	10				
5	轻质隔墙	位置、墙面平整、连接件、接缝处理	10				
6	涂饰工程、裱糊与软包	表面质量、分色规矩、色泽协调	10				
		端正、边框、拼角、接缝、平整、对花规矩					
7	细部工程	柜、盒、护罩、栏杆、花式等安装、固定和表面质量	10				
8	外檐观感	室外墙面、大角、墙面横竖线（角）及滴水槽（线）、散水、台阶、雨罩、变形缝和泛水等	15				
9	室内观感	地面、墙面、墙面砖、顶棚、涂料、饰物、线条及不同做法的交接过渡、变形缝等	15				
	合计得分						

核查结果	观感质量项目分值 40 分 应得分合计： 实得分合计： $$装饰装修工程观感质量得分 = \frac{实得分合计}{应得分合计} \times 40 =$$ 评价人员：　　　　　　年　　月　　日

五、安装工程质量评价

1. 给水排水及供暖工程

（1）性能检测。给水排水及供暖工程性能检测项目及评分应符合表 3-37 的规定。

表 3-37　给水排水及供暖工程性能检测项目及评分

工程名称		建设单位			
施工单位		评价单位			
序号	检查项目	应得分	判定结果		实得分	备注
			100%	70%		
1	给水管道系统通水试验、水质检测	10				
2	承压管道、消防管道设备系统水压试验	30				
3	非承压管道和设备灌水试验，排水干管管道通球、系统通水试验，卫生器具满水试验	30				
4	消火栓系统试射试验	10				
5	锅炉系统、供暖系统、散热器压力试验、系统调试、试运行、安全阀、报警装置联动系统测试	20				
	合计得分					

性能检测项目分值 40 分

应得分合计：

实得分合计：

核查结果

$$给水排水及供暖工程性能检测得分 = \frac{实得分合计}{应得分合计} \times 40 =$$

评价人员：　　　　　　年　月　日

（2）质量记录。给水排水及供暖工程质量记录项目及评分应符合表 3-38 的规定。

表 3-38　给水排水及供暖工程质量记录项目及评分

工程名称		建设单位		
施工单位		评价单位		

序号	检查项目		应得分	判定结果		实得分	备注
				100%	70%		
1	材料、设备合格证、进场验收记录及复试报告	管材及配件出厂合格证，进场验收记录	30				
		器具及设备出厂合格证，进场验收记录					
2	施工记录	主要管道施工及管道穿墙穿楼板套管安装施工记录	30				
		补偿器预拉伸记录					
		给水管道冲洗、消毒记录					
		隐蔽工程验收记录					
3	施工试验	管道阀门、设备强度和严密性试验	40				
		给水系统及排水系统通水、满水试验					
		水泵安装试运转					
	合计得分						

核查结果	质量记录项目分值 20 分 应得分合计： 实得分合计： $$给水排水及供暖工程质量记录得分 = \frac{实得分合计}{应得分合计} \times 20 =$$ 评价人员：　　　　　　年　月　日

（3）允许偏差。给水排水及供暖工程允许偏差项目及评分应符合表 3-39 的规定。

（4）观感质量。给水排水及供暖工程观感质量项目及评分应符合表 3-40 的规定。

表 3-39 给水排水及供暖工程允许偏差项目及评分

工程名称				建设单位		
施工单位				评价单位		
序号	检查项目	应得分	判定结果 100%	判定结果 70%	实得分	备注
1	管道坡度： 给水管为 0.2%～0.5% 排水管铸铁管为 0.5%～3.5%，排水管塑料管为 0.4%～2.5% 供暖管为不小于 0.5%，散热器支管为 1% 坡向利于排水	50				
2	箱式消火栓安装位置： 高度允许偏差为 ±15mm 垂直度允许偏差为 3mm	20				
3	卫生器具、淋浴器安装高度偏差为 ±15mm	30				
合计得分						

核查结果：
允许偏差项目分值 10 分
应得分合计：
实得分合计：

$$给水排水及供暖工程允许偏差得分 = \frac{实得分合计}{应得分合计} \times 10 =$$

评价人员：　　　年　月　日

表 3-40 给水排水及供暖工程观感质量项目及评分

工程名称			建设单位		
施工单位			评价单位		
序号	检查项目	应得分	判定结果 100%	判定结果 70%	实得分	备注
1	给水、排水、供暖管道及支架安装	20				
2	卫生洁具及给水、排水配件安装	20				
3	设备及配件安装	20				
4	管道、支架及设备的防腐及保温	10				
5	有排水要求房间地面的排水口及地漏的设置	20				
6	管道穿墙、穿楼板接口处	10				
合计得分						

核查结果：
观感质量项目分值 30 分
应得分合计：
实得分合计：

$$给水排水及供暖工程观感质量得分 = \frac{实得分合计}{应得分合计} \times 30 =$$

评价人员：　　　年　月　日

2. 电气工程

（1）性能检测。电气工程性能检测项目及评分应符合表 3-41 的规定。

表 3-41　电气工程性能检测项目及评分

工程名称				建设单位			
施工单位				评价单位			
序号	检查项目		应得分	判定结果		实得分	备注
				100%	70%		
1	接地装置、防雷装置的接地电阻测试及接地（等电位）联结导通性测试		20				
2	剩余电流动作保护器测试		20				
3	照明全负荷试验		20				
4	大型灯具固定及悬吊装置过载测试		20				
5	电气设备空载试运行和负荷试运行试验		20				
合计得分							
核查结果	性能检测项目分值 40 分 应得分合计： 实得分合计： $$电气工程性能检测得分 = \frac{实得分合计}{应得分合计} \times 40 =$$ 评价人员：　　　　　　　　　　年　月　日						

（2）质量记录。电气工程质量记录项目及评分应符合表 3-42 的规定。

表 3-42　电气工程质量记录项目及评分

工程名称				建设单位			
施工单位				评价单位			
序号	检查项目		应得分	判定结果		实得分	备注
				100%	70%		
1	材料、设备合格证，进场验收记录及复试报告	材料、元件及器具出厂合格证及进场验收记录	30				
		设备出厂合格证及进场验收记录，设备性能检测记录					
2	施工记录	电气装置安装施工记录	30				
		隐蔽工程验收记录					
3	施工试验	导线、设备、元件、器具绝缘电阻测试记录	40				
		接地故障回路阻抗测试记录					
		电气装置空载和负荷运行试验记录					
合计得分							
核查结果	质量记录项目分值 20 分 应得分合计： 实得分合计： $$电气工程质量记录得分 = \frac{实得分合计}{应得分合计} \times 20 =$$ 评价人员：　　　　　　　　　　年　月　日						

（3）允许偏差。电气工程允许偏差项目及评分应符合表 3-43 的规定。

表 3-43　电气工程允许偏差项目及评分

工程名称				建设单位		
施工单位				评价单位		
序号	检查项目	应得分	判定结果		实得分	备注
			100%	70%		
1	柜、屏、台、箱、盘安装垂直度允许偏差为 0.15%	40				
2	照明开关安装位置距门框边缘宜为 0.15～0.2m	60				
	合计得分					

核查结果	允许偏差项目分值 10 分 应得分合计： 实得分合计： $$电气工程允许偏差得分 = \frac{实得分合计}{应得分合计} \times 10=$$ 评价人员：　　　　　　　　年　　月　　日

（4）观感质量。电气工程观感质量项目及评分应符合表 3-44 的规定。

表 3-44　电气工程观感质量项目及评分

工程名称				建设单位		
施工单位				评价单位		
序号	检查项目	应得分	判定结果		实得分	备注
			100%	70%		
1	电线管、桥架、母线槽及其支吊架安装	20				
2	导线及电缆敷设（含回路标识）	10				
3	接地系统安装（含接地连接、等电位联结）	20				
4	开关、插座安装及接线	10				
5	灯具及其他用电器具安装及接线	20				
6	配电箱、柜安装及接线	10				
7	电气设备末端装置的安装	10				
	合计得分					

核查结果	观感质量项目分值 30 分 应得分合计： 实得分合计： $$电气工程观感质量得分 = \frac{实得分合计}{应得分合计} \times 30=$$ 评价人员：　　　　　　　　年　　月　　日

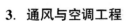

3. 通风与空调工程

（1）性能检测。通风与空调工程性能检测项目及评分应符合表 3-45 的规定。

表 3-45　通风与空调工程性能检测项目及评分

工程名称				建设单位			
施工单位				评价单位			
序号	检 查 项 目		应得分	判定结果		实得分	备注
				100%	70%		
1	空调水管道系统水压试验		10				
2	通风管道严密性试验及风量、温度测试		30				
3	通风、除尘系统联合试运转与调试		60				
	空调系统联合试运转与调试						
	制冷系统联合试运转与调试						
	净化空调系统联合试运转与调试、洁净室洁净度测试						
	防排烟系统联合试运转与调试						
	合计得分						
核查结果	性能检测项目分值 40 分 应得分合计： 实得分合计： 　　　　　通风与空调工程性能检测得分 = $\dfrac{实得分合计}{应得分合计} \times 40 =$ 　　　　　　　　　　　　　　　　　　　　　　　评价人员：　　　　　年　　月　　日						

（2）质量记录。通风与空调工程质量记录项目及评分应符合表 3-46 的规定。

（3）允许偏差。通风与空调工程允许偏差项目及评分应符合表 3-47 的规定。

（4）观感质量。通风与空调工程观感质量项目及评分应符合表 3-48 的规定。

表 3-46 通风与空调工程质量记录项目及评分

工程名称			建设单位				
施工单位			评价单位				

序号	检查项目		应得分	判定结果		实得分	备注
				100%	70%		
1	材料、设备合格证，进场验收记录及复试报告	材料、风管及其部件、仪表、设备出厂合格证及进场验收记录；保温材料合格证及进场验收记录	30				
2	施工记录	风管及其部件加工制作记录	30				
		风管系统、管道系统安装记录					
		空调设备、管道保温施工记录					
		防火阀、防排烟阀、防爆阀等安装记录					
		水泵、风机、空气处理设备、空调机组、制冷设备等设备安装记录					
		隐蔽工程验收记录					
3	施工试验	阀门试验	40				
		空调能量回收装置试验					
		设备单机试运转及调试					
		防火阀、排烟阀（口）启闭联动试验					
	合计得分						

核查结果	质量记录项目分值20分 应得分合计： 实得分合计： $$通风与空调工程质量记录得分 = \frac{实得分合计}{应得分合计} \times 20 =$$ 评价人员：　　　　　　　　　　年　月　日

表 3-47 通风与空调工程允许偏差项目及评分

工程名称		建设单位					
施工单位		评价单位					
序号	检查项目		应得分	判定结果		实得分	备注
				100%	70%		
1	风口尺寸： 圆形 $\phi \leqslant 250mm$ 时，偏差为 $-2\sim0mm$ ；$\phi>250mm$ 时，偏差为 $-3\sim0mm$ 矩形 $L<300mm$ 时，偏差为 $-1\sim0mm$ ；$L=300\sim800mm$ 时，偏差为 $-2\sim0mm$ ；$L>800mm$ 时，偏差为 $-3\sim0mm$		40				
2	风口安装： 水平安装水平度偏差不应大于 3/1000，垂直安装垂直度偏差不应大于 2/1000		30				
3	防火阀距墙表面的距离偏差不应大于 200mm		30				
	合计得分						

核查结果	允许偏差项目分值 10 分 应得分合计： 实得分合计： $$通风与空调工程允许偏差得分 = \frac{实得分合计}{应得分合计} \times 10=$$ 评价人员：　　　　　　　年　　月　　日

表 3-48 通风与空调工程观感质量项目及评分

工程名称		建设单位					
施工单位		评价单位					
序号	检查项目		应得分	判定结果		实得分	备注
				100%	70%		
1	风管及风口安装		20				
2	风管、部件、支吊架安装		20				
3	设备及配件安装		20				
4	空调水管道安装		10				
5	风管及管道穿墙穿楼板		10				
6	风管、管道防腐及保温		20				
	合计得分						

核查结果	观感质量项目分值 30 分 应得分合计： 实得分合计： $$通风与空调工程观感质量得分 = \frac{实得分合计}{应得分合计} \times 30=$$ 评价人员：　　　　　　　年　　月　　日

4. 电梯工程

（1）性能检测。电梯工程性能检测项目及评分应符合表 3-49 的规定。

表 3-49　电梯工程性能检测项目及评分

工程名称				建设单位			
施工单位				评价单位			
序号	检 查 项 目	应得分	判定结果 100%	判定结果 70%	实得分	备注	
1	电梯、自动扶梯、人行道电气装置接地、绝缘电阻测试	30					
2	电力驱动、液压电梯安全保护测试、性能运行试验	40					
	自动扶梯、人行道自动停止运行测试、性能运行试验						
3	电力驱动电梯限速器安全钳联动试验、电梯层门与轿门试验	30					
	液压电梯限速器安全钳联动试验，电梯层门与轿门试验						
	自动扶梯、人行道性能试验						
	合计得分						

性能检测项目分值 40 分

应得分合计：

实得分合计：

核
查
结
果

$$电梯工程性能检测得分 = \frac{实得分合计}{应得分合计} \times 40 =$$

评价人员：　　　　　　年　　月　　日

（2）质量记录。电梯工程质量记录项目及评分应符合表 3-50 的规定。

表 3-50 电梯工程质量记录项目及评分

工程名称					建设单位		
施工单位					评价单位		

序号	检查项目		应得分	判定结果		实得分	备注
				100%	70%		
1	材料、设备出厂合格证，进场验收记录和安装使用技术文件	电梯产品（整机）出厂合格证，开箱单及开箱检查记录	30				
		重要（安全）零（部）件和材料产品出厂合格证及型式试验证书					
		安装说明书（图）和使用维护说明书					
2	施工记录	动力电路和安全电路的电气原理图、液压系统图	30				
		机房、井道土建交接验收检查记录					
		设备零部件、电气装置安装施工记录					
3	施工试验	隐蔽工程验收记录	40				
		安装过程的设备、电气调整测试记录					
		整机空载、额定载荷、超载荷下运行试验记录					
	合计得分						

质量记录项目分值 20 分

应得分合计：

实得分合计：

核

查

结

果

$$电梯工程质量记录得分 = \frac{实得分合计}{应得分合计} \times 20 =$$

评价人员：　　　　　　年　　月　　日

（3）允许偏差。电梯工程允许偏差项目及评分应符合表 3-51 的规定。

表 3-51 电梯工程允许偏差项目及评分

工程名称					建设单位		
施工单位					评价单位		
序号	检查项目		应得分	判定结果		实得分	备注
				100%	70%		
1	电梯	层门地坎至轿厢地坎之间水平距离	100				
		平层准确度					
2	自动扶梯、人行道扶手带的运行速度相对梯级、踏板或胶带的速度差		100				
	合计得分						

核查结果	允许偏差项目分值 10 分 应得分合计： 实得分合计： 电梯工程允许偏差得分 $= \dfrac{实得分合计}{应得分合计} \times 10 =$ 评价人员： 年 月 日

电梯工程允许偏差项目评价方法如下：

1）检查标准。

①层门地坎至轿厢地坎之间的水平距离偏差为 0～3mm，且最大距离不大于 20mm 应为一档，取 100% 的分值；偏差为 0～3mm，且最大距离大于 20mm 但不超过 35mm 应为二档，取 70% 的分值。

②平层准确度。

额定速度 $v \leqslant 0.63$m/s 的交流双速电梯和其他调速方式的电梯：平层准确度偏差不超过 ± 8mm 的应为一档，取 100% 的分值；偏差超过 ± 8mm，但不超过 ± 15mm 的应为二档，取 70% 的分值。

额定速度 0.63m/s$< v \leqslant 1.0$m/s 的交流双速电梯：平层准确度偏差不超过 ± 15mm 的应为一档，取 100% 的分值；偏差超过 ± 15mm，但不超过 ± 30mm 的应为二档，取 70% 的分值。

其他调速方式的电梯平层准确度同 $v \leqslant 0.63$m/s 的交流双速电梯。

③自动扶梯、人行道扶手带的运行速度相对梯级、踏板或胶带的速度允许偏差：偏差值在 0～0.5% 的应为一档，取 100% 的分值。偏差值在 0～（0.5%～2%）的应为二档，取 70% 的分值。

2）检查方法。核查试验记录。

（4）观感质量。电梯工程观感质量项目及评分应符合表 3-52 的规定。

表 3-52　电梯工程观感质量项目及评分

工程名称				建设单位			
施工单位				评价单位			
序号	检查项目		应得分	判定结果		实得分	备注
				100%	70%		
1	电力驱动、液压式电梯	外观	30				
		机房（如有时）及相关设备安装	30				
		井道及相关设备安装	20				
		门系统和层站设施安装	20				
2	自动扶梯、人行道	外观	40				
		机房及其设备安装	30				
		周边相关设施安装	30				
	合计得分						
核查结果	观感质量项目分值 30 分 应得分合计： 实得分合计： $$电梯工程观感质量得分 = \frac{实得分合计}{应得分合计} \times 30 =$$ 评价人员：　　　　　　　年　　月　　日						

注：电梯、自动扶梯、人行道应每台梯单独评价。

5. 智能建筑工程

（1）性能检测。智能建筑工程性能检测项目及评分应符合表 3-53 的规定。

表 3-53　智能建筑工程性能检测项目及评分

工程名称		建设单位			
施工单位		评价单位			
序号	检查项目	应得分	判定结果		实得分	备注
			100%	70%		
1	接地电阻测试	20				
2	系统检测	40				
3	系统集成检测	40				
	合计得分					
核查结果	性能检测项目分值 40 分 应得分合计： 实得分合计： $$智能建筑工程性能检测得分 = \frac{实得分合计}{应得分合计} \times 40 =$$ 评价人员：　　　　　　　年　　月　　日					

智能建筑工程性能检测评价方法如下：

1）检查标准。接地电阻测试：一次检测达到设计要求的应为一档，取 100% 的分值；经整改达到设计要求的应为二档，取 70% 的分值。

系统检测、系统集成检测：按设计安装的系统应全部检测。火灾自动报警、安全防范、通信网络等系统应由专业检测机构进行检测。按先各系统后系统集成进行检测。系统检测、系统集成检测一次检测主控项目达到合格，一般项目中有不超过 5% 的项目经整改后达到要求的应为一档，取 100% 的分值；一次检测主控项目达到合格，一般项目中有超过 5% 项目，但不超过 10% 的项目经整改后达到要求的应为二档，取 70% 的分值。

2）检查方法。核查检测报告。

（2）质量记录。智能建筑工程质量记录项目及评分应符合表 3-54 的规定。

表 3-54　智能建筑工程质量记录项目及评分

工程名称				建设单位		
施工单位				评价单位		

序号	检查项目		应得分	判定结果		实得分	备注
				100%	70%		
1	材料、设备、软件合格证及进场验收记录	材料、设备、软件出厂合格证及进场验收记录	30				
		随机文件（设备生产许可证、产品说明书、软件资料、程序结构、调试使用、维护说明书）及检查记录					
2	施工记录	系统安装施工记录	30				
		隐蔽工程验收记录					
3	施工试验	硬件、软件产品设备测试记录	40				
		系统运行调试记录					
	合计得分						

质量记录项目分值 20 分

应得分合计：

实得分合计：

核查结果

$$智能建筑工程质量记录得分 = \frac{实得分合计}{应得分合计} \times 20 =$$

评价人员：　　　　年　　月　　日

（3）允许偏差。智能建筑工程允许偏差项目及评分应符合表 3-55 的规定。

表 3-55　智能建筑工程允许偏差项目及评分

工程名称				建设单位		
施工单位				评价单位		
序号	检查项目	应得分	判定结果		实得分	备注
			100%	70%		
1	机柜、机架安装垂直度偏差不应大于 3mm	50				
2	桥架及线槽安装水平度偏差不应大于 2mm；垂直度偏差不应大于 3mm	50				
	合计得分					
核查结果	允许偏差项目分值 10 分 应得分合计： 实得分合计： $$智能建筑工程允许偏差得分 = \frac{实得分合计}{应得分合计} \times 10 =$$ 评价人员：　　　　　　　　　年　　月　　日					

（4）观感质量。智能建筑工程观感质量项目及评分应符合表 3-56 的规定。

表 3-56　智能建筑工程观感质量项目及评分

工程名称				建设单位		
施工单位				评价单位		
序号	检查项目	应得分	判定结果		实得分	备注
			100%	70%		
1	综合布线、电源及接地线等安装	35				
2	机柜、机架和配线架安装	35				
3	模块、信息插座安装	30				
	合计得分					
核查结果	观感质量项目分值 30 分 应得分合计： 实得分合计： $$智能建筑工程观感质量得分 = \frac{实得分合计}{应得分合计} \times 30 =$$ 评价人员：　　　　　　　　　年　　月　　日					

6. 燃气工程

（1）性能检测。燃气工程性能检测项目及评分应符合表 3-57 的规定。

表 3-57　燃气工程性能检测项目及评分

工程名称			建设单位				
施工单位			评价单位				
序号	检查项目		应得分	判定结果		实得分	备注
				100%	70%		
1	燃气管道强度、严密性试验		50				
2	燃气浓度检测报警器、自动切断阀和通风设施试验		20				
3	采暖、制冷、灶具熄火保护装置和排烟设施试验		20				
4	防雷、防静电接地检测		10				
合计得分							

核查结果	性能检测项目分值 40 分 应得分合计： 实得分合计： 燃气工程性能检测得分 $= \dfrac{实得分合计}{应得分合计} \times 40 =$ 评价人员：　　　　　　　年　　月　　日

燃气工程性能评价方法如下：

1）检查标准。

①室内燃气管道强度试验应符合现行行业标准《城镇燃气室内工程施工与质量验收规范》CJJ 94 的规定：明管敷设、暗埋或暗封敷设的引入管，用设计压力的 1.5 倍且不得低于 0.1MPa 或按设计要求压力试压，在试验压力下稳压 1h，无压力降的应为一档，取 100% 的分值；经过整改二次试压达到无压力降的应为二档，取 70% 的分值。

②室内燃气管道严密性试验应符合现行行业标准《城镇燃气室内工程施工与质量验收规范》CJJ 94 的规定：在压力试压合格后，严密性试验在稳压下采用发泡剂检查所有接头，符合设计要求的应为一档，取 100% 的分值；经整改二次试验符合设计要求的应为二档，取 70% 的分值。

③燃气浓度检测报警器、自动切断阀和通风设施应符合现行国家标准《城镇燃气设计规范》GB 50028 的规定：燃气锅炉和冷热水机组管道及设备用气场所经试验一次符合设计要求的应为一档，取 100% 的分值；经整改二次试验符合设计要求的应为二档，取 70% 的分值。

④采暖、制冷器具、灶具熄火保护装置和排烟设施应符合国家现行标准《城镇燃气设计规范》GB 50028 和《家用燃气燃烧器具安装及验收规程》CJJ 12 的规定：经试验一次符合设计要求的应为一档，取 100% 的分值；经整改二次试验符合设计要求的应为二档，取 70% 的分值。

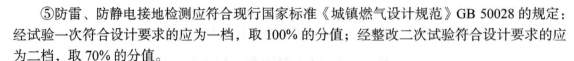

⑤防雷、防静电接地检测应符合现行国家标准《城镇燃气设计规范》GB 50028 的规定：经试验一次符合设计要求的应为一档，取 100% 的分值；经整改二次试验符合设计要求的应为二档，取 70% 的分值。

2）检查方法。核查检测报告。

（2）质量记录。燃气工程质量记录项目及评分应符合表 3-58 的规定。

表 3-58　燃气工程质量记录项目及评分

工程名称				建设单位			
施工单位				评价单位			

序号	检查项目		应得分	判定结果		实得分	备注
				100%	70%		
1	材料、设备合格证及进场验收记录	管道、配件产品合格证，进场验收记录	30				
		设备、计量仪表合格证，质量认证文件，进场验收记录					
		报警器、自动切断阀合格证，进场验收记录					
2	施工记录	管道、支架安装记录	30				
		计量仪表、设备及支架安装记录					
		焊工资格备案					
		隐蔽工程验收记录					
3	施工试验	管道连接，管道与仪表、设备连接试验记录	40				
		阀门试验记录，焊缝射线探伤、超声波检验记录					
		燃气管道、燃具与电气开关、插座的水平安全距离检查记录					
	合计得分						

质量记录项目分值 20 分

应得分合计：

实得分合计：

核

查

结

果

$$\text{燃气工程质量记录得分} = \frac{\text{实得分合计}}{\text{应得分合计}} \times 20 =$$

评价人员：　　　　　　　年　　月　　日

（3）允许偏差。燃气工程允许偏差项目及评分应符合表 3-59 的规定。

表 3-59　燃气工程允许偏差项目及评分

工程名称				建设单位			
施工单位				评价单位			

序号	检 查 项 目			应得分	判定结果		实得分	备注
					100%	70%		
1	室内管道安装	标高		±10mm	30				
		立管垂直度	钢管	3mm/m 且≤8mm				
			铝塑复合管	2mm/m 且≤8mm				
		引入管阀门	阀门中心距地面	±15mm				
2	燃气计量表安装	<25m³/h	表底距地面	±15mm	30			
			中心线垂直度	1mm				
		≥25m³/h	表底距地面	±15mm				
			中心线垂直度	表高的0.4%				
3	灶具安装	灶具与墙净距		≥10cm	40			
		灶具与侧面墙净距		≥15cm				
		灶具与木家具、门窗净距		≥20cm				
	合计得分							

允许偏差项目分值 10 分

应得分合计：

实得分合计.

核查结果

$$燃气工程允许偏差得分 = \frac{实得分合计}{应得分合计} \times 10 =$$

评价人员：　　　　　　年　月　日

（4）观感质量。燃气工程观感质量项目及评分应符合表 3-60 的规定。

表 3-60　燃气工程观感质量项目及评分

工程名称				建设单位		
施工单位				评价单位		
序号	检查项目	应得分	判定结果		实得分	备注
			100%	70%		
1	燃气管道及支架安装（牢固、坡度）	10				
2	计量仪表、灶具等设备安装	20				
3	燃气管道引入，与其他管道间距	20				
4	管道标识	10				
5	烟道设置	20				
6	排气管与周围安全距离	20				
	合计得分					

核查结果

观感质量项目分值 30 分

应得分合计：

实得分合计：

$$燃气工程观感质量得分 = \frac{实得分合计}{应得分合计} \times 30 =$$

评价人员：　　　　　　　　年　月　日

六、建筑节能工程质量评价

1. 性能检测

建筑节能工程性能检测项目及评分应符合表 3-61 的规定。

表 3-61　建筑节能工程性能检测项目及评分

工程名称				建设单位		
施工单位				评价单位		
序号	检查项目	应得分	判定结果		实得分	备注
			100%	70%		
1	外围护结构节能实体检验	40				
2	外窗气密性现场实体检测	30				
3	建筑设备工程系统节能性能检验	30				
	合计得分					

核查结果

性能检测项目分值 40 分

应得分合计：

实得分合计：

$$建筑节能工程性能检测得分 = \frac{实得分合计}{应得分合计} \times 40 =$$

评价人员：　　　　　　　　年　月　日

2. 质量记录

建筑节能工程质量记录项目及评分应符合表 3-62 的规定。

表 3-62 建筑节能工程质量记录项目及评分

工程名称				建设单位				
施工单位				评价单位				
序号	检 查 项 目			应得分	判定结果		实得分	备注
					100%	70%		
1	材料、设备合格证，进场验收记录及复试报告	墙体、地面、屋面保温材料合格证，进场验收记录及复试报告		30				
		幕墙、门窗玻璃、保温材料合格证，进场验收记录及复试报告						
		散热器、电气设备等设备性能合格证，进场验收记录及复试报告						
2	施工记录	墙体、地面、屋面保温层施工记录		30				
		外门窗框与墙体间缝隙密封施工记录						
		幕墙保温施工记录						
		建筑设备系统安装记录						
		隐蔽工程验收记录						
3	施工试验	室外管网的热输送效率检测报告		40				
		室内温度检测报告						
		墙面保温层后置锚固件拉拔试验报告						
		设备系统安装调试报告						
		节能检测监测与控制系统可靠性能的调试报告						
	合计得分							
核查结果	质量记录项目分值 30 分 应得分合计： 实得分合计： $$建筑节能工程质量记录得分 = \frac{实得分合计}{应得分合计} \times 30 =$$ 评价人员： 年 月 日							

3. 允许偏差

建筑节能工程允许偏差项目及评分应符合表 3-63 的规定。

表 3-63　建筑节能工程允许偏差项目及评分

工程名称		建设单位				
施工单位		评价单位				
序号	检查项目	应得分	判定结果		实得分	备注
			100%	70%		
1	墙体保温层厚度应大于或等于设计值的 95%	30				
2	屋面、地面保温层厚度应大于或等于设计值的 95%	20				
3	砌筑保温墙水平灰缝饱满度应不小于 90%，竖缝应不小于 80%	10				
4	室内温度差：冬季 −2～1℃；夏季 −1～2℃	10				
5	各风口风量偏差应不大于设计值的 15%	10				
6	平均照度与照明功率密度偏差不大于设计值的 10%	10				
7	空调系统冷热水、冷却水总流量偏差不大于 10%	10				
	合计得分					
核查结果	允许偏差项目分值 10 分 应得分合计： 实得分合计： $$建筑节能工程允许偏差得分 = \frac{实得分合计}{应得分合计} \times 10 =$$ 评价人员：　　　　　　年　　月　　日					

4. 观感质量

建筑节能工程观感质量项目及评分应符合表 3-64 的规定。

表 3-64　建筑节能工程观感质量项目及评分

工程名称		建设单位				
施工单位		评价单位				
序号	检查项目	应得分	判定结果		实得分	备注
			100%	70%		
1	墙体、地面、屋面保温层外围护节能构造	30				
2	门窗框固定、接缝密封、打胶、开闭	20				
3	幕墙保温材料铺设构造	10				
4	散热器、管线安装	10				
5	风管、风机盘管、机组安装	10				
6	各种电器接线端子及接地线安装	10				
7	节能监控系统安装	10				
	合计得分					
核查结果	观感质量项目分值 20 分 应得分合计： 实得分合计： $$建筑节能工程观感质量得分 = \frac{实得分合计}{应得分合计} \times 20 =$$ 评价人员：　　　　　　年　　月　　日					

情景二　施工现场安全检查评价

1. 学习情境描述

某地块住宅工程主体结构结顶，现场监理单位组织施工单位，依据现行标准《建筑施工安全检查标准》JGJ 59，主要针对"建筑施工安全检查评分汇总表"十个项目中的"安全管理、文明施工、脚手架、基坑工程（本部位为主体结构，无此检查项）、模板支架、高处作业、施工用电、物料提升机与施工升降机（本工程未设施工升降机，仅检查物料提升机）、塔式起重机与起重吊装（本工程无其他起重吊装，仅检查塔式起重机）、施工机具"等项目进行了一次安全检查评价。经对保证项目和一般项目的打分，得分为 76 分，评定结果为合格。

2. 学习目标

知识目标：

（1）了解施工现场安全检查评价标准。

（2）熟悉施工现场安全检查评价方法。

（3）熟悉施工现场安全检查评价程序。

能力目标：

会进行施工现场安全检查评价。

素养目标：

在职业活动中遵守行为规范的职业操守。

3. 任务书

根据给定的工程项目，开展施工现场安全检查评价。

4. 工作准备

引导问题 1：什么是安全检查评价？

_____

_____

小提示：

安全检查评价是指应用安全系统工程原理，结合建筑施工中伤亡事故规律，依据国家有关法律法规、标准和规程，采用检查评分表的形式，对建筑施工中易发生伤亡事故的主要环节、部位和工艺等的完成情况，进行安全检查，科学、量化、客观评价建筑施工安全生产情况，提高安全生产工作和文明施工的管理水平，预防伤亡事故的发生，确保职工的安全和健康，实现检查评价工作的标准化、规范化。

引导问题2：安全检查评价内容有哪些？

_____

_____

小提示：

根据现行标准《建筑施工安全检查标准》JGJ 59，将安全检查评价分为以下十类：

（1）安全管理。主要对施工中安全管理的日常工作进行考核。在事故类别分析中虽然没有分析安全管理工作，但管理不善却是造成伤亡事故的主要原因之一。在事故分析中，事故大多不是因技术问题造成的，而是因违章所致。所以应做好日常的安全管理工作和资料的积累，以供检查人员对该工程安全管理工作进行确认。

（2）文明施工。施工现场不但应该做到遵章守纪、安全生产，同时还应做到文明施工、整齐有序，把过去建筑施工以"脏、乱、差"为主要特征的工地，改变为城市文明的"窗口"。

（3）脚手架。

1）扣件式钢管脚手架。其是为建筑施工而搭设的、承受荷载的由扣件和钢管等构成的脚手架与支撑架，主要杆件有底座、立杆、大横杆、小横杆、十字撑等，扣件式钢管脚手架适用于多种外形形状的房屋建筑和构筑物。

2）门式钢管脚手架。其是一种工厂生产、现场搭设的脚手架。它是由门架、交叉支撑、连接棒、挂扣式脚手板或水平架、锁臂等组成基本结构，再设置水平加固杆、剪刀撑、扫地杆、封口杆、托座与底座，并采用连墙件与建筑物主体结构相连的一种标准化钢管脚手架。门式钢管脚手架不仅可作为外脚手架，也可作为内脚手架或满堂脚手架。

3）碗扣式钢管脚手架。碗扣式钢管脚手架接头构造合理，制作工艺简单，作业容易，使用范围广，能充分满足房屋、桥涵、隧道、烟囱、水塔等多种建（构）筑物的施工要求。与其他类型脚手架相比，碗扣式钢管脚手架是一种有广泛发展前景的新型脚手架。此种脚手架独创了带齿碗扣接头，具有拼拆迅速、省力，结构稳定可靠，配备完善，通用性强，承载力大，安全可靠，易于加工，不易丢失，便于管理，易于运输，应用广泛等特点，大大提高了工作效率。

4）承插型盘扣式钢管脚手架。其是立杆采用套管承插连接，水平杆和斜杆采用杆端和接头卡入连接盘，用楔形插销连接，从而形成结构几何不变体系的钢管支架。由立杆、水平杆、斜杆、可调底座及可调托座等配件构成。

5）满堂脚手架。其是一种在水平方向满铺搭设脚手架的施工工艺，多用于施工人员施工通道。满堂脚手架为高密度脚手架，由立杆、横杆、斜撑和剪刀撑等组成，相邻杆件的距离固定，压力传导均匀，因此也更加稳固。满堂脚手架相对比其他脚手架系统密度大，也更稳固。

6）悬挑式脚手架。悬挑式脚手架一般有两种：一种是每层一挑，将立杆底部顶在楼板、梁或墙体等建筑部位，向外倾斜固定后，在其上部搭设横杆、铺脚手板形成施工层，施工一个层高，待转入上层后，再重新搭设脚手架，提供上一层施工；另外一种是多层悬挑，将全高的脚手架分成若干段，每段搭设高度不超过25m，利用悬挑梁或悬挑架作为脚手架基础，分段悬挑、分段搭设脚手架，利用此种方法可以搭设高度超过50m的脚手架。

7）附着式升降脚手架。附着式升降脚手架是指搭设一定高度并附着于工程结构上，依靠自身的升降设备和装置，可随工程结构逐层爬升或下降，具有防倾覆、防坠落装置的外脚手架。附着式升降脚手架主要由附着式升降脚手架架体结构、附着支座、防倾覆装置、防坠落装置、升降机构及控制装置等构成。

（4）基坑工程。近年来，建筑施工伤亡事故中坍塌事故比例增大，其中多因开挖基坑时未按土质情况设置安全边坡和做好固壁支撑；拆模时混凝土未达到设计强度、模板支撑未经过设计计算造成，必须认真治理。

（5）模板支架。模板支架在建筑施工中的主要功能是承载施工前期混凝土结构所承受的荷载力，保证混凝土结构强度的稳固性。如果在模板支撑搭建的过程中，模板的强度不够，会导致在前期施工中混凝土结构出现破坏的情况，从而影响模板支撑结构的稳定性。在建筑施工中模板支撑结构的稳定性非常重要，如果模板支撑结构的稳定性较差，严重时会造成工程坍塌等事故。因此，在建筑施工中需要重视模板支撑的施工技术和安全施工管理工作。

（6）高处作业。凡在坠落高度基准面 2m 以上（含 2m）有可能坠落的高处进行的作业，均称为高处作业。如何加强劳动管理、落实防护措施，是消除高处坠落事故隐患必须面对的问题。

（7）施工用电。是针对施工现场在工程建设过程中的临时用电而制定的，主要强调必须按照临时用电施工组织设计施工，有明确的保护系统，符合三级配电两级保护要求，做到"一机、一闸、一漏、一箱"，线路架设符合规定。

（8）物料提升机与施工升降机。施工现场使用的物料提升机和施工升降机是垂直运输的主要设备，虽然设备本身是由厂家生产的，但也存在组装、使用及管理上的隐患，一旦发生问题将会造成重大事故，所以必须按照规范及有关规定，对这两种设备进行认真检查和严格管理，防止发生事故。

（9）塔式起重机与起重吊装。塔式起重机因其作业高度高和幅度大的特点大量用于建筑工程施工，可以同时解决垂直及水平运输，但由于其使用环境、条件复杂和多变，在组装、拆除及使用中存在一定的危险性，使用、管理不善易发生倒塔事故造成人员伤亡，所以要求组装、拆除必须由具有资质的专业队伍承担，使用前进行试运转检查，使用中应严格按规定要求进行。

起重吊装主要是指建筑工程中的结构吊装和设备安装工程。起重吊装是专业性强且危险性较大的工作，所以要求必须做专项施工方案、进行试吊、有专业队伍和经验收合格的起重设备。

（10）施工机具。施工现场除使用大型机械设备外，也大量使用中小型机械和机具，这些机具虽然体积小，但仍有其危险性，且因使用量多面广，有必要进行规范，否则造成事故也相当严重。

引导问题 3：安全检查评价评定等级有哪些？

_____

_____

小提示：

根据现行标准《建筑施工安全检查标准》JGJ 59，建筑施工安全检查评定的等级划分为：

（1）优良。分项检查评分表无零分，汇总表得分值在 80 分及以上。

（2）合格。分项检查评分表无零分，汇总表得分值在 80 分以下，70 分及以上。

（3）不合格。

1）汇总表得分值不足 70 分。

2）有一分项检查评分表得零分。

当建筑施工安全检查评定的等级为不合格时，必须限期整改达到合格。

引导问题 4：安全检查评分方法有哪些？

_____

_____

小提示：

根据现行标准《建筑施工安全检查标准》JGJ 59，安全检查评分方法如下：

（1）建筑施工安全检查评定中，保证项目应全数检查。

（2）检查评分表分为检查评分汇总表和安全管理、文明施工、脚手架、基坑工程、模板支架、高处作业、施工用电、物料提升机与施工升降机、塔式起重机与起重吊装、施工机具分项检查评分表，见表 3-65～表 3-83。

（3）各评分表的评分应符合下列规定：

1）分项检查评分表和检查评分汇总表的满分分值均应为 100 分，评分表的实得分值应为各检查项目所得分值之和。

2）评分采用扣减分值的方法，扣减分值总和不得超过该检查项目的应得分值。

3）当按分项检查评分表评分时，保证项目中有一项未得分或保证项目小计得分不足 40 分，此分项检查评分表不应得分。

4）检查评分汇总表中各分项项目实得分值应按下式计算：

$$A_1 = \frac{B \times C}{100}$$

式中　A_1——汇总表各分项项目实得分值；

　　　B——汇总表中该项应得满分值；

　　　C——该项检查评分表实得分值。

5）当评分遇有缺项时，分项检查评分表或检查评分汇总表的总得分值应按下式计算：

$$A_2 = \frac{D}{E} \times 100$$

式中　A_2——遇有缺项时总得分值；

　　　D——实查项目在该表的实得分值之和；

　　　E——实查项目在该表的应得满分值之和。

6）脚手架、物料提升机与施工升降机、塔式起重机与起重吊装项目的实得分值，应为所对应专业的分项检查评分表实得分值的算术平均值。

7）安全检查评分表。

表 3-65　建筑施工安全检查评分汇总表

企业名称：

项目名称及分值：

资质等级：

年　月　日

单位工程（施工现场）名称	建筑面积/m²	结构类型	总计得分（满分分值100分）	安全管理（满分10分）	文明施工（满分15分）	脚手架（满分10分）	基坑工程（满分10分）	模板支架（满分10分）	高处作业（满分10分）	施工用电（满分10分）	物料提升机与施工升降机（满分10分）	塔式起重机与起重吊装（满分10分）	施工机具（满分5分）

评语：

检查单位	负责人	受检项目	项目经理

表 3-66 安全管理检查评分表

序号	检查项目		扣分标准	应得分数	扣减分数	实得分数
1	保证项目	安全生产责任制	未建立安全生产责任制扣 10 分 安全生产责任制未经责任人签字确认扣 3 分 未制定各工种安全技术操作规程扣 10 分 未按规定配备专职安全员扣 10 分 工程项目部承包合同中未明确安全生产考核指标扣 8 分 未制定安全资金保障制度扣 5 分 未编制安全资金使用计划及实施扣 2~5 分 未制定安全生产管理目标（伤亡控制、安全达标、文明施工）扣 5 分 未进行安全责任目标分解扣 5 分 未建立安全生产责任制、责任目标考核制度扣 5 分 未按考核制度对管理人员定期考核扣 2~5 分	10		
2		施工组织设计	施工组织设计中未制定安全措施扣 10 分 危险性较大的分部分项工程未编制安全专项施工方案扣 3~8 分 未按规定对专项方案进行专家论证扣 10 分 施工组织设计、专项方案未经审批扣 10 分 安全措施、专项方案无针对性或缺少设计计算扣 6~8 分 未按方案组织实施扣 5~10 分	10		
3		安全技术交底	未采取书面安全技术交底扣 10 分 交底未做到分部分项扣 5 分 交底内容针对性不强扣 3~5 分 交底内容不全面扣 4 分 交底未履行签字手续扣 2~4 分	10		
4		安全检查	未建立安全检查（定期、季节性）制度扣 5 分 未留有定期、季节性安全检查记录扣 5 分 事故隐患的整改未做到定人、定时间、定措施扣 2~6 分 对重大事故隐患整改通知书所列项目未按期整改和复查扣 8 分	10		
5		安全教育	未建立安全培训、教育制度扣 10 分 新入场工人未进行三级安全教育和考核扣 10 分 未明确具体安全教育内容扣 6~8 分 变换工种时未进行安全教育扣 10 分 施工管理人员、专职安全员未按规定进行年度培训考核扣 5 分	10		
6		应急预案	未制定安全生产应急预案扣 10 分 未建立应急救援组织、配备救援人员扣 3~6 分 未配置应急救援器材扣 5 分 未进行应急救援演练扣 5 分	10		
	小计			60		

（续）

序号	检查项目		扣分标准	应得分数	扣减分数	实得分数
7	一般项目	分包单位安全管理	分包单位资质、资格、分包手续不全或失效扣10分 未签订安全生产协议书扣5分 分包合同、安全协议书，签字盖章手续不全扣2～6分 分包单位未按规定建立安全组织、配备安全员扣3分	10		
8		特种作业持证上岗	一人未经培训从事特种作业扣4分 一人特种作业人员资格证未延期复核扣4分 一人未持操作证上岗扣2分	10		
9		生产安全事故处理	生产安全事故未按规定报告扣3～5分 生产安全事故未按规定进行调查分析处理、制定防范措施扣10分 未办理工伤保险扣5分	10		
10		安全标志	主要施工区域、危险部位、设施未按规定悬挂安全标志扣5分 未绘制现场安全标志布置总平面图扣5分 未按部位和现场设施的改变调整安全标志设置扣5分	10		
	小计			40		
检查项目合计				100		

表 3-67 文明施工检查评分表

序号	检查项目		扣分标准	应得分数	扣减分数	实得分数
1	保证项目	现场围挡	在市区主要路段的工地周围未设置高于2.5m的封闭围挡扣10分 一般路段的工地周围未设置高于1.8m的封闭围挡扣10分 围挡材料不坚固、不稳定、不整洁、不美观扣5～7分 围挡没有沿工地四周连续设置扣3～5分	10		
2		封闭管理	施工现场出入口未设置大门扣3分 未设置门卫室扣2分 未设门卫或未建立门卫制度扣3分 进入施工现场不佩戴工作卡扣3分 施工现场出入口未标有企业名称或标识，且未设置车辆冲洗设施扣3分	10		
3		施工场地	现场主要道路未进行硬化处理扣5分 现场道路不畅通、路面不平整坚实扣5分 现场作业、运输、存放材料等采取的防尘措施不齐全、不合理扣5分 排水设施不齐全或排水不通畅、有积水扣4分 未采取防止泥浆、污水、废水外流或堵塞下水道和排水河道措施扣3分 未设置吸烟处、随意吸烟扣2分 温暖季节未进行绿化布置扣3分	10		

（续）

序号	检查项目		扣分标准	应得分数	扣减分数	实得分数
4	保证项目	现场材料	建筑材料、构件、料具不按总平面布局码放扣 4 分 材料布局不合理、堆放不整齐、未标明名称、规格扣 2 分 建筑物内施工垃圾的清运，未采用合理器具或随意凌空抛掷扣 5 分 未做到工完场地清扣 3 分 易燃易爆物品未采取防护措施或未进行分类存放扣 4 分	10		
5		现场住宿	在建工程、伙房、库房兼做住宿扣 8 分 施工作业区、材料存放区与办公区、生活区不能明显划分扣 6 分 宿舍未设置可开启式窗户扣 4 分 未设置床铺、床铺超过 2 层、使用通铺、未设置通道或人员超编扣 6 分 宿舍未采取保暖和防煤气中毒措施扣 5 分 宿舍未采取消暑和防蚊蝇措施扣 5 分 生活用品摆放混乱、环境不卫生扣 3 分	10		
6		现场防火	未制定消防措施、制度或未配备灭火器材扣 10 分 现场临时设施的材质和选址不符合环保、消防要求扣 8 分 易燃材料随意码放，灭火器材布局、配置不合理或灭火器材失效扣 5 分 未设置消防水源（高层建筑）或不能满足消防要求扣 8 分 未办理动火审批手续或无动火监护人员扣 5 分	10		
		小计		60		
7	一般项目	治安综合治理	生活区未给作业人员设置学习和娱乐场所扣 4 分 未建立治安保卫制度、责任未分解到人扣 3～5 分 治安防范措施不利，常发生失盗事件扣 3～5 分	8		
8		施工现场标牌	大门口处设置的"五牌一图"内容不全、缺一项扣 2 分 标牌不规范、不整齐扣 3 分 未张挂安全标语扣 5 分 未设置宣传栏、读报栏、黑板报扣 4 分	8		
9		生活设施	食堂与厕所、垃圾站、有毒有害场所距离较近扣 6 分 食堂未办理卫生许可证或未办理炊事人员健康证扣 5 分 食堂使用的燃气罐未单独设置存放间或存放间通风条件不好扣 4 分 食堂的卫生环境差，未配备排风、冷藏、隔油池、防鼠等设施扣 4 分 厕所的数量或布局不满足现场人员需求扣 6 分 厕所不符合卫生要求扣 4 分 不能保证现场人员卫生饮水扣 8 分 未设置淋浴室或淋浴室不能满足现场人员需求扣 4 分 未建立卫生责任制度、生活垃圾未装容器或未及时清理扣 3～5 分	8		
10		保健急救	现场未制定相应的应急预案，或预案实际操作性差扣 6 分 未设置经培训的急救人员或未设置急救器材扣 4 分 未开展卫生防病宣传教育或未提供必备防护用品扣 4 分 未设置保健医药箱扣 5 分	8		

（续）

序号	检查项目		扣分标准	应得分数	扣减分数	实得分数
11	一般项目	社区服务	夜间未经许可施工扣8分 施工现场焚烧各类废弃物扣8分 未采取防粉尘、防噪声、防光污染措施扣5分 未建立施工不扰民措施扣5分	8		
		小计		40		
检查项目合计				100		

表 3-68 扣件式钢管脚手架检查评分表

序号	检查项目		扣分标准	应得分数	扣减分数	实得分数
1		施工方案	架体搭设未编制施工方案或搭设高度超过24m未编制专项施工方案扣10分 架体搭设高度超过24m未进行设计计算或未按规定审核、审批扣10分 架体搭设高度超过50m专项施工方案未按规定组织专家论证或未按专家论证意见组织实施扣10分 施工方案不完整或不能指导施工作业扣5～8分	10		
2		立杆基础	立杆基础不平、不实、不符合方案设计要求扣10分 立杆底部底座、垫板或垫板的规格不符合规范要求每一处扣2分 未按规范要求设置纵、横向扫地杆扣5～10分 扫地杆的设置和固定不符合规范要求扣5分 未设置排水措施扣8分	10		
3	保证项目	架体与建筑结构拉结	架体与建筑结构拉结不符合规范要求每处扣2分 连墙件距主节点距离不符合规范要求每处扣4分 架体底层第一步纵向水平杆处未按规定设置连墙件或未采用其他可靠措施固定每处扣2分 搭设高度超过24m的双排脚手架，未采用刚性连墙件与建筑结构可靠连接扣10分	10		
4		杆件间距与剪刀撑	立杆、纵向水平杆、横向水平杆间距超过规范要求每处扣2分 未按规定设置纵向剪刀撑或横向斜撑每处扣5分 剪刀撑未沿脚手架高度连续设置或角度不符合要求每处扣5分 剪刀撑斜杆的接长或剪刀撑斜杆与架体杆件固定不符合要求每处扣2分	10		
5		脚手板与防护栏杆	脚手板未满铺或铺设不牢、不稳扣7～10分 脚手板规格或材质不符合要求扣7～10分 每有一处探头板扣2分 架体外侧未设置密目式安全网封闭或网间不严扣7～10分 作业层未在高度1.2m和0.6m处设置上、中两道防护栏杆扣5分 作业层未设置高度不小于180mm的挡脚板扣5分	10		

（续）

序号	检查项目		扣分标准	应得分数	扣减分数	实得分数
6	保证项目	交底与验收	架体搭设前未进行交底或交底未留有记录扣 5 分 架体分段搭设、分段使用未办理分段验收扣 5 分 架体搭设完毕未办理验收手续扣 10 分 未记录量化的验收内容扣 5 分	10		
		小计		60		
7	一般项目	横向水平杆设置	未在立杆与纵向水平杆交点处设置横向水平杆每处扣 2 分 未按脚手板铺设的需要增加设置横向水平杆每处扣 2 分 横向水平杆只固定端每处扣 1 分 单排脚手架横向水平杆插入墙内小于 18cm 每处扣 2 分	10		
8		杆件搭接	纵向水平杆搭接长度小于 1m 或固定不符合要求每处扣 2 分 立杆除顶层顶步外采用搭接每处扣 4 分	10		
9		架体防护	作业层未用安全平网双层兜底，且以下每隔 10m 未用安全平网封闭扣 10 分 作业层与建筑物之间未进行封闭扣 10 分	10		
10		脚手架材质	钢管直径、壁厚、材质不符合要求扣 5 分 钢管弯曲、变形、锈蚀严重扣 4～5 分 扣件未进行复试或技术性能不符合标准扣 5 分	5		
11		通道	未设置人员上下专用通道扣 5 分 通道设置不符合要求扣 1～3 分	5		
		小计		40		
	检查项目合计			100		

表 3-69　悬挑式脚手架检查评分表

序号	检查项目		扣分标准	应得分数	扣减分数	实得分数
1	保证项目	施工方案	未编制专项施工方案或未进行设计计算扣 10 分 专项施工方案未经审核、审批或架体搭设高度超过 20m 未按规定组织进行专家论证扣 10 分	10		
2		悬挑钢梁	钢梁截面高度未按设计确定或截面高度小于 160mm 扣 10 分 钢梁固定段长度小于悬挑段长度的 1.25 倍扣 10 分 钢梁外端未设置钢丝绳或钢拉杆与上一层建筑结构拉结每处扣 2 分 钢梁与建筑结构锚固措施不符合规范要求每处扣 5 分 钢梁间距未按悬挑架立杆纵距设置扣 6 分	10		
3		架体稳定	立杆底部与钢梁连接处未设置可靠固定措施每处扣 2 分 承插式立杆接长未采取螺栓或销钉固定每处扣 2 分 未在架体外侧设置连续式剪刀撑扣 10 分 未按规定在架体内侧设置横向斜撑扣 5 分 架体未按规定与建筑结构拉结每处扣 5 分	10		

（续）

序号	检查项目		扣分标准	应得分数	扣减分数	实得分数
4	保证项目	脚手板	脚手板规格、材质不符合要求扣7～10分 脚手板未满铺或铺设不严、不牢、不稳扣7～10分 每处探头板扣2分	10		
5		荷载	架体施工荷载超过设计规定扣10分 施工荷载堆放不均匀每处扣5分	10		
6		交底与验收	架体搭设前未进行交底或交底未留有记录扣5分 架体分段搭设、分段使用，未办理分段验收扣7～10分 架体搭设完毕未保留验收资料或未记录量化的验收内容扣5分	10		
		小计		60		
7	一般项目	杆件间距	立杆间距超过规范要求，或立杆底部未固定在钢梁上每处扣2分 纵向水平杆步距超过规范要求扣5分 未在立杆与纵向水平杆交点处设置横向水平杆每处扣1分	10		
8		架体防护	作业层外侧未在高度1.2m和0.6m处设置上、中两道防护栏杆扣5分 作业层未设置高度不小于180mm的挡脚板扣5分 架体外侧未采用密目式安全网封闭或网间不严扣7～10分	10		
9		层间防护	作业层未用安全平网双层兜底，且以下每隔10m未用安全平网封闭扣10分 架体底层未进行封闭或封闭不严扣10分	10		
10		脚手架材质	型钢、钢管、构配件规格及材质不符合规范要求扣7～10分 型钢、钢管弯曲、变形、锈蚀严重扣7～10分	10		
		小计		40		
检查项目合计				100		

表3-70　门式钢管脚手架检查评分表

序号	检查项目		扣分标准	应得分数	扣减分数	实得分数
1	保证项目	施工方案	未编制专项施工方案或未进行设计计算扣10分 专项施工方案未按规定审核、审批或架体搭设高度超过50m未按规定组织专家论证扣10分	10		
2		架体基础	架体基础不平、不实、不符合专项施工方案要求扣10分 架体底部未设垫板或垫板底部的规格不符合要求扣10分 架体底部未按规范要求设置底座每处扣1分 架体底部未按规范要求设置扫地杆扣5分 未设置排水措施扣8分	10		
3		架体稳定	未按规定间距与结构拉结每处扣5分 未按规范要求设置剪刀撑扣10分 未按规范要求高度做整体加固扣5分 架体立杆垂直偏差超过规定扣5分	10		

（续）

序号	检查项目		扣分标准	应得分数	扣减分数	实得分数
4	保证项目	杆件锁件	未按说明书规定组装，或漏装杆件、锁件扣 6 分 未按规范要求设置纵向水平加固杆扣 10 分 架体组装不牢或紧固不符合要求每处扣 1 分 使用的扣件与连接的杆件参数不匹配每处扣 1 分	10		
5		脚手板	脚手板未满铺或铺设不牢、不稳扣 5 分 脚手板规格或材质不符合要求扣 5 分 采用钢脚手板时挂钩未挂扣在水平杆上或挂钩未处于锁住状态每处扣 2 分	10		
6		交底与验收	脚手架搭设前未进行交底或交底未留有记录扣 6 分 脚手架分段搭设、分段使用未办理分段验收扣 6 分 脚手架搭设完毕未办理验收手续扣 6 分 未记录量化的验收内容扣 5 分	10		
		小计		60		
7	一般项目	架体防护	作业层脚手架外侧未在 1.2m 和 0.6m 高度设置上、中两道防护栏杆扣 10 分 作业层未设置高度不小于 180mm 的挡脚板扣 3 分 脚手架外侧未设置密目式安全网封闭或网间不严扣 7~10 分 作业层未用安全平网双层兜底，且以下每隔 10m 未用安全平网封闭扣 5 分	10		
8		材质	杆件变形、锈蚀严重扣 10 分 门架局部开焊扣 10 分 构配件的规格、型号、材质或产品质量不符合规范要求扣 10 分	10		
9		荷载	施工荷载超过设计规定扣 10 分 荷载堆放不均匀每处扣 5 分	10		
10		通道	未设置人员上下专用通道扣 10 分 通道设置不符合要求扣 5 分	10		
		小计		40		
	检查项目合计			100		

表 3-71　碗扣式钢管脚手架检查评分表

序号	检查项目		扣分标准	应得分数	扣减分数	实得分数
1	保证项目	施工方案	未编制专项施工方案或未进行设计计算扣 10 分 专项施工方案未按规定审核、审批或架体高度超过 50m 未按规定组织专家论证扣 10 分	10		
2		架体基础	架体基础不平、不实，不符合专项施工方案要求扣 10 分 架体底部未设置垫板或垫板的规格不符合要求扣 10 分 架体底部未按规范要求设置底座每处扣 1 分 架体底部未按规范要求设置扫地杆扣 5 分 未设置排水措施扣 8 分	10		

（续）

序号	检查项目		扣分标准	应得分数	扣减分数	实得分数
3	保证项目	架体稳定	架体与建筑结构未按规范要求拉结每处扣2分 架体底层第一步水平杆处未按规范要求设置连墙件或未采用其他可靠措施固定每处扣2分 连墙件未采用刚性杆件扣10分 未按规范要求设置竖向专用斜杆或八字形斜撑扣5分 竖向专用斜杆两端未固定在纵、横向水平杆与立杆汇交的碗扣结点处每处扣2分 竖向专用斜杆或八字形斜撑未沿脚手架高度连续设置或角度不符合要求扣5分	10		
4		杆件锁件	立杆间距、水平杆步距超过规范要求扣10分 未按专项施工方案设计的步距在立杆连接碗扣结点处设置纵、横向水平杆扣10分 架体搭设高度超过24m时，顶部24m以下的连墙件层未按规定设置水平斜杆扣10分 架体组装不牢或上碗扣紧固不符合要求每处扣1分	10		
5		脚手板	脚手板未满铺或铺设不牢、不稳扣7～10分 脚手板规格或材质不符合要求扣7～10分 采用钢脚手板时挂钩未挂扣在横向水平杆上或挂钩未处于锁住状态每处扣2分	10		
6		交底与验收	架体搭设前未进行交底或交底未留有记录扣6分 架体分段搭设、分段使用未办理分段验收扣6分 架体搭设完毕未办理验收手续扣6分 未记录量化的验收内容扣5分	10		
		小计		60		
7	一般项目	架体防护	架体外侧未设置密目式安全网封闭或网间不严扣7～10分 作业层未在外侧立杆的1.2m和0.6m的碗扣结点设置上、中两道防护栏杆扣5分 作业层外侧未设置高度不小于180mm的挡脚板扣3分 作业层未用安全平网双层兜底，且以下每隔10m未用安全平网封闭扣5分	10		
8		材质	杆件弯曲、变形、锈蚀严重扣10分 钢管、构配件的规格、型号、材质或产品质量不符合规范要求扣10分	10		
9		荷载	施工荷载超过设计规定扣10分 荷载堆放不均匀每处扣5分	10		
10		通道	未设置人员上下专用通道扣10分 通道设置不符合要求扣5分	10		
		小计		40		
检查项目合计				100		

表 3-72　附着式升降脚手架检查评分表

序号	检查项目		扣分标准	应得分数	扣减分数	实得分数
1		施工方案	未编制专项施工方案或未进行设计计算扣 10 分 专项施工方案未按规定审核、审批扣 10 分 脚手架提升高度超过 150m 专项施工方案未按规定组织专家论证扣 10 分	10		
2	保证项目	安全装置	未采用机械式的全自动防坠落装置或技术性能不符合规范要求扣 10 分 防坠落装置与升降设备未分别独立固定在建筑结构处扣 10 分 防坠落装置未设置在竖向主框架处与建筑结构附着扣 10 分 未安装防倾覆装置或防倾覆装置不符合规范要求扣 10 分 在升降或使用工况下，最上和最下两个防倾覆装置之间的最小间距不符合规范要求扣 10 分 未安装同步控制或荷载控制装置扣 10 分 同步控制或荷载控制误差不符合规范要求扣 10 分	10		
3		架体构造	架体高度大于 5 倍楼层高扣 10 分 架体宽度大于 1.2m 扣 10 分 直线布置的架体支承跨度大于 7m 或折线、曲线布置的架体支撑跨度的架体外侧距离大于 5.4m 扣 10 分 架体的水平悬挑长度大于 2m 或水平悬挑长度未大于 2m 但大于跨度 1/2 扣 10 分 架体悬臂高度大于架体高度 2/5 或悬臂高度大于 6m 扣 10 分 架体全高与支撑跨度的乘积大于 110m² 扣 10 分	10		
4		附着支座	未按竖向主框架所覆盖的每个楼层设置一道附着支座扣 10 分 在使用工况时，未将竖向主框架与附着支座固定扣 10 分 在升降工况时，未将防倾、导向的结构装置设置在附着支座处扣 10 分 附着支座与建筑结构连接固定方式不符合规范要求扣 10 分	10		
5		架体安装	主框架和水平支撑桁架的结点未采用焊接或螺栓连接或各杆件轴线未交汇于主节点扣 10 分 内外两片水平支承桁架的上弦和下弦之间设置的水平支撑杆件未采用焊接或螺栓连接扣 5 分 架体立杆底端未设置在水平支撑桁架上弦各杆件汇交结点处扣 10 分 与墙面垂直的定型竖向主框架组装高度低于架体高度扣 5 分 架体外立面设置的连续式剪刀撑未将竖向主框架、水平支撑桁架和架体构架连成一体扣 8 分	10		
6		架体升降	两跨以上架体同时整体升降采用手动升降设备扣 10 分 升降工况时附着支座在建筑结构连接处混凝土强度未达到设计要求或小于 C10 扣 10 分 升降工况时架体上有施工荷载或有人员停留扣 10 分	10		
	小计			60		

（续）

序号	检查项目		扣分标准	应得分数	扣减分数	实得分数
7	一般项目	检查验收	构配件进场未办理验收扣6分 分段安装、分段使用未办理分段验收扣8分 架体安装完毕未履行验收程序或验收表未经责任人签字扣10分 每次提升前未留有具体检查记录扣6分 每次提升后、使用前未履行验收手续或资料不全扣7分	10		
8		脚手板	脚手板未满铺或铺设不严、不牢扣3~5分 作业层与建筑结构之间空隙封闭不严扣3~5分 脚手板规格、材质不符合要求扣5~8分	10		
9		防护	脚手架外侧未采用密目式安全网封闭或网间不严扣10分 作业层未在高度1.2m和0.6m处设置上、中两道防护栏杆扣5分 作业层未设置高度不小于180mm的挡脚板扣5分	10		
10		操作	操作前未向有关技术人员和作业人员进行安全技术交底扣10分 作业人员未经培训或未定岗定责扣7~10分 安装拆除单位资质不符合要求或特种作业人员未持证上岗扣7~10分 安装、升降、拆除时未采取安全警戒扣10分 荷载不均匀或超载扣5~10分	10		
		小计		40		
检查项目合计				100		

表3-73　承插型盘扣式钢管脚手架检查评分表

序号	检查项目		扣分标准	应得分数	扣减分数	实得分数
1	保证项目	施工方案	未编制专项施工方案或搭设高度超过24m未另行专门设计和计算扣10分 专项施工方案未按规定审核、审批扣10分	10		
2		架体基础	架体基础不平、不实，不符合方案设计要求扣10分 架体立杆底部缺少垫板或垫板的规格不符合规范要求每处扣2分 架体立杆底部未按要求设置底座每处扣1分 未按规范要求设置纵、横向扫地杆扣5~10分 未设置排水措施扣8分	10		
3		架体稳定	架体与建筑结构未按规范要求拉结每处扣2分 架体底层第一步水平杆处未按规范要求设置连墙件或未采用其他可靠措施固定每处扣2分 连墙件未采用刚性杆件扣10分 未按规范要求设置竖向斜杆或剪刀撑扣5分 竖向斜杆两端未固定在纵、横向水平杆与立杆汇交的盘扣结点处每处扣2分 斜杆或剪刀撑未沿脚手架高度连续设置或角度不符合要求扣5分	10		

（续）

序号	检查项目		扣分标准	应得分数	扣减分数	实得分数
4	保证项目	杆件	架体立杆间距、水平杆步距超过规范要求扣 2 分 未按专项施工方案设计的步距在立杆连接盘处设置纵、横向水平杆扣 10 分 双排脚手架的每步水平杆层，当无挂扣钢脚手板时未按规范要求设置水平斜杆扣 5～10 分	10		
5		脚手板	脚手板不满铺或铺设不牢、不稳扣 7～10 分 脚手板规格或材质不符合要求扣 7～10 分 采用钢脚手板时挂钩未挂扣在水平杆上或挂钩未处于锁住状态每处扣 2 分	10		
6		交底与验收	脚手架搭设前未进行交底或未留有交底记录扣 5 分 脚手架分段搭设、分段使用未办理分段验收扣 10 分 脚手架搭设完毕未办理验收手续扣 10 分 未记录量化的验收内容扣 5 分	10		
		小计		60		
7	一般项目	架体防护	架体外侧未设置密目式安全网封闭或网间不严扣 7～10 分 作业层未在外侧立杆的 1m 和 0.5m 的盘扣节点处设置上、中两道水平防护栏杆扣 5 分 作业层外侧未设置高度不小于 180mm 的挡脚板扣 3 分	10		
8		杆件接长	立杆竖向接长位置不符合要求扣 5 分 搭设悬挑脚手架时，立杆的承插接长部位未采用螺栓作为立杆连接件固定扣 7～10 分 剪刀撑的斜杆接长不符合要求扣 5～8 分	10		
9		架体内封闭	作业层未用安全平网双层兜底，且以下每隔 10m 未用安全平网封闭扣 7～10 分 作业层与主体结构间的空隙未封闭扣 5～8 分	10		
10		材质	钢管、构配件的规格、型号、材质或产品质量不符合规范要求扣 5 分 钢管弯曲、变形、锈蚀严重扣 5 分	5		
11		通道	未设置人员上下专用通道扣 5 分 通道设置不符合要求扣 3 分	5		
		小计		40		
	检查项目合计			100		

表 3-74　高处作业吊篮检查评分表

序号	检查项目		扣分标准	应得分数	扣减分数	实得分数
1	保证项目	施工方案	未编制专项施工方案或未对吊篮支架支撑处结构的承载力进行验算扣 10 分 专项施工方案未按规定审核、审批扣 10 分	10		

（续）

序号	检查项目		扣分标准	应得分数	扣减分数	实得分数
2	保证项目	安全装置	未安装安全锁或安全锁失灵扣10分 安全锁超过标定期限仍在使用扣10分 未设置挂设安全带专用安全绳及安全锁扣，或安全绳未固定在建筑物可靠位置扣10分 吊篮未安装上限位装置或限位装置失灵扣10分	10		
3		悬挂机构	悬挂机构前支架支撑在建筑物女儿墙上或挑檐边缘扣10分 前梁外伸长度不符合产品说明书规定扣10分 前支架与支撑面不垂直或脚轮受力扣10分 前支架调节杆未固定在上支架与悬挑梁连接的结点处扣10分 使用破损的配重件或采用其他替代物扣10分 配重件的重量不符合设计规定扣10分	10		
4		钢丝绳	钢丝绳磨损、断丝、变形、锈蚀达到报废标准扣10分 安全绳规格、型号与工作钢丝绳不相同或未独立悬挂每处扣5分 安全绳不悬垂扣10分 利用吊篮进行电焊作业未对钢丝绳采取保护措施扣6~10分	10		
5		安装	使用未经检测或检测不合格的提升机扣10分 吊篮平台组装长度不符合规范要求扣10分 吊篮组装的构配件不是同一生产厂家的产品扣5~10分	10		
6		升降操作	操作升降人员未经培训合格扣10分 吊篮内作业人员数量超过2人扣10分 吊篮内作业人员未将安全带使用安全锁扣正确，挂置在独立设置的专用安全绳上扣10分 吊篮正常使用，人员未从地面进入篮内扣10分	10		
	小计			60		
7	一般项目	交底与验收	未履行验收程序或验收表未经责任人签字扣10分 每天班前、班后未进行检查扣5~10分 吊篮安装、使用前未进行交底扣5~10分	10		
8		防护	吊篮平台周边的防护栏杆或挡脚板的设置不符合规范要求扣5~10分 多层作业未设置防护顶板扣7~10分	10		
9		吊篮稳定	吊篮作业未采取防摆动措施扣10分 吊篮钢丝绳不垂直或吊篮距建筑物空隙过大扣10分	10		
10		荷载	施工荷载超过设计规定扣5分 荷载堆放不均匀扣10分 利用吊篮作为垂直运输设备扣10分	10		
	小计			40		
检查项目合计				100		

表 3-75　满堂式脚手架检查评分表

序号	检查项目		扣分标准	应得分数	扣减分数	实得分数
1	保证项目	施工方案	未编制专项施工方案或未进行设计计算扣 10 分 专项施工方案未按规定审核、审批扣 10 分	10		
2		架体基础	架体基础不平、不实，不符合专项施工方案要求扣 10 分 架体底部未设置垫木或垫木的规格不符合要求扣 10 分 架体底部未按规范要求设置底座每处扣 1 分 架体底部未按规范要求设置扫地杆扣 5 分 未设置排水措施扣 5 分	10		
3		架体稳定	架体四周与中间未按规范要求设置竖向剪刀撑或专用斜杆扣 10 分 未按规范要求设置水平剪刀撑或专用水平斜杆扣 10 分 架体高宽比大于 2 时未按要求采取与结构刚性连接或扩大架体底脚等措施扣 10 分	10		
4		杆件锁件	架体搭设高度超过规范或设计要求扣 10 分 架体立杆间距水平杆步距超过规范要求扣 10 分 杆件接长不符合要求每处扣 2 分 架体搭设不牢或杆件结点紧固不符合要求每处扣 1 分	10		
5		脚手板	脚手板不满铺或铺设不牢、不稳扣 5 分 脚手板规格或材质不符合要求扣 5 分 采用钢脚手板时挂钩未挂扣在水平杆上或挂钩未处于锁住状态每处扣 2 分	10		
6		交底与验收	架体搭设前未进行交底或交底未留有记录扣 6 分 架体分段搭设、分段使用未办理分段验收扣 6 分 架体搭设完毕未办理验收手续扣 6 分 未记录量化的验收内容扣 5 分	10		
		小计		60		
7	一般项目	架体防护	作业层脚手架周边，未在高度 1.2m 和 0.6m 处设置上、中两道防护栏杆扣 10 分 作业层外侧未设置 180mm 高挡脚板扣 5 分 作业层未用安全平网双层兜底，且以下每隔 10m 未用安全平网封闭扣 5 分	10		
8		材质	钢管、构配件的规格、型号、材质或产品质量不符合规范要求扣 10 分 杆件弯曲、变形、锈蚀严重扣 10 分	10		
9		荷载	施工荷载超过设计规定扣 10 分 荷载堆放不均匀每处扣 5 分	10		
10		通道	未设置人员上下专用通道扣 10 分 通道设置不符合要求扣 5 分	10		
		小计		40		
检查项目合计				100		

表 3-76　基坑支护、土方作业检查评分表

序号	检查项目		扣分标准	应得分数	扣减分数	实得分数
1	保证项目	施工方案	深基坑施工未编制支护方案扣 20 分 基坑深度超过 5m 未编制专项支护设计扣 20 分 开挖深度 3m 及以上未编制专项方案扣 20 分 开挖深度 5m 及以上专项方案未经过专家论证扣 20 分 支护设计及土方开挖方案未经审批扣 15 分 施工方案针对性差不能指导施工扣 12～15 分	20		
2		临边防护	深度超过 2m 的基坑施工未采取临边防护措施扣 10 分 临边及其他防护不符合要求扣 5 分	10		
3		基坑支护及支撑拆除	坑槽开挖设置安全边坡不符合安全要求扣 10 分 特殊支护的做法不符合设计方案扣 5～8 分 支护设施已产生局部变形又未采取措施调整扣 6 分 混凝土支护结构未达到设计强度提前开挖、超挖扣 10 分 支撑拆除没有拆除方案扣 10 分 未按拆除方案施工扣 5～8 分 用专业方法拆除支撑，施工队伍没有专业资质扣 10 分	10		
4		基坑降排水	高水位地区深基坑内未设置有效降水措施扣 10 分 深基坑边界周围地面未设置排水沟扣 10 分 基坑施工未设置有效排水措施扣 10 分 深基础施工采用坑外降水，未采取防止临近建筑和管线沉降措施扣 10 分	10		
5		坑边荷载	积土、料具堆放距槽边距离小于设计规定扣 10 分 机械设备施工与槽边距离不符合要求且未采取措施扣 10 分	10		
		小计		60		
6	一般项目	上下通道	人员上下未设置专用通道扣 10 分 设置的通道不符合要求扣 6 分	10		
7		土方开挖	施工机械进场未经验收扣 5 分 挖土机作业时，有人员进入挖土机作业半径内扣 6 分 挖土机作业位置不牢、不安全扣 10 分 驾驶员无证作业扣 10 分 未按规定程序挖土或超挖扣 10 分	10		
8		基坑支护变形监测	未按规定进行基坑工程监测扣 10 分 未按规定对毗邻建筑物和重要管线和道路进行沉降观测扣 10 分	10		
9		作业环境	基坑内作业人员缺少安全作业面扣 10 分 垂直作业上下未采取隔离防护措施扣 10 分 光线不足，未设置足够照明扣 5 分	10		
		小计		40		
检查项目合计				100		

表 3-77　模板支架检查评分表

序号	检查项目		扣分标准	应得分数	扣减分数	实得分数
1	保证项目	施工方案	未按规定编制专项施工方案或结构设计未经设计计算扣 15 分 专项施工方案未经审核、审批扣 15 分 超过一定规模的模板支架，专项施工方案未按规定组织专家论证扣 15 分 专项施工方案未明确混凝土浇筑方式扣 10 分	15		
2		立杆基础	立杆基础承载力不符合设计要求扣 10 分 基础未设排水设施扣 8 分 立杆底部未设置底座、垫板或垫板规格不符合规范要求每处扣 3 分	10		
3		支架稳定	支架高宽比大于规定值时，未按规定要求设置连墙杆扣 15 分 连墙杆设置不符合规范要求每处扣 5 分 未按规定设置纵、横向及水平剪刀撑扣 15 分 纵、横向及水平剪刀撑设置不符合规范要求扣 5～10 分	15		
4		施工荷载	施工均布荷载超过规定值扣 10 分 施工荷载不均匀，集中荷载超过规定值扣 10 分	10		
5		交底与验收	支架搭设（拆除）前未进行交底或无交底记录扣 10 分 支架搭设完毕未办理验收手续扣 10 分 验收无量化内容扣 5 分	10		
		小计		60		
6	一般项目	立杆设置	立杆间距不符合设计要求扣 10 分 立杆未采用对接连接每处扣 5 分 立杆伸出顶层水平杆中心线至支撑点的长度大于规定值每处扣 2 分	10		
7		水平杆设置	未按规定设置纵、横向扫地杆或设置不符合规范要求每处扣 5 分 纵、横向水平杆间距不符合规范要求每处扣 5 分 纵、横向水平杆件连接不符合规范要求每处扣 5 分	10		
8		支架拆除	混凝土强度未达到规定值，拆除模板支架扣 10 分 未按规定设置警戒区或未设置专人监护扣 8 分	10		
9		支架材质	杆件弯曲、变形、锈蚀超标扣 10 分 构配件材质不符合规范要求扣 10 分 钢管壁厚不符合要求扣 10 分	10		
		小计		40		
检查项目合计				100		

表 3-78　"三宝、四口"及临边防护检查评分表

序号	检查项目	扣分标准	应得分数	扣减分数	实得分数
1	安全帽	作业人员不戴安全帽每人扣 2 分 作业人员未按规定佩戴安全帽每人扣 1 分 安全帽不符合标准每顶扣 1 分	10		

（续）

序号	检查项目	扣分标准	应得分数	扣减分数	实得分数
2	安全网	在建工程外侧未采用密目式安全网封闭或网间不严扣 10 分 安全网规格、材质不符合要求扣 10 分	10		
3	安全带	作业人员未系挂安全带每人扣 5 分 作业人员未按规定系挂安全带每人扣 3 分 安全带不符合标准每条扣 2 分	10		
4	临边防护	工作面临边无防护每处扣 5 分 临边防护不严或不符合规范要求每处扣 5 分 防护设施未形成定型化、工具化扣 5 分	10		
5	洞口防护	在建工程的预留洞口、楼梯口、电梯井口，未采取防护措施每处扣 3 分 防护措施、设施不符合要求或不严密每处扣 3 分 防护设施未形成定型化、工具化扣 5 分 电梯井内每隔两层（不大于 10m）未设置安全平网每处扣 5 分	10		
6	通道口防护	未搭设防护棚或防护不严、不牢固可靠每处扣 5 分 防护棚两侧未进行防护每处扣 6 分 防护棚宽度不大于通道口宽度每处扣 4 分 防护棚长度不符合要求每处扣 6 分 建筑物高度超过 30m 防护棚顶未采用双层防护每处扣 5 分 防护棚的材质不符合要求每处扣 5 分	10		
7	攀登作业	移动式梯子的梯脚底部垫高使用每处扣 5 分 折梯使用未有可靠拉撑装置每处扣 5 分 梯子的制作质量或材质不符合要求每处扣 5 分	5		
8	悬空作业	悬空作业处未设置防护栏杆或其他可靠的安全设施每处扣 5 分 悬空作业所用的索具、吊具、料具等设备，未经过技术鉴定或验证、验收每处扣 5 分	5		
9	移动式操作平台	操作平台的面积超过 10m² 或高度超过 5m 扣 6 分 移动式操作平台，轮子与平台的连接不牢固可靠或立柱底端距离地面超过 80mm 扣 10 分 操作平台的组装不符合要求扣 10 分 平台台面铺板不严扣 10 分 操作平台四周未按规定设置防护栏杆或未设置登高扶梯扣 10 分 操作平台的材质不符合要求扣 10 分	10		
10	物料平台	物料平台未编制专项施工方案或未经设计计算扣 10 分 物料平台搭设不符合专项方案要求扣 10 分 物料平台支撑架未与工程结构连接或连接不符合要求扣 8 分 平台台面铺板不严或台面层下方未按要求设置安全平网扣 10 分 材质不符合要求扣 10 分 物料平台未在明显处设置限定荷载标牌扣 3 分	10		

（续）

序号	检查项目	扣分标准	应得分数	扣减分数	实得分数
11	悬挑式钢平台	悬挑式钢平台未编制专项施工方案或未经设计计算扣10分 悬挑式钢平台的搁支点与上部拉结点，未设置在建筑物结构上扣10分 斜拉杆或钢丝绳，未按要求在平台两边各设置两道扣10分 钢平台未按要求设置固定的防护栏杆和挡脚板或栏板扣10分 钢平台台面铺板不严，或钢平台与建筑结构之间铺板不严扣10分 平台上未在明显处设置限定荷载标牌扣6分	10		
	检查项目合计		100		

表 3-79　施工用电检查评分表

序号	检查项目		扣分标准	应得分数	扣减分数	实得分数
1	保证项目	外电防护	外电线路与在建工程（含脚手架）、高大施工设备、场内机动车道之间小于安全距离且未采取防护措施扣10分 防护设施和绝缘隔离措施不符合规范扣5~10分 在外电架空线路正下方施工、建造临时设施或堆放材料物品扣10分	10		
2		接地与接零保护系统	施工现场专用变压器配电系统未采用TN-S接零保护方式扣20分 配电系统未采用统一保护方式扣10~20分 保护零线引出位置不符合规范扣10~20分 保护零线装设开关、熔断器或与工作零线混接扣10~20分 保护零线材质、规格及颜色标记不符合规范每处扣3分 电气设备未接保护零线每处扣3分 工作接地与重复接地的设置和安装不符合规范扣10~20分 工作接地电阻大于4Ω，重复接地电阻大于10Ω扣10~20分 施工现场防雷措施不符合规范扣5~10分	20		
3		配电线路	线路老化破损，接头处理不当扣10分 线路未设短路、过载保护扣5~10分 线路截面不能满足负荷电流每处扣2分 线路架设或埋设不符合规范扣5~10分 电缆沿地面明敷扣10分 使用四芯电缆外加一根线替代五芯电缆扣10分 电杆、横担、支架不符合要求每处扣2分	10		
4		配电箱与开关箱	配电系统未按"三级配电、二级漏电保护"设置扣10~20分 用电设备违反"一机、一闸、一漏、一箱"每处扣5分 配电箱与开关箱结构设计、电器设置不符合规范扣10~20分 总配电箱与开关箱未安装漏电保护器每处扣5分 漏电保护器参数不匹配或失灵每处扣3分 配电箱与开关箱内闸具损坏每处扣3分	20		

（续）

序号	检查项目		扣分标准	应得分数	扣减分数	实得分数
4	保证项目	配电箱与开关箱	配电箱与开关箱进线和出线混乱每处扣3分 配电箱与开关箱内未绘制系统接线图和分路标记每处扣3分 配电箱与开关箱未设门锁、未采取防雨措施每处扣3分 配电箱与开关箱安装位置不当、周围杂物多等不便操作每处扣3分 分配电箱与开关箱的距离、开关箱与用电设备的距离不符合规范每处扣3分	20		
	小计			60		
5		配电室与配电装置	配电室建筑耐火等级低于3级扣15分 配电室未配备合格的消防器材扣3~5分 配电室、配电装置布设不符合规范扣5~10分 配电装置中的仪表、电器元件设置不符合规范或损坏、失效扣5~10分 备用发电机组未与外电线路进行连锁扣15分 配电室未采取防雨雪和小动物侵入的措施扣10分 配电室未设警示标志、工地供电平面图和系统图扣3~5分	15		
6	一般项目	现场照明	照明用电与动力用电混用每处扣3分 特殊场所未使用36V及以下安全电压扣15分 手持照明灯未使用36V以下电源供电扣10分 照明变压器未使用双绕组安全隔离变压器扣15分 照明专用回路未安装漏电保护器每处扣3分 灯具金属外壳未接保护零线每处扣3分 灯具与地面、易燃物之间小于安全距离每处扣3分 照明线路接线混乱和安全电压线路接头处未使用绝缘布包扎扣10分	15		
7		用电档案	未制定专项用电施工组织设计或设计缺乏针对性扣5~10分 专项用电施工组织设计未履行审批程序，实施后未组织验收扣5~10分 接地电阻、绝缘电阻和漏电保护器检测记录未填写或填写不真实扣3分 安全技术交底、设备设施验收记录未填写或填写不真实扣3分 定期巡视检查、隐患整改记录未填写或填写不真实扣3分 档案资料不齐全、未设专人管理扣5分	10		
	小计			40		
检查项目合计				100		

表 3-80 物料提升机检查评分表

序号	检查项目		扣分标准	应得分数	扣减分数	实得分数
1	保证项目	安全装置	未安装起重量限制器、防坠安全器扣 15 分 起重量限制器、防坠安全器不灵敏扣 15 分 安全停层装置不符合规范要求，未达到定型化扣 10 分 未安装上限位开关扣 15 分 上限位开关不灵敏、安全越程不符合规范要求扣 10 分 物料提升机安装高度超过 30m 未安装渐进式防坠安全器、自动停层、语音及影像信号装置每项扣 5 分	15		
2		防护设施	未设置防护围栏或设置不符合规范要求扣 5 分 未设置进料口防护棚或设置不符合规范要求扣 5～10 分 停层平台两侧未设置防护栏杆、挡脚板每处扣 5 分，设置不符合规范要求每处扣 2 分 停层平台脚手板铺设不严、不牢每处扣 2 分 未安装平台门或平台门不起作用每处扣 5 分，平台门安装不符合规范要求、未达到定型化每处扣 2 分 吊笼门不符合规范要求扣 10 分	15		
3		附墙架与缆风绳	附墙架结构、材质、间距不符合规范要求扣 10 分 附墙架未与建筑结构连接或附墙架与脚手架连接扣 10 分 缆风绳设置数量、位置不符合规范扣 5 分 缆风绳未使用钢丝绳或未与地锚连接每处扣 10 分 钢丝绳直径小于 8mm 扣 4 分，角度不符合 45*～60* 要求每处扣 4 分 安装高度 30m 的物料提升机使用缆风绳扣 10 分 地锚设置不符合规范要求每处扣 5 分	10		
4		钢丝绳	钢丝绳磨损、变形、锈蚀达到报废标准扣 10 分 钢丝绳夹设置不符合规范要求每处扣 5 分 吊笼处于最低位置，卷筒上钢丝绳少于 3 圈扣 10 分 未设置钢丝绳过路保护或钢丝绳拖地扣 5 分	10		
5		安装与验收	安装单位未取得相应资质或特种作业人员未持证上岗扣 10 分 未制定安装（拆卸）安全专项方案扣 10 分，内容不符合规范要求扣 5 分 未履行验收程序或验收表未经责任人签字扣 5 分 验收表填写不符合规范要求每项扣 2 分	10		
		小计		60		
6	一般项目	导轨架	基础设置不符合规范扣 10 分 导轨架垂直度偏差大于 0.15% 扣 5 分 导轨结合面阶差大于 1.5mm 扣 2 分 井架停层平台通道处未进行结构加强扣 5 分	10		

（续）

序号	检查项目		扣分标准	应得分数	扣减分数	实得分数
7	一般项目	动力与传动	卷扬机、曳引机安装不牢固扣10分 卷筒与导轨架底部导向轮的距离小于20倍卷筒宽度，未设置排绳器扣5分 钢丝绳在卷筒上排列不整齐扣5分 滑轮与导轨架、吊笼未采用刚性连接扣10分 滑轮与钢丝绳不匹配扣10分 卷筒、滑轮未设置防止钢丝绳脱出装置扣5分 曳引钢丝绳为2根及以上时，未设置曳引力平衡装置扣5分	10		
8		通信装置	未按规范要求设置通信装置扣5分 通信装置未设置语音和影像显示扣3分	5		
9		卷扬机操作棚	卷扬机未设置操作棚扣10分 操作棚不符合规范要求扣5~10分	10		
10		避雷装置	防雷保护范围以外未设置避雷装置扣5分 避雷装置不符合规范要求扣3分	5		
	小计			40		
检查项目合计				100		

表 3-81　施工升降机检查评分表

序号	检查项目		扣分标准	应得分数	扣减分数	实得分数
1	保证项目	安全装置	未安装起重量限制器或不灵敏扣10分 未安装渐进式防坠安全器或不灵敏扣10分 防坠安全器超过有效标定期限扣10分 对重钢丝绳未安装防松绳装置或不灵敏扣6分 未安装急停开关扣5分，急停开关不符合规范要求扣3~5分 未安装吊笼和对重用的缓冲器扣5分 未安装安全钩扣5分	10		
2		限位装置	未安装极限开关或极限开关不灵敏扣10分 未安装上限位开关或上限位开关不灵敏扣10分 未安装下限位开关或下限位开关不灵敏扣8分 极限开关与上限位开关安全越程不符合规范要求扣5分 极限限位器与上、下限位开关共用一个触发元件扣4分 未安装吊笼门机电连锁装置或不灵敏扣8分 未安装吊笼顶窗电气安全开关或不灵敏扣4分	10		
3		防护设施	未设置防护围栏或设置不符合规范要求扣8~10分 未安装防护围栏门连锁保护装置或连锁保护装置不灵敏扣8分 未设置出入口防护棚或设置不符合规范要求扣6~10分	10		

（续）

序号	检查项目		扣分标准	应得分数	扣减分数	实得分数
3	保证项目	防护设施	停层平台搭设不符合规范要求扣 5~8 分 未安装平台门或平台门不起作用每一处扣 4 分，平台门不符合规范要求、未达到定型化每一处扣 2~4 分	10		
4		附着装置	附墙架未采用配套标准产品扣 8~10 分 附墙架与建筑结构连接方式、角度不符合说明书要求扣 6~10 分 附墙架间距、最高附着点以上导轨架的自由高度超过说明书要求扣 8~10 分	10		
5		钢丝绳、滑轮与对重	对重钢丝绳数少于 2 根或未相对独立扣 10 分 钢丝绳磨损、变形、锈蚀达到报废标准扣 6~10 分 钢丝绳的规格、固定、缠绕不符合说明书及规范要求扣 5~8 分 滑轮未安装钢丝绳防脱装置或不符合规范要求扣 4 分 对重重量、固定、导轨不符合说明书及规范要求扣 6~10 分 对重未安装防脱轨保护装置扣 5 分	10		
6		安装、拆卸与验收	安装、拆卸单位无资质扣 10 分 未制定安装、拆卸专项方案扣 10 分，方案无审批或内容不符合规范要求扣 5~8 分 未履行验收程序或验收表无责任人签字扣 5~8 分 验收表填写不符合规范要求每一项扣 2~4 分 特种作业人员未持证上岗扣 10 分	10		
		小计		60		
7	一般项目	导轨架	导轨架垂直度不符合规范要求扣 7~10 分 标准节腐蚀、磨损、开焊、变形超过说明书及规范要求扣 7~10 分 标准节结合面偏差不符合规范要求扣 4~6 分 齿条结合面偏差不符合规范要求扣 4~6 分	10		
8		基础	基础制作、验收不符合说明书及规范要求扣 8~10 分 特殊基础未编制制作方案及验收扣 8~10 分 基础未设置排水设施扣 4 分	10		
9		电气安全	施工升降机与架空线路小于安全距离又未采取防护措施扣 10 分 防护措施不符合要求扣 4~6 分 电缆使用不符合规范要求扣 4~6 分 电缆导向架未按规定设置扣 4 分 防雷保护范围以外未设置避雷装置扣 10 分 避雷装置不符合规范要求扣 5 分	10		
10		通信装置	未安装楼层联络信号扣 10 分 楼层联络信号不灵敏扣 4~6 分	10		
		小计		40		
	检查项目合计			100		

表 3-82　起重吊装检查评分表

序号	检查项目			扣分标准	应得分数	扣减分数	实得分数
1	保证项目	施工方案		未编制专项施工方案或专项施工方案未经审核扣 10 分 采用起重拔杆或起吊重量超过 100kN 及以上专项方案未按规定组织专家论证扣 10 分	10		
2		起重机械	起重机	未安装荷载限制装置或不灵敏扣 20 分 未安装行程限位装置或不灵敏扣 20 分 吊钩未设置钢丝绳防脱钩装置或不符合规范要求扣 8 分	10		
			起重拔杆	未按规定安装荷载、行程限制装置每项扣 10 分 起重拔杆组装不符合设计要求扣 10～20 分 起重拔杆组装后未履行验收程序或验收表无责任人签字扣 10 分	10		
3		钢丝绳与地锚		钢丝绳磨损、断丝、变形、锈蚀达到报废标准扣 10 分 钢丝绳索具安全系数小于规定值扣 10 分 卷筒、滑轮磨损、裂纹达到报废标准扣 10 分 卷筒、滑轮未安装钢丝绳防脱装置扣 5 分 地锚设置不符合设计要求扣 8 分	10		
4		作业环境		起重机作业处地面承载能力不符合规定或未采用有效措施扣 10 分 起重机与架空线路安全距离不符合规范要求扣 10 分	10		
5		作业人员		起重吊装作业单位未取得相应资质或特种作业人员未持证上岗扣 10 分 未按规定进行技术交底或技术交底未留有记录扣 5 分	10		
		小计			60		
6	一般项目	高处作业		未按规定设置高处作业平台扣 10 分 高处作业平台设置不符合规范要求扣 10 分 未按规定设置爬梯或爬梯的强度、构造不符合规定扣 8 分 未按规定设置安全带悬挂点扣 10 分	10		
7		构件码放		构件码放超过作业面承载能力扣 10 分 构件堆放高度超过规定要求扣 4 分 大型构件码放未采取稳定措施扣 8 分	10		
8		信号指挥		未设置信号指挥人员扣 10 分 信号传递不清晰、不准确扣 10 分	10		
9		警戒监护		未按规定设置作业警戒区扣 10 分 警戒区未设专人监护扣 8 分	10		
		小计			40		
检查项目合计					100		

表 3-83　施工机具检查评分表

序号	检查项目	扣分标准	应得分数	扣减分数	实得分数
1	平刨	平刨安装后未进行验收合格手续扣 3 分 未设置护手安全装置扣 3 分 传动部位未设置防护罩扣 3 分 未做保护接零、未设置漏电保护器每处扣 3 分 未设置安全防护棚扣 3 分 无人操作时未切断电源扣 3 分 使用平刨和圆盘锯合用一台电动机的多功能木工机具，平刨和圆盘锯两项扣 12 分	12		
2	圆盘锯	电锯安装后未留有验收合格手续扣 3 分 未设置锯盘护罩、分料器、防护挡板安全装置和传动部位未进行防护每缺一项扣 3 分 未做保护接零、未设置漏电保护器每处扣 3 分 未设置安全防护棚扣 3 分 无人操作时未切断电源扣 3 分	10		
3	手持电动工具	Ⅰ类手持电动工具未采取保护接零或漏电保护器扣 8 分 使用Ⅰ类手持电动工具不按规定穿戴绝缘用品扣 4 分 使用手持电动工具随意接长电源线或更换插头扣 4 分	8		
4	钢筋机械	机械安装后未留有验收合格手续扣 5 分 未做保护接零、未设置漏电保护器每处扣 5 分 钢筋加工区无防护棚，钢筋对焊作业区未采取防止火花飞溅措施，冷拉作业区未设置防护栏每处扣 5 分 传动部位未设置防护罩或限位失灵每处扣 3 分	10		
5	电焊机	电焊机安装后未留有验收合格手续扣 3 分 未做保护接零、未设置漏电保护器每处扣 3 分 未设置二次空载降压保护器或二次侧漏电保护器每处扣 3 分 一次线长度超过规定或不穿管保护扣 3 分 二次线长度超过规定或未采用防水橡皮护套铜芯软电缆扣 3 分 电源不使用自动开关扣 2 分 二次线接头超过 3 处或绝缘层老化每处扣 3 分 电焊机未设置防雨罩、接线柱未设置防护罩每处扣 3 分	8		
6	搅拌机	搅拌机安装后未留有验收合格手续扣 4 分 未做保护接零、未设置漏电保护器每处扣 4 分 离合器、制动器、钢丝绳达不到要求每项扣 2 分 操作手柄未设置保险装置扣 3 分 未设置安全防护棚和作业台不安全扣 4 分 上料斗未设置安全挂钩或挂钩不使用扣 3 分 传动部位未设置防护罩扣 4 分 限位不灵敏扣 4 分 作业平台不平稳扣 3 分	8		

（续）

序号	检查项目	扣分标准	应得分数	扣减分数	实得分数
7	气瓶	氧气瓶未安装减压器扣 5 分 各种气瓶未标明标准色标扣 2 分 气瓶间距小于 5m、距明火小于 10m 又未采取隔离措施每处扣 2 分 乙炔瓶使用或存放时平放扣 3 分 气瓶存放不符合要求扣 3 分 气瓶未设置防振圈和防护帽每处扣 2 分	8		
8	翻斗车	翻斗车制动装置不灵敏扣 5 分 无证驾驶员驾车扣 5 分 行车载人或违章行车扣 5 分	8		
9	潜水泵	未做保护接零、未设置漏电保护器每处扣 3 分 漏电动作电流大于 15mA 负荷线未使用专用防水橡皮电缆每处扣 3 分	6		
10	振捣器具	未使用移动式配电箱扣 4 分 电缆长度超过 30m 扣 4 分 操作人员未穿戴好绝缘防护用品扣 4 分	8		
11	桩工机械	机械安装后未留有验收合格手续扣 3 分 桩工机械未设置安全保护装置扣 3 分 机械行走路线地耐力不符合说明书要求扣 3 分 施工作业未编制方案扣 3 分 桩工机械作业违反操作规程扣 3 分	6		
12	泵送机械	机械安装后未留有验收合格手续扣 4 分 未做保护接零、未设置漏电保护器每处扣 4 分 固定式混凝土输送泵未制作良好的设备基础扣 4 分 移动式混凝土输送泵未安装在平坦坚实的地坪上扣 4 分 机械周围排水不通畅扣 3 分，积灰扣 2 分 机械产生的噪声超过建筑施工场界噪声限值扣 3 分 整机不清洁、漏油、漏水每发现一处扣 2 分	8		
检查项目合计			100		

5. 工作实施

（1）任务下发。根据指导老师确定的工程项目，模仿案例，依据审查的基本步骤，对案例工程进行施工现场安全检查评价。

（2）步骤交底。

1）工作步骤和要点。

①**第一步：准备工作**。项目在开工前，监理单位对工程项目的安全检查评价进行交底，并设置检查节点，一般可参照以下进行设置：桩基完成 10%～30%、基坑开挖完成 10%～30%、主体 1～2 层、主体结顶、外装饰、配套道路及绿化施工共七个阶段。

②**第二步：节点检查**。根据工程形象进度，对照预设的检查节点，监理单位组织施工单位进行安全检查并按照表3-66～表3-83进行打分。

③**第三步：分数汇总统计**。按照安全检查评分方法，对本次节点检查内容进行分数统计，并做阶段等级评定，形成建筑施工安全检查评分汇总表。

建筑施工安全检查评分汇总表

2）成果要求。

相关知识（拓展）

一、安全管理

（1）安全管理检查评定保证项目应包括安全生产责任制、施工组织设计及专项施工方案、安全技术交底、安全检查、安全教育、应急救援。一般项目应包括分包单位安全管理、持证上岗、生产安全事故处理、安全标志。

（2）安全管理保证项目的检查评定应符合下列规定：

1）安全生产责任制。

①工程项目部应建立以项目经理为第一责任人的各级管理人员安全生产责任制。

②安全生产责任制应经责任人签字确认。

③工程项目部应有各工种安全技术操作规程。

④工程项目部应按规定配备专职安全员。

⑤对实行经济承包的工程项目，承包合同中应有安全生产考核指标。

⑥工程项目部应制定安全生产资金保障制度。

⑦按安全生产资金保障制度，应编制安全资金使用计划，并按计划实施。

⑧工程项目部应制定以伤亡事故控制、现场安全达标、文明施工为主要内容的安全生产管理目标。

⑨按安全生产管理目标和项目管理人员的安全生产责任制，进行安全生产责任目标分解。

⑩应建立对安全生产责任制和责任目标的考核制度。

⑪按考核制度，对项目管理人员定期进行考核。

2）施工组织设计及专项施工方案。

①工程项目部在施工前应编制施工组织设计，施工组织设计应针对工程特点、施工工艺制定安全技术措施。

②危险性较大的分部分项工程应按规定编制安全专项施工方案，专项施工方案应有针对性，并按有关规定进行设计计算。

③超过一定规模危险性较大的分部分项工程，施工单位应组织专家对专项施工方案进行论证。

④施工组织设计、安全专项施工方案，应由有关部门审核，施工单位技术负责人、监理单位项目总监理工程师批准。

⑤工程项目部应按施工组织设计、专项施工方案组织实施。

3）安全技术交底。

①施工负责人在分派生产任务时，应对相关管理人员、施工作业人员进行书面安全技术交底。

②安全技术交底应按施工工序、施工部位、施工栋号分部分项进行。

③安全技术交底应结合施工作业场所状况、特点、工序，对危险因素、施工方案、规范标准、操作规程和应急措施进行交底。

④安全技术交底应由交底人、被交底人、专职安全员进行签字确认。

4）安全检查。

①工程项目部应建立安全检查制度。

②安全检查应由项目负责人组织，专职安全员及相关专业人员参加，定期进行并填写检查记录。

③对检查中发现的事故隐患应下达隐患整改通知单，定人、定时间、定措施进行整改。重大事故隐患整改后，应由相关部门组织复查。

5）安全教育。

①工程项目部应建立安全教育培训制度。

②当施工人员入场时，工程项目部应组织进行以国家安全法律法规、企业安全制度、施工现场安全管理规定及各工种安全技术操作规程为主要内容的三级安全教育培训和考核。

③当施工人员变换工种或采用新技术、新工艺、新设备、新材料施工时，应进行安全教育培训。

④施工管理人员、专职安全员每年度应进行安全教育培训和考核。

6）应急救援。

①工程项目部应针对工程特点，进行重大危险源的辨识。应制定防触电、防坍塌、防高处坠落、防起重及机械伤害、防火灾、防物体打击等主要内容的专项应急救援预案，并对施工现场易发生重大安全事故的部位、环节进行监控。

②施工现场应建立应急救援组织，培训、配备应急救援人员，定期组织员工进行应急救援演练。

③按应急救援预案要求，应配备应急救援器材和设备。

（3）安全管理一般项目的检查评定应符合下列规定：

1）分包单位安全管理。

①总承包单位应对承揽分包工程的分包单位进行资质、安全生产许可证和相关人员安全生产资格的审查。

②当总承包单位与分包单位签订分包合同时，应签订安全生产协议书，明确双方的安全责任。

③分包单位应按规定建立安全机构，配备专职安全员。

2）持证上岗。

①从事建筑施工的项目经理、专职安全员和特种作业人员，必须经行业主管部门培训考核合格，取得相应资格证书，方可上岗作业。

②项目经理、专职安全员和特种作业人员应持证上岗。

3）生产安全事故处理。

①当施工现场发生生产安全事故时，施工单位应按规定及时报告。

②施工单位应按规定对生产安全事故进行调查分析，制定防范措施。

③应依法为施工作业人员办理保险。

4）安全标志。

①施工现场入口处及主要施工区域、危险部位应设置相应的安全警示标志牌。

②施工现场应绘制安全标志布置图。

③应根据工程部位和现场设施的变化，调整安全标志牌设置。

④施工现场应设置重大危险源公示牌。

二、文明施工

（1）文明施工检查评定保证项目应包括现场围挡、封闭管理、施工场地、材料管理、现场办公与住宿、现场防火。一般项目应包括综合治理、公示标牌、生活设施、社区服务。

（2）文明施工保证项目的检查评定应符合下列规定：

1）现场围挡。

①市区主要路段的工地应设置高度不小于 2.5m 的封闭围挡。

②一般路段的工地应设置高度不小于 1.8m 的封闭围挡。

③围挡应坚固、稳定、整洁、美观。

2）封闭管理。

①施工现场进出口应设置大门，并应设置门卫值班室。

②应建立门卫职守管理制度，并应配备门卫职守人员。

③施工人员进入施工现场应佩戴工作卡。

④施工现场出入口应标有企业名称或标识，并应设置车辆冲洗设施。

3）施工场地。

①施工现场的主要道路及材料加工区地面应进行硬化处理。

②施工现场道路应畅通，路面应平整坚实。

③施工现场应有防止扬尘措施。

④施工现场应设置排水设施，且排水通畅无积水。

⑤施工现场应有防止泥浆、污水、废水污染环境的措施。

⑥施工现场应设置专门的吸烟处，严禁随意吸烟。

⑦温暖季节应有绿化布置。

4）材料管理。

①建筑材料、构件、料具应按总平面布局进行码放。

②材料应码放整齐，并应标明名称、规格等。

③施工现场材料码放应采取防火、防锈蚀、防雨等措施。

④建筑物内施工垃圾的清运，应采用器具或管道运输，严禁随意抛掷。

⑤易燃易爆物品应分类储藏在专用库房内，并应制定防火措施。

5）现场办公与住宿。

①施工作业、材料存放区与办公、生活区应划分清晰，并应采取相应的隔离措施。

②在施工程，伙房、库房不得兼做宿舍。

③宿舍、办公用房的防火等级应符合规范要求。

④宿舍应设置可开启式窗户，床铺不得超过 2 层，通道宽度不应小于 0.9m。

⑤宿舍内住宿人员人均面积不应小于 2.5 m²，且不得超过 16 人。

⑥冬季宿舍内应有采暖和防一氧化碳中毒措施。

⑦夏季宿舍内应有防暑降温和防蚊蝇措施。

⑧生活用品应摆放整齐，环境卫生应良好。

6）现场防火。

①施工现场应建立消防安全管理制度、制定消防措施。

②施工现场临时用房和作业场所的防火设计应符合规范要求。

③施工现场应设置消防通道、消防水源，并应符合规范要求。

④施工现场灭火器材应保证可靠有效，布局配置应符合规范要求。

⑤明火作业应履行动火审批手续，配备动火监护人员。

（3）文明施工一般项目的检查评定应符合下列规定：

1）综合治理。

①生活区内应设置供作业人员学习和娱乐的场所。

②施工现场应建立治安保卫制度，责任分解落实到人。

③施工现场应制定治安防范措施。

2）公示标牌。

①大门口处应设置公示标牌，主要内容应包括工程概况牌、消防保卫牌、安全生产牌、文明施工牌、管理人员名单及监督电话牌、施工现场总平面图。

②标牌应规范、整齐、统一。

③施工现场应有安全标语。

④应有宣传栏、读报栏、黑板报。

3）生活设施。

①应建立卫生责任制度并落实到人。

②食堂与厕所、垃圾站、有毒有害场所等污染源的距离应符合规范要求。

③食堂必须有卫生许可证，炊事人员必须持健康证上岗。

④食堂使用的燃气罐应单独设置存放间，存放间应通风良好，并严禁存放其他物品。

⑤食堂的卫生环境应良好，且应配备必要的排风、冷藏、消毒、防鼠、防蚊蝇等设施。

⑥厕所内的设施数量和布局应符合规范要求。

⑦厕所必须符合卫生要求。

⑧必须保证现场人员卫生饮水。

⑨应设置淋浴室，且能满足现场人员需求。

⑩生活垃圾应装入密闭式容器内，并应及时清理。

4）社区服务。

①夜间施工前，必须经批准后方可进行施工。

②施工现场严禁焚烧各类废弃物。

③施工现场应制定防粉尘、防噪声、防光污染等措施。

④应制定施工不扰民措施。

三、扣件式钢管脚手架

（1）检查评定保证项目包括施工方案、立杆基础、架体与建筑物结构拉结、杆件间距与剪刀撑、脚手板与防护栏杆、交底与验收。一般项目包括横向水平杆设置、杆件搭接、架体防护、脚手架材质、通道。

（2）保证项目的检查评定应符合下列规定：

1）施工方案。

①架体搭设应有施工方案，搭设高度超过 24m 的架体应单独编制安全专项方案，结构设计应进行设计计算，并按规定进行审核、审批。

②搭设高度超过 50m 的架体，应组织专家对专项方案进行论证，并按专家论证意见组织实施。

③施工方案应完整，能正确指导施工作业。

2）立杆基础。

①立杆基础应按方案要求平整、夯实，并设排水设施，基础垫板及立杆底座应符合规范要求。

②架体应设置距地高度不大于 200mm 的纵、横向扫地杆，并用直角扣件固定在立杆上。

3）架体与建筑结构拉结。

①架体与建筑结构拉结应符合规范要求。

②连墙件应靠近主节点设置，偏离主节点的距离不应大于 300mm。

③连墙件应从架体底层第一步纵向水平杆开始设置，并应牢固可靠。

④搭设高度超过 24m 的双排脚手架应采用刚性连墙件与建筑物可靠连接。

4）杆件间距与剪刀撑。

①架体立杆、纵向水平杆、横向水平杆间距应符合规范要求。

②纵向剪刀撑及横向斜撑的设置应符合规范要求。

③剪刀撑杆件接长、剪刀撑斜杆与架体杆件连接应符合规范要求。

5）脚手板与防护栏杆。

①脚手板材质、规格应符合规范要求，铺板应严密、牢靠。

②架体外侧应封闭密目式安全网，网间应严密。

③作业层应在 1.2m 和 0.6m 处设置上、中两道防护栏杆。

④作业层外侧应设置高度不小于 180mm 的挡脚板。

6）交底与验收。

①架体搭设前应进行安全技术交底。

②搭设完毕应办理验收手续，验收内容应量化。

（3）一般项目的检查评定应符合下列规定：

1）横向水平杆设置。

①横向水平杆应设置在纵向水平杆与立杆相交的主节点上，两端与大横杆固定。

②作业层铺设脚手板的部位应增加设置小横杆。

③单排脚手架横向水平杆插入墙内应大于 18cm。

2）杆件搭接。

①纵向水平杆杆件搭接长度不应小于 1m，且固定应符合规范要求。

②立杆除顶层顶步外，不得使用搭接。

3）架体防护。

①架体作业层脚手板下应用安全平网双层兜底，以下每隔10m应用安全平网封闭。

②作业层与建筑物之间应进行封闭。

4）脚手架材质。

①钢管直径、壁厚、材质应符合规范要求。

②钢管弯曲、变形、锈蚀应在规范允许范围内。

③扣件应进行复试且技术性能符合规范要求。

5）通道。

架体必须设置符合规范要求的上下通道。

四、悬挑式脚手架

（1）检查评定保证项目包括施工方案、悬挑钢梁、架体稳定、脚手板、荷载、交底与验收。一般项目包括杆件间距、架体防护、层间防护、脚手架材质。

（2）保证项目的检查评定应符合下列规定：

1）施工方案。

①架体搭设、拆除作业应编制专项施工方案，结构设计应进行设计计算。

②专项施工方案应按规定进行审批，架体搭设高度超过20m的专项施工方案应经专家论证。

2）悬挑钢梁。

①钢梁截面尺寸应经设计计算确定，且截面高度不应小于160mm。

②钢梁锚固端长度不应小于悬挑长度的1.25倍。

③钢梁锚固处结构强度、锚固措施应符合规范要求。

④钢梁外端应设置钢丝绳或钢拉杆并与上层建筑结构拉结。

⑤钢梁间距应按悬挑架体立杆纵距设置。

3）架体稳定。

①立杆底部应与钢梁连接柱固定。

②承插式立杆接长应采用螺栓或销钉固定。

③剪刀撑应沿悬挑架体高度连续设置，角度应符合45°～60°的要求。

④架体应按规定在内侧设置横向斜撑。

⑤架体应采用刚性连墙件与建筑结构拉结，设置应符合规范要求。

4）脚手板。

①脚手板材质、规格应符合规范要求。

②脚手板铺设应严密、牢固，探出横向水平杆长度不应大于150mm。

5）荷载。

架体荷载应均匀，且不应超过设计值。

6）交底与验收。

①架体搭设前应进行安全技术交底。

②分段搭设的架体应进行分段验收。

③架体搭设完毕应按规定进行验收，验收内容应量化。

（3）一般项目的检查评定应符合下列规定：

1）杆件间距。

①立杆底部应固定在钢梁处。

②立杆纵、横向间距，纵向水平杆步距应符合方案设计和规范要求。

2）架体防护。

①作业层外侧应在高度 1.2m 和 0.6m 处设置上、中两道防护栏杆。

②作业层外侧应设置高度不小于 180mm 的挡脚板。

③架体外侧应封挂密目式安全网。

3）层间防护。

①架体作业层脚手板下应用安全平网双层兜底，以下每隔 10m 应用安全平网封闭。

②架体底层应进行封闭。

4）脚手架材质。

①型钢、钢管、构配件规格材质应符合规范要求。

②型钢、钢管弯曲、变形、锈蚀应在规范允许范围内。

五、门式钢管脚手架

（1）检查评定保证项目包括施工方案、架体基础、架体稳定、杆件锁件、脚手板、交底与验收。一般项目包括架体防护、材质、荷载、通道。

（2）保证项目的检查评定应符合下列规定：

1）施工方案。

①架体搭设应编制专项施工方案，结构设计应进行设计计算，并按规定进行审批。

②搭设高度超过 50m 的脚手架，应组织专家对施工方案进行论证，并按专家论证意见组织实施。

③专项施工方案应完整，能正确指导施工作业。

2）架体基础。

①立杆基础应按方案要求平整、夯实。

②架体底部设排水设施，基础垫板、立杆底座符合规范要求。

③架体扫地杆设置应符合规范要求。

3）架体稳定。

①架体与建筑物拉结应符合规范要求，并应从脚手架底层第一步纵向水平杆开始设置连墙件。

②架体剪刀撑斜杆与地面夹角应在 45°～60°，采用旋转扣件与立杆相连，设置应符合规范要求。

③应按规范要求高度对架体进行整体加固。

④架体立杆的垂直偏差应符合规范要求。

4）杆件锁件。

①架体杆件、锁件应按说明书要求进行组装。

②纵向加固杆件的设置应符合规范要求。

③架体使用的扣件与连接杆件参数应匹配。

5）脚手板。

①脚手板材质、规格应符合规范要求。

②脚手板应铺设严密、平整、牢固。

③钢脚手板的挂钩必须完全扣在水平杆上，并处于锁住状态。

6）交底与验收。

①架体搭设前应进行安全技术交底。

②架体分段搭设、分段使用时应进行分段验收。

③搭设完毕应办理验收手续，验收内容应量化。

（3）一般项目的检查评定应符合下列规定：

1）架体防护。

①作业层应在外侧立杆1.2m和0.6m处设置上、中两道防护栏杆。

②作业层外侧应设置高度不小于180mm的挡脚板。

③架体外侧应使用密目式安全网进行封闭。

④架体作业层脚手板下应用安全网双层兜底，以下每隔10m应用安全平网封闭。

2）材质。

①钢管不应有弯曲、锈蚀严重、开焊的现象，材质符合规范要求。

②架体构配件的规格、型号、材质应符合规范要求。

3）荷载。

①架体承受的施工荷载应符合规范要求。

②不得在脚手架上集中堆放模板、钢筋等物料。

4）通道。

架体必须设置符合规范要求的上下通道。

六、碗扣式钢管脚手架

（1）检查评定保证项目包括施工方案、架体基础、架体稳定、杆件锁件、脚手板、交底与验收。一般项目包括架体防护、材质、荷载、通道。

（2）保证项目的检查评定应符合下列规定：

1）施工方案。

①架体搭设应有施工方案，结构设计应进行设计计算，并按规定进行审批。

②搭设高度超过50m的脚手架，应组织专家对安全专项方案进行论证，并按专家论证意见组织实施。

2）架体基础。

①立杆基础应按方案要求平整、夯实，并设排水设施，基础垫板、立杆底座应符合规范要求。

②架体纵、横向扫地杆距地高度应小于350mm。

3）架体稳定。

①架体与建筑物拉结应符合规范要求，并应从架体底层第一步纵向水平杆开始设置连墙件。

②架体拉结点应牢固可靠。

③连墙件应采用刚性杆件。

④架体竖向应沿高度方向连续设置专用斜杆或八字撑。

⑤专用斜杆两端应固定在纵、横向横杆的碗扣节点上。

⑥专用斜杆或八字撑的设置角度应符合规范要求。

4）杆件锁件。

①架体立杆间距、水平杆步距应符合规范要求。

②应按专项施工方案设计的步距在立杆连接碗扣节点处设置纵、横向水平杆。

③架体搭设高度超过 24m 时，顶部 24m 以下的连墙件层必须设置水平斜杆并应符合规范要求。

④架体组装及碗扣紧固应符合规范要求。

5）脚手板。

①脚手板材质、规格应符合规范要求。

②脚手板应铺设严密、平整、牢固。

③钢脚手板的挂钩必须完全扣在水平杆上，并处于锁住状态。

6）交底与验收。

①架体搭设前应进行安全技术交底。

②架体分段搭设、分段使用时应进行分段验收。

③搭设完毕应办理验收手续，验收内容应量化并经责任人签字确认。

（3）一般项目的检查评定应符合下列规定：

1）架体防护。

①架体外侧应使用密目式安全网进行封闭。

②作业层应在外侧立杆 1.2m 和 0.6m 的碗扣节点处设置上、中两道防护栏杆。

③作业层外侧应设置高度不小于 180mm 的挡脚板。

④架体作业层脚手板下应用安全网双层兜底，以下每隔 10m 应用安全平网封闭。

2）材质。

①架体构配件的规格、型号、材质应符合规范要求。

②钢管不应有弯曲、变形、锈蚀严重的现象，材质符合规范要求。

3）荷载。

①架体承受的施工荷载应符合规范要求。

②不得在架体上集中堆放模板、钢筋等物料。

4）通道。

架体必须设置符合规范要求的上下通道。

七、附着式升降脚手架

（1）检查评定保证项目包括施工方案、安全装置、架体构造、附着支座、架体安装、架体升降。一般项目包括检查验收、脚手板、防护、操作。

（2）保证项目的检查评定应符合下列规定：

1）施工方案。

①附着式升降脚手架搭设、拆除作业应编制专项施工方案，结构设计应进行设计计算。

②专项施工方案应按规定进行审批，架体提升高度超过 150m 的专项施工方案应经专家论证。

2）安全装置。

①附着式升降脚手架应安装机械式全自动防坠落装置，技术性能应符合规范要求。

②防坠落装置与升降设备应分别独立固定在建筑结构处。

③防坠落装置应设置在竖向主框架处与建筑结构附着。

④附着式升降脚手架应安装防倾覆装置，技术性能应符合规范要求。

⑤在升降或使用工况下，最上和最下两个防倾覆装置之间最小间距不应小于 2.8m 或架体高度的 1/4 。

⑥附着式升降脚手架应安装同步控制或荷载控制装置，同步控制或荷载控制误差应符合规范要求。

3）架体构造。

①架体高度不应大于 5 倍楼层高度，宽度不应小于 1.2m。

②直线布置架体支承跨度不应大于 7m，折线、曲线布置架体支承跨度不应大于 5.4m。

③架体水平悬挑长度不应大于 2m 且不应大于跨度的 1/2 。

④架体悬臂高度应不大于 2/5 架体高度且不大于 6m。

⑤架体高度与支承跨度的乘积不应大于 $110m^2$。

4）附着支座。

①附着支座数量、间距应符合规范要求。

②使用工况应将主框架与附着支座固定。

③升降工况下，应将防倾、导向装置设置在附着支座处。

④附着支座与建筑结构连接固定方式应符合规范要求。

5）架体安装。

①主框架和水平支承桁架的节点应采用焊接或螺栓连接，各杆件的轴线应汇交于节点。

②内外两片水平支承桁架上弦、下弦间应设置水平支撑杆件，各节点应采用焊接式螺栓连接。

③架体立杆底端应设在水平桁架上弦杆的节点处。

④与墙面垂直的定型竖向主框架组装高度应与架体高度相等。

⑤剪刀撑应沿架体高度连续设置，角度应符合 45°～60° 的要求，剪刀撑应与主框架、水平桁架和架体有效连接。

6）架体升降。

①两跨以上架体同时升降应采用电动或液压动力装置，不得采用手动装置。

②升降工况下，附着支座处建筑结构混凝土强度应符合规范要求。

③升降工况下，架体上不得有施工荷载，禁止操作人员停留在架体上。

（3）一般项目的检查评定应符合下列规定：

1）检查验收。

①动力装置、主要结构配件进场应按规定进行验收。

②架体分段安装、分段使用应办理分段验收。

③架体安装完毕，应按规范要求进行验收，验收表应由责任人签字确认。

④架体每次提升前应按规定进行检查，并应填写检查记录。

2）脚手板。

①脚手板应铺设严密、平整、牢固。

②作业层与建筑结构间距离应不大于规范要求。

③脚手板材质、规格应符合规范要求。

3）防护。

①架体外侧应封挂密目式安全网。

②作业层外侧应在高度 1.2m 和 0.6m 处设置上、中两道防护栏杆。

③作业层外侧应设置高度不小于 180mm 的挡脚板。

4）操作。

①操作前应按规定对有关技术人员和作业人员进行安全技术交底。

②作业人员应经培训并定岗作业。

③安装、拆除单位资质应符合要求，特种作业人员应持证上岗。

④架体安装、升降、拆除时应按规定设置安全警戒区，并应设置专人监护。

⑤荷载分布应均匀，荷载最大值应在规范允许范围内。

八、承插型盘扣式钢管脚手架

（1）检查评定保证项目包括施工方案、架体基础、架体稳定、杆件、脚手板、交底与验收。一般项目包括架体防护、杆件接长、架体封闭、材质、通道。

（2）保证项目的检查评定应符合下列规定：

1）施工方案。

①架体搭设应有施工方案，搭设高度超过 24m 的架体应单独编制安全专项方案，结构设计应进行设计计算，并按规定进行审核、审批。

②施工方案应完整，能正确指导施工作业。

2）架体基础。

①立杆基础应按方案要求平整、夯实，并设排水设施，基础垫木应符合规范要求。

②土层地基上立杆应采用基础垫板及立杆可调底座，设置应符合规范要求。

③架体纵、横向扫地杆设置应符合规范要求。

3）架体稳定。

①架体与建筑物拉结应符合规范要求，并应从架体底层第一步水平杆开始设置连墙件。

②架体拉结点应牢固可靠。

③连墙件应采用刚性杆件。

④架体竖向斜杆、剪刀撑的设置应符合规范要求。

⑤竖向斜杆的两端应固定在纵、横向水平杆与立杆汇交的盘扣节点处。

⑥斜杆及剪刀撑应沿脚手架高度连续设置，角度应符合规范要求。

4）杆件。

①架体立杆间距、水平杆步距应符合规范要求。

②应按专项施工方案设计的步距在立杆连接插盘处设置纵、横向水平杆。

③当双排脚手架的水平杆层没有挂扣钢脚手板时，应按规范要求设置水平斜杆。

5）脚手板。

①脚手板材质、规格应符合规范要求。

②脚手板应铺设严密、平整、牢固。

③钢脚手板的挂钩必须完全扣在水平杆上，并处于锁住状态。

6）交底与验收。

①架体搭设前应进行安全技术交底。

②架体分段搭设、分段使用时应进行分段验收。

③搭设完毕应办理验收手续，验收内容应量化。

（3）一般项目的检查评定应符合下列规定：

1）架体防护。

①架体外侧应使用密目式安全网进行封闭。

②作业层应在外侧立杆 1.0m 和 0.5m 的盘扣节点处设置上、中两道防护栏杆。

③作业层外侧应设置高度不小于 180mm 的挡脚板。

2）杆件接长。

①立杆的接长位置应符合规范要求。

②搭设悬挑脚手架时，立杆的接长部位必须采用螺栓固定立杆连接件。

③剪刀撑的接长应符合规范要求。

3）架体封闭。

①架体作业层脚手板下应用安全平网双层兜底，以下每隔 10m 应用安全平网封闭。

②作业层与建筑物之间应进行封闭。

4）材质。

①架体构配件的规格、型号、材质应符合规范要求。

②钢管不应有弯曲、变形、锈蚀严重的现象，材质符合规范要求。

5）通道。

架体必须设置符合规范要求的上下通道。

九、高处作业吊篮

（1）检查评定保证项目包括施工方案、安全装置、悬挂机构、钢丝绳、安装、升降操作。一般项目包括交底与验收、防护、吊篮稳定、荷载。

（2）保证项目的检查评定应符合下列规定：

1）施工方案。

①吊篮安装、拆除作业应编制专项施工方案，悬挂吊篮的支撑结构承载力应经过验算。

②专项施工方案应按规定进行审批。

2）安全装置。

①吊篮应安装防坠安全锁，并应灵敏有效。

②防坠安全锁不应超过标定期限。

③吊篮应设置作业人员专用的挂安全带的安全绳或安全锁扣，安全绳应固定在建筑物可靠位置上，不得与吊篮上的任何部位有链接。

④吊篮应安装上限位装置，并应保证限位装置灵敏可靠。

3）悬挂机构。

①悬挂机构前支架严禁支撑在女儿墙上、女儿墙外或建筑物外挑檐边缘。

②悬挂机构前梁外伸长度应符合产品说明书规定。

③前支架应与支撑面垂直且脚轮不应受力。

④前支架调节杆应固定在上支架与悬挑梁连接的结点处。

⑤严禁使用破损的配重件或其他替代物。

⑥配重件的重量应符合设计规定。

4）钢丝绳。

①钢丝绳磨损、断丝、变形、锈蚀应在允许范围内。

②安全绳应单独设置，型号、规格应与工作钢丝绳一致。

③吊篮运行时安全绳应张紧悬垂。

④利用吊篮进行电焊作业应对钢丝绳采取保护措施。

5）安装。

①吊篮应使用经检测合格的提升机。

②吊篮平台的组装长度应符合规范要求。

③吊篮所用的构配件应是同一厂家的产品。

6）升降操作。

①必须由经过培训合格的持证人员操作吊篮升降。

②吊篮内的作业人员不应超过2人。

③吊篮内作业人员应将安全带使用安全锁扣正确挂置在独立设置的专用安全绳上。

④吊篮正常工作时，作业人员应从地面进入吊篮内。

（3）一般项目的检查评定应符合下列规定：

1）交底与验收。

①吊篮安装完毕，应按规范要求进行验收，验收表应由责任人签字确认。

②每天班前、班后应对吊篮进行检查。

③吊篮安装、使用前应对作业人员进行安全技术交底。

2）防护。

①吊篮平台周边的防护栏杆、挡脚板的设置应符合规范要求。

②多层吊篮作业时应设置顶部防护板。

3）吊篮稳定。

①吊篮作业时应采取防止摆动的措施。

②吊篮与作业面距离应符合规范要求。

4）荷载。

①吊篮施工荷载应满足设计要求。

②吊篮施工荷载应均匀分布。

③严禁利用吊篮作为垂直运输设备。

十、满堂式脚手架

（1）检查评定保证项目包括施工方案、架体基础、架体稳定、杆件锁件、脚手板、交底与验收。一般项目包括架体防护、材质、荷载、通道。

（2）保证项目的检查评定应符合下列规定：

1）施工方案。

①架体搭设应编制安全专项方案，结构设计应进行设计计算。

②专项施工方案应按规定进行审批。

2）架体基础。

①立杆基础应按方案要求平整、夯实，并设排水设施，基础垫板应符合规范要求。

②架体底部应按规范要求设置底座。

③架体扫地杆设置应符合规范要求。

3）架体稳定。

①架体周圈与中部应按规范要求设置竖向剪刀撑及专用斜杆。

②架体应按规范要求设置水平剪刀撑或水平斜杆。

③架体高宽比大于 2 时，应按规范要求与建筑结构刚性连接或扩大架体底脚。

4）杆件锁件。

①满堂式脚手架的搭设高度应符合规范及设计计算要求。

②架体立杆跨距、水平杆步距应符合规范要求。

③杆件的接长应符合规范要求。

④架体搭设应牢固，杆件节点应按规范要求进行紧固。

5）脚手板。

①架体脚手板应满铺，确保牢固稳定。

②脚手板的材质、规格应符合规范要求。

③钢脚手板的挂钩必须完全扣在水平杆上，并处丁锁住状态。

6）交底与验收。

①架体搭设完毕应按规定进行验收，验收内容应量化并经责任人签字确认。

②分段搭设的架体应进行分段验收。

③架体搭设前应进行安全技术交底。

（3）一般项目的检查评定应符合下列规定：

1）架体防护。

①作业层应在外侧立杆 1.2m 和 0.6m 的高度设置上、中两道防护栏杆。

②作业层外侧应设置高度不小于 180mm 的挡脚板。

③架体作业层脚手板下应用安全平网双层兜底，以下每隔 10m 应用安全平网封闭。

2）材质。

①架体构配件的规格、型号、材质应符合规范要求。

②钢管不应有弯曲、变形、锈蚀严重的现象，材质符合规范要求。

3）荷载。

①架体承受的施工荷载应符合规范要求。

②不得在架体上集中堆放模板、钢筋等物料。

4）通道。

架体必须设置符合规范要求的上下通道。

十一、基坑支护、土方作业

（1）检查评定保证项目包括施工方案、临边防护、基坑支护及支撑拆除、基坑降排水、坑边荷载。一般项目包括上下通道、土方开挖、基坑工程监测、作业环境。

（2）保证项目的检查评定应符合下列规定：

1）施工方案。

①深基坑施工必须有针对性、能指导施工的施工方案，并按有关程序进行审批。

②危险性较大的基坑工程应编制安全专项施工方案，应由施工单位技术、安全、质量等专业部门进行审核，施工单位技术负责人签字，超过一定规模的危险性较大的基坑工程由施工单位组织进行专家论证。

2）临边防护。

基坑施工深度超过 2m 的必须有符合防护要求的临边防护措施。

3）基坑支护及支撑拆除。

①坑槽开挖应设置符合安全要求的安全边坡。

②基坑支护的施工应符合支护设计方案的要求。

③应有针对支护设施产生变形的防治预案，并及时采取措施。

④应严格按支护设计及方案要求进行土方开挖及支撑的拆除。

⑤采用专业方法拆除支撑的施工队伍必须具备专业施工资质。

4）基坑降排水。

①高水位地区深基坑内必须设置有效的降水措施。

②深基坑边界周围地面必须设置排水沟。

③基坑施工必须设置有效的排水措施。

④深基坑降水施工必须有防止临近建筑及管线沉降的措施。

5）坑边荷载。

基坑边缘堆置建筑材料等，距槽边最小距离必须满足设计规定，禁止基坑边堆置弃土，施工机械施工行走路线必须按方案执行。

（3）一般项目的检查评定应符合下列规定

1）上下通道。

基坑施工必须设置符合要求的人员上下专用通道。

2）土方开挖。

①施工机械必须进行进场验收制度，操作人员持证上岗。

②严禁施工人员进入施工机械作业半径内。

③基坑开挖应严格按方案执行，宜采用分层开挖的方法，严格控制开挖面坡度和分层厚度，防止边坡和挖土机下的土体滑动，严禁超挖。

④基坑支护结构必须在达到设计要求的强度后，方可开挖下层土方。

3）基坑工程监测。

①基坑工程均应进行基坑工程监测，开挖深度大于 5m 应由建设单位委托具备相应资质的第三方实施监测。

②总承包单位应自行安排基坑监测工作，并与第三方监测资料定期对比分析，指导施工作业。

③基坑工程监测必须有基坑设计方确定的监测报警值，施工单位应及时通报变形情况。

4）作业环境。

①基坑内作业人员必须有足够的安全作业面。

②垂直作业必须有隔离防护措施。

③夜间施工必须有足够的照明设施。

十二、模板支架

（1）检查评定保证项目包括施工方案、立杆基础、支架稳定、施工荷载、交底与验收。一般项目包括立杆设置、水平杆设置、支架拆除、支架材质。

（2）保证项目的检查评定应符合下列规定：

1）施工方案。

①模板支架搭设应编制专项施工方案，结构设计应进行设计计算，并应按规定进行审核、审批。

②超过一定规模的模板支架，专项施工方案应按规定组织专家论证。

③专项施工方案应明确混凝土浇筑方式。

2）立杆基础。

①立杆基础承载力应符合设计要求，并能承受支架上部全部荷载。

②基础应设排水设施。

③立杆底部应按规范要求设置底座、垫板。

3）支架稳定。

①支架高宽比大于规定值时，应按规定设置连墙杆。

②连墙杆的设置应符合规范要求。

③应按规定设置纵、横向及水平剪刀撑，并符合规范要求。

4）施工荷载。

施工均布荷载、集中荷载应在设计允许范围内。

5）交底与验收。

①支架搭设（拆除）前应进行交底，并应有交底记录。

②支架搭设完毕，应按规定组织验收，验收应有量化内容。

（3）一般项目的检查评定应符合下列规定：

1）立杆设置。

①立杆间距应符合设计要求。

②立杆应采用对接连接。

③立杆伸出顶层水平杆中心线至支撑点的长度应符合规范要求。

2）水平杆设置。

①应按规定设置纵、横向水平杆。

②纵、横向水平杆间距应符合规范要求。

③纵、横向水平杆连接应符合规范要求。

3）支架拆除。

①支架拆除前应确认混凝土强度符合规定值。

②模板支架拆除前应设置警戒区，并设专人监护。

4）支架材质。

①杆件弯曲、变形、锈蚀量应在规范允许范围内。

②构配件材质应符合规范要求。

③钢管壁厚应符合规范要求。

十三、"三宝、四口"及临边防护

（1）检查评定项目包括安全帽、安全网、安全带、临边防护、洞口防护、通道口防护、攀登作业、悬空作业、移动式操作平台、物料平台、悬挑式钢平台。

（2）检查评定应符合下列规定：

1）安全帽。

①进入施工现场的人员必须正确佩戴安全帽。

②现场使用的安全帽必须是符合国家相应标准的合格产品。

2）安全网。

①在建工程外侧应使用密目式安全网进行封闭。

②安全网的材质应符合规范要求。

③现场使用的安全网必须是符合国家标准的合格产品。

3）安全带。

①现场高处作业人员必须系挂安全带。

②安全带的系挂使用应符合规范要求。

③现场作业人员使用的安全带应符合国家标准。

4）临边防护。

①作业面边沿应设置连续的临边防护栏杆。

②临边防护栏杆应严密、连续。

③防护设施应达到定型化、工具化。

5）洞口防护。

①在建工程的预留洞口、楼梯口、电梯井口应有防护措施。

②防护措施、设施应铺设严密，符合规范要求。

③防护设施应达到定型化、工具化。

④电梯井内应每隔两层（不大于10m）设置一道安全平网。

6）通道口防护。

①通道口防护应严密、牢固。

②防护棚两侧应设置防护措施。

③防护棚宽度应大于通道口宽度，长度应符合规范要求。

④建筑物高度超过30m时，通道口防护顶棚应采用双层防护。

⑤防护棚的材质应符合规范要求。

7）攀登作业。

①梯脚底部应坚实，不得垫高使用。

②折梯使用时上部夹角以35°～45°为宜，设有可靠的拉撑装置。

③梯子的制作质量和材质应符合规范要求。

8）悬空作业。

①悬空作业处应设置防护栏杆或其他可靠的安全措施。

②悬空作业所使用的索具、吊具、料具等设备应为经过技术鉴定或验证、验收的合格产品。

9）移动式操作平台。

①操作平台的面积不应超过 10m²，高度不应超过 5m。

②移动式操作平台轮子与平台连接应牢固、可靠，立柱底端距地面高度不得大于 80mm。

③操作平台应按规范要求进行组装，铺板应严密。

④操作平台四周应按规范要求设置防护栏杆，并设置登高扶梯。

⑤操作平台的材质应符合规范要求。

10）物料平台。

①物料平台应有相应的设计计算，并按设计要求进行搭设。

②物料平台支撑系统必须与建筑结构进行可靠连接。

③物料平台的材质应符合规范及设计要求，并应在平台上设置荷载限定标牌。

11）悬挑式钢平台。

①悬挑式钢平台应有相应的设计计算，并按设计要求进行搭设。

②悬挑式钢平台的搁支点与上部拉结点，必须位于建筑结构上。

③斜拉杆或钢丝绳应按要求两边各设置前后两道。

④钢平台两侧必须安装固定的防护栏杆，并应在平台上设置荷载限定标牌。

⑤钢平台台面、钢平台与建筑结构间铺板应严密、牢固。

十四、施工用电

（1）施工用电检查评定的保证项目应包括外电防护、接地与接零保护系统、配电线路、配电箱与开关箱。一般项目应包括配电室与配电装置、现场照明、用电档案。

（2）保证项目的检查评定应符合下列规定：

1）外电防护。

①外电线路与在建工程及脚手架、起重机械、场内机动车道的安全距离应符合规范要求。

②当安全距离不符合规范要求时，必须采取绝缘隔离防护措施，并应悬挂明显的警示标志。

③防护设施与外电线路的安全距离应符合规范要求，并应坚固、稳定。

④外电架空线路正下方不得进行施工、建造临时设施或堆放材料物品。

2）接地与接零保护系统。

①施工现场专用的电源中性点直接接地的低压配电系统应采用 TN-S 接零保护系统。

②施工现场配电系统不得同时采用两种保护系统。

③保护零线应由工作接地线、总配电箱电源侧零线或总漏电保护器电源零线处引出，电气设备的金属外壳必须与保护零线连接。

④保护零线应单独敷设，线路上严禁装设开关或熔断器，严禁通过工作电流。

⑤保护零线应采用绝缘导线，规格和颜色标记应符合规范要求。

⑥TN 系统的保护零线应在总配电箱处、配电系统的中间处和末端处做重复接地。

⑦接地装置的接地线应采用 2 根及以上导体，在不同点与接地体做电气连接。接地体应采用角钢、钢管或光面圆钢。

⑧工作接地电阻不得大于 4Ω，重复接地电阻不得大于 10Ω。

⑨施工现场起重机、物料提升机、施工升降机、脚手架应按规范要求采取防雷措施，防雷装置的冲击接地电阻值不得大于 30Ω。

⑩做防雷接地机械上的电气设备,保护零线必须同时做重复接地。

3)配电线路。

①线路及接头应保证机械强度和绝缘强度。

②线路应设短路、过载保护,导线截面应满足线路负荷电流。

③线路的设施、材料及相序排列、档距、与邻近线路或固定物的距离应符合规范要求。

④电缆应采用架空或埋地敷设并应符合规范要求,严禁沿地面明设或沿脚手架、树木等敷设。

⑤电缆中必须包含全部工作芯线和用作保护零线的芯线,并应按规定接用。

⑥室内非埋地明敷主干线距地面高度不得小于2.5m。

4)配电箱与开关箱。

①施工现场配电系统应采用三级配电、二级漏电保护系统,用电设备必须有各自专用的开关箱。

②箱体结构、箱内电器设置及使用应符合规范要求。

③配电箱必须分设工作零线端子板和保护零线端子板,保护零线、工作零线必须通过各自的端子板连接。

④总配电箱与开关箱应安装漏电保护器,漏电保护器参数应匹配并灵敏可靠。

⑤箱体应设置系统接线图和分路标记,并应有门、锁及防雨措施。

⑥箱体安装位置、高度及周边通道应符合规范要求。

⑦分配箱与开关箱间的距离不应超过30m,开关箱与用电设备间的距离不应超过3m。

(3)一般项目的检查评定应符合下列规定:

1)配电室与配电装置。

①配电室的建筑耐火等级不应低于三级,配电室应配置适用于电气火灾的灭火器材。

②配电室、配电装置的布设应符合规范要求。

③配电装置中的仪表、电器元件设置应符合规范要求。

④备用发电机组应与外电线路进行联锁。

⑤配电室应采取防止风雨和小动物侵入的措施。

⑥配电室应设置警示标志、工地供电平面图和系统图。

2)现场照明。

①照明用电应与动力用电分设。

②特殊场所和手持照明灯应采用安全电压供电。

③照明变压器应采用双绕组安全隔离变压器。

④灯具金属外壳应接保护零线。

⑤灯具与地面、易燃物间的距离应符合规范要求。

⑥照明线路和安全电压线路的架设应符合规范要求。

⑦施工现场应按规范要求配备应急照明。

3)用电档案。

①总承包单位与分包单位应签订临时用电管理协议,明确各方相关责任。

②施工现场应制定专项用电施工组织设计、外电防护专项方案。

③专项用电施工组织设计、外电防护专项方案应履行审批程序,实施后应由相关部门组

织验收。

④用电各项记录应按规定填写，记录应真实有效。

⑤用电档案资料应齐全，并应设专人管理。

十五、物料提升机

（1）物料提升机检查评定保证项目应包括安全装置，防护设施，附墙架与缆风绳，钢丝绳，安拆、验收与使用。一般项目应包括基础与导轨架、动力与传动、通信装置、卷扬机操作棚、避雷装置。

（2）保证项目的检查评定应符合下列规定：

1）安全装置。

①应安装起重量限制器、防坠安全器，并应灵敏可靠。

②安全停层装置应符合规范要求，并应定型化。

③应安装上行程限位并灵敏可靠，安全越程不应小于3m。

④安装高度超过30m的物料提升机应安装渐进式防坠安全器及自动停层、语音影像信号监控装置。

2）防护设施。

①应在地面进料口安装防护围栏和防护棚，防护围栏、防护棚的安装高度和强度应符合规范要求。

②停层平台两侧应设置防护栏杆、挡脚板，平台脚手板应铺满、铺平。

③平台门、吊笼门安装高度和强度应符合规范要求，并应定型化。

3）附墙架与缆风绳。

①附墙架结构、材质、间距应符合产品说明书要求。

②附墙架应与建筑结构可靠连接。

③缆风绳设置的数量、位置、角度应符合规范要求，并应与地锚可靠连接。

④安装高度超过30m的物料提升机必须使用附墙架。

⑤地锚设置应符合规范要求。

4）钢丝绳。

①钢丝绳磨损、断丝、变形、锈蚀量应在规范允许范围内。

②钢丝绳夹设置应符合规范要求。

③当吊笼处于最低位置时，卷筒上钢丝绳严禁少于3圈。

④钢丝绳应设置过路保护措施。

5）安拆、验收与使用。

①安装、拆卸单位应具有起重设备安装工程专业承包资质和安全生产许可证。

②安装、拆卸作业应制定专项施工方案，并应按规定进行审核、审批。

③安装完毕应履行验收程序，验收表格应由责任人签字确认。

④安装、拆卸作业人员及驾驶员应持证上岗。

⑤物料提升机作业前应按规定进行例行检查，并应填写检查记录。

⑥实行多班作业的，应按规定填写交接班记录。

（3）一般项目的检查评定应符合下列规定：

1）基础与导轨架。

①基础的承载力和平整度应符合规范要求。

②基础周边应设置排水设施。

③导轨架垂直度偏差不应大于导轨架高度的0.15%。

④井架停层平台通道处的结构应采取加强措施。

2）动力与传动。

①卷扬机、曳引机应安装牢固，当卷扬机卷筒与导轨底部导向轮的距离小于20倍卷筒宽度时，应设置排绳器。

②钢丝绳应在卷筒上排列整齐。

③滑轮与导轨架、吊笼应采用刚性连接，并应与钢丝绳相匹配。

④卷筒、滑轮应设置防止钢丝绳脱出装置。

⑤当曳引钢丝绳为2根及以上时，应设置曳引力平衡装置。

3）通信装置。

①应按规范要求设置通信装置。

②通信装置应具有语音和影像显示功能。

4）卷扬机操作棚。

①应按规范要求设置卷扬机操作棚。

②卷扬机操作棚强度、操作空间应符合规范要求。

5）避雷装置。

①当物料提升机未在其他防雷保护范围内时，应设置避雷装置。

②避雷装置设置应符合现行行业标准《施工现场临时用电安全技术规范》JGJ 46的规定。

十六、施工升降机

（1）施工升降机检查评定保证项目应包括安全装置，限位装置，防护设施，附墙架，钢丝绳、滑轮与对重，安拆、验收与使用。一般项目应包括导轨架、基础、电气安全、通信装置。

（2）保证项目的检查评定应符合下列规定：

1）安全装置。

①应安装起重量限制器，并应灵敏可靠。

②应安装渐进式防坠安全器并应灵敏可靠，应在有效的标定期内使用。

③对重钢丝绳应安装防松绳装置，并应灵敏可靠。

④吊笼的控制装置应安装非自动复位型的急停开关，任何时候均可切断控制电路停止吊笼运行。

⑤底架应安装吊笼和对重缓冲器，缓冲器应符合规范要求。

⑥SC型施工升降机应安装一对以上安全钩。

2）限位装置。

①应安装非自动复位型极限开关并应灵敏可靠。

②应安装自动复位型上、下限位开关并应灵敏可靠，上、下限位开关安装位置应符合规范要求。

③上极限开关与上限位开关之间的安全越程不应小于0.15m。

④极限开关、限位开关应设置独立的触发元件。

⑤吊笼门应安装机电联锁装置并应灵敏可靠。

⑥吊笼顶窗应安装电气安全开关并应灵敏可靠。

3）防护设施。

①吊笼和对重升降通道周围应安装地面防护围栏，防护围栏的安装高度、强度应符合规范要求，围栏门应安装机电联锁装置并应灵敏可靠。

②地面出入通道防护棚的搭设应符合规范要求。

③停层平台两侧应设置防护栏杆、挡脚板，平台脚手板应铺满、铺平。

④层门安装高度、强度应符合规范要求，并应定型化。

4）附墙架。

①附墙架应采用配套标准产品，当附墙架不能满足施工现场要求时，应对附墙架另行设计，附墙架的设计应满足构件刚度、强度、稳定性等要求，制作应满足设计要求。

②附墙架与建筑结构的连接方式、角度应符合产品说明书要求。

③附墙架间距、最高附着点以上导轨架的自由高度应符合产品说明书要求。

5）钢丝绳、滑轮与对重。

①对重钢丝绳绳数不得少于2根且应相互独立。

②钢丝绳磨损、变形、锈蚀应在规范允许范围内。

③钢丝绳的规格、固定应符合产品说明书及规范要求。

④滑轮应安装钢丝绳防脱装置并应符合规范要求。

⑤对重重量、固定应符合产品说明书要求。

⑥对重除导向轮、滑靴外应设有防脱轨保护装置。

6）安拆、验收与使用。

①安装、拆卸单位应具有起重设备安装工程专业承包资质和安全生产许可证。

②安装、拆卸应制定专项施工方案，并经过审核、审批。

③安装完毕应履行验收程序，验收表格应由责任人签字确认。

④安装、拆卸作业人员及驾驶员应持证上岗。

⑤施工升降机作业前应按规定进行例行检查，并应填写检查记录。

⑥实行多班作业的，应按规定填写交接班记录。

（3）一般项目的检查评定应符合下列规定：

1）导轨架。

①导轨架垂直度应符合规范要求。

②标准节的质量应符合产品说明书及规范要求。

③对重导轨应符合规范要求。

④标准节连接螺栓使用应符合产品说明书及规范要求。

2）基础。

①基础制作、验收应符合说明书及规范要求。

②基础设置在地下室顶板或楼面结构上，应对其支承结构进行承载力验算。

③基础应设有排水设施。

3）电气安全。

①施工升降机与架空线路的安全距离和防护措施应符合规范要求。

②电缆导向架设置应符合说明书及规范要求。

③施工升降机在其他避雷装置保护范围外应设置避雷装置，并应符合规范要求。

4）通信装置。

通信装置应安装楼层信号联络装置，并应清晰有效。

十七、塔式起重机

（1）塔式起重机检查评定保证项目应包括载荷限制装置，行程限位装置，保护装置，吊钩、滑轮、卷筒与钢丝绳，多塔作业，安拆、验收与使用。一般项目应包括附着装置、基础与轨道、结构设施、电气安全。

（2）保证项目的检查评定应符合下列规定：

1）载荷限制装置。

①应安装起重量限制器并应灵敏可靠。当起重量大于相应档位的额定值并小于该额定值的110%时，应切断上升方向上的电源，但机构可作下降方向的运动。

②应安装起重力矩限制器并应灵敏可靠。当起重力矩大于相应工况下的额定值并小于该额定值的110%时应切断上升和幅度增大方向的电源，但机械可作下降和减小幅度方向的运动。

2）行程限位装置。

①应安装起升高度限位器，起升高度限位器的安全越程应符合规范要求，并应灵敏可靠。

②小车变幅的塔式起重机应安装小车行程开关，动臂变幅的塔式起重机应安装臂架幅度限制开关，并应灵敏可靠。

③回转部分不设集电器的塔式起重机应安装回转限位器，并应灵敏可靠。

④行走式塔式起重机应安装行走限位器，并应灵敏可靠。

3）保护装置。

①小车变幅的塔式起重机应安装断绳保护及断轴保护装置，并应符合规范要求。

②行走及小车变幅的轨道行程末端应安装缓冲器及止挡装置，并应符合规范要求。

③起重臂根部绞点高度大于50m的塔式起重机应安装风速仪，并应灵敏可靠。

④当塔式起重机顶部高度大于30m且高于周围建筑物时，应安装障碍指示灯。

4）吊钩、滑轮、卷筒与钢丝绳。

①吊钩应安装钢丝绳防脱钩装置并应完整可靠，吊钩的磨损、变形应在规定允许范围内。

②滑轮、卷筒应安装钢丝绳防脱装置并应完整可靠，滑轮、卷筒的磨损应在规定允许范围内。

③钢丝绳的磨损、变形、锈蚀应在规定允许范围内，钢丝绳的规格、固定、缠绕应符合说明书及规范要求。

5）多塔作业。

①多塔作业应制定专项施工方案并经过审批。

②任意两台塔式起重机之间的最小架设距离应符合规范要求。

6）安拆、验收与使用。

①安装、拆卸单位应具有起重设备安装工程专业承包资质和安全生产许可证。

②安装、拆卸应制定专项施工方案，并经过审核、审批。

③安装完毕应履行验收程序，验收表格应由责任人签字确认。

④安装、拆卸作业人员及驾驶员、指挥应持证上岗。

⑤塔式起重机作业前应按规定进行例行检查，并应填写检查记录。

⑥实行多班作业的，应按规定填写交接班记录。

（3）一般项目的检查评定应符合下列规定：

1）附着装置。

①当塔式起重机高度超过产品说明书规定时，应安装附着装置，附着装置安装应符合产品说明书及规范要求。

②当附着装置的水平距离不能满足产品说明书要求时，应进行设计计算和审批。

③安装内爬式塔式起重机的建筑承载结构应进行受力计算。

④附着前和附着后塔身垂直度应符合规范要求。

2）基础与轨道。

①塔式起重机基础应按产品说明书及有关规定进行设计、检测和验收。

②基础应设置排水措施。

③路基箱或枕木铺设应符合产品说明书及规范要求。

④轨道铺设应符合产品说明书及规范要求。

3）结构设施。

①主要结构件的变形、锈蚀应在规范允许范围内。

②平台、走道、梯子、护栏的设置应符合规范要求。

③高强螺栓、销轴、紧固件的紧固和连接应符合规范要求，高强螺栓应使用力矩扳手或专用工具紧固。

4）电气安全。

①塔式起重机应采用 TN-S 接零保护系统供电。

②塔式起重机与架空线路的安全距离和防护措施应符合规范要求。

③塔式起重机应安装避雷接地装置，并应符合规范要求。

④电缆的使用及固定应符合规范要求。

十八、起重吊装

（1）起重吊装检查评定保证项目应包括施工方案、起重机械、钢丝绳与地锚、索具、作业环境、作业人员。一般项目应包括起重吊装、高处作业、构件码放、警戒监护。

（2）保证项目的检查评定应符合下列规定：

1）施工方案。

①起重吊装作业应编制专项施工方案，并按规定进行审核、审批。

②超规模的起重吊装作业，应组织专家对专项施工方案进行论证。

2）起重机械。

①起重机械应按规定安装荷载限制器及行程限位装置。

②荷载限制器、行程限位装置应灵敏可靠。

③起重拔杆组装应符合设计要求。

④起重拔杆组装后应进行验收，并应由责任人签字确认。

3）钢丝绳与地锚。

①钢丝绳的磨损、断丝、变形、锈蚀应在规范允许范围内。

②钢丝绳规格应符合起重机产品说明书要求。

③吊钩、卷筒、滑轮的磨损应在规范允许范围内。

④吊钩、卷筒、滑轮应安装钢丝绳防脱装置。

⑤起重拔杆的缆风绳、地锚设置应符合设计要求。

4）索具。

①当采用编结连接时，编结长度不应小于15倍的绳径，且不应小于300mm。

②当采用绳夹连接时，绳夹规格应与钢丝绳相匹配，绳夹数量、间距应符合规范要求。

③索具安全系数应符合规范要求。

④吊索规格应互相匹配，机械性能应符合设计要求。

5）作业环境。

①起重机行走、作业处地面承载能力应符合产品说明书要求。

②起重机与架空线路安全距离应符合规范要求。

6）作业人员。

①起重机驾驶员应持证上岗，操作证应与操作机型相符。

②起重机作业应设专职信号指挥和司索人员，一人不得同时兼作信号指挥和司索作业。

③作业前应按规定进行技术交底，并应有交底记录。

（3）一般项目的检查评定应符合下列规定：

1）起重吊装。

①当多台起重机同时起吊一个构件时，单台起重机所承受的荷载应符合专项施工方案要求。

②吊索系挂点应符合专项施工方案要求。

③起重机作业时，任何人不应停留在起重臂下方，被吊物不应从人的正上方通过。

④起重机不应采用吊具载运人员。

⑤当吊运易散落物件时，应使用专用吊笼。

2）高处作业。

①应按规定设置高处作业平台。

②平台强度、护栏高度应符合规范要求。

③爬梯的强度、构造应符合规范要求。

④应设置可靠的安全带悬挂点，并应高挂低用。

3）构件码放。

①构件码放荷载应在作业面承载能力允许范围内。

②构件码放高度应在规定允许范围内。

③大型构件码放应有保证稳定的措施。

4）警戒监护。

①应按规定设置作业警戒区。

②警戒区应设专人监护。

十九、施工机具

（1）施工机具检查评定项目应包括平刨、圆盘锯、手持电动工具、钢筋机械、电焊机、搅拌机、气瓶、翻斗车、潜水泵、振捣器、桩工机械。

（2）施工机具的检查评定应符合下列规定：

1）平刨。

①平刨安装完毕应按规定履行验收程序，并应由责任人签字确认。

②平刨应设置护手及防护罩等安全装置。

③保护零线应单独设置，并应安装漏电保护装置。

④平刨应按规定设置作业棚，并应具有防雨、防晒等功能。

⑤不得使用同台电动机驱动多种刃具、钻具的多功能木工机具。

2）圆盘锯。

①圆盘锯安装完毕应按规定履行验收程序，并应由责任人签字确认。

②圆盘锯应设置防护罩、分料器、防护挡板等安全装置。

③保护零线应单独设置，并应安装漏电保护装置。

④圆盘锯应按规定设置作业棚，并应具有防雨、防晒等功能。

⑤不得使用同台电动机驱动多种刃具、钻具的多功能木工机具。

3）手持电动工具。

①Ⅰ类手持电动工具应单独设置保护零线，并应安装漏电保护装置。

②使用Ⅰ类手持电动工具应按规定穿戴绝缘手套、绝缘鞋。

③手持电动工具的电源线应保持出厂状态，不得接长使用。

4）钢筋机械。

①钢筋机械安装完毕应按规定履行验收程序，并应由责任人签字确认。

②保护零线应单独设置，并应安装漏电保护装置。

③钢筋加工区应搭设作业棚，并应具有防雨、防晒等功能。

④对焊机作业应设置防火花飞溅的隔热设施。

⑤钢筋冷拉作业应按规定设置防护栏。

⑥机械传动部位应设置防护罩。

5）电焊机。

①电焊机安装完毕应按规定履行验收程序，并应由责任人签字确认。

②保护零线应单独设置，并应安装漏电保护装置。

③电焊机应设置二次空载降压保护装置。

④电焊机一次线长度不得超过 5m，并应穿管保护。

⑤二次线应采用防水橡皮护套铜芯软电缆。

⑥电焊机应设置防雨罩，接线柱应设置防护罩。

6）搅拌机。

①搅拌机安装完毕应按规定履行验收程序，并应由责任人签字确认。

②保护零线应单独设置，并应安装漏电保护装置。

③离合器、制动器应灵敏有效，料斗钢丝绳的磨损、锈蚀、变形量应在规定允许范围内。

④料斗应设置安全挂钩或止挡装置，传动部位应设置防护罩。

⑤搅拌机应按规定设置作业棚，并应具有防雨、防晒等功能。

7）气瓶。

①气瓶使用时必须安装减压器，乙炔瓶应安装回火防止器，并应灵敏可靠。

②气瓶间安全距离不应小于5m，与明火安全距离不应小于10m。

③气瓶应设置防振圈、防护帽，并应按规定存放。

8）翻斗车。

①翻斗车制动、转向装置应灵敏可靠。

②驾驶员应经专门培训，持证上岗，行车时车斗内不得载人。

9）潜水泵。

①保护零线应单独设置，并应安装漏电保护装置。

②负荷线应采用专用防水橡皮电缆，不得有接头。

10）振捣器。

①振捣器作业时应使用移动配电箱，电缆线长度不应超过30m。

②保护零线应单独设置，并应安装漏电保护装置。

③操作人员应按规定穿戴绝缘手套、绝缘鞋。

11）桩工机械。

①桩工机械安装完毕应按规定履行验收程序，并应由责任人签字确认。

②作业前应编制专项方案，并应对作业人员进行安全技术交底。

③桩工机械应按规定安装安全装置，并应灵敏可靠。

④机械作业区域地面承载力应符合机械说明书要求。

⑤机械与输电线路安全距离应符合现行行业标准《施工现场临时用电安全技术规范》JGJ 46的规定。

情景三　施工质量、安全不达标的情况处理

1. 学习情境描述

某地块住宅工程地下室底板施工，监理单位在巡视过程中，发现以下质量和安全问题：

（1）质量问题。

1）钢筋保护层垫块数量设置不足。

2）钢筋存在跳扎现象。

3）个别钢筋焊接接头不饱满。

（2）安全问题。

1）个别工人未佩戴安全帽。

2）局部基坑临边防护被破坏未及时修复。

3）基坑边堆放大量钢筋。

针对上述问题，监理单位专业监理工程师分别签发了质量和安全监理通知单要求施工单位整改，施工单位在监理通知单规定的期限内完成了整改并进行了书面回复，经监理单位复查符合要求后继续施工。

2. 学习目标

知识目标：

（1）了解施工现场质量、安全不达标的类别。

（2）熟悉施工现场不同类别质量、安全不达标的处理方法。

（3）掌握施工现场不同类别质量、安全不达标的处理程序。

能力目标：

会进行施工现场不同类别质量、安全不达标的处理。

素养目标：

在职业活动中遵守行为规范的职业操守。

3. 任务书

根据给定的工程项目，开展施工现场不同类别质量、安全不达标的处理。

4. 工作准备

引导问题1：质量不达标有哪些情况？

_____

_____

小提示：

质量不达标的情况分为质量问题、质量缺陷和质量事故。

（1）质量问题。所有的不符合质量要求和工程质量不合格的情况，必须进行返修、加固或返工重做处理的称为质量问题。

（2）质量缺陷。根据我国相关质量管理体系标准的规定，凡工程产品没有满足某个规定的要求，就称为质量不合格；而没有满足某个预期使用要求或合理期望的要求，称为质量缺陷。

（3）质量事故。其是指由于建设、勘察、设计、施工、监理等单位违反工程质量有关法律法规和工程建设标准，使工程产生结构安全、重要使用功能等方面的质量缺陷，造成人身伤亡或者重大经济损失的事故。

引导问题2：安全不达标有哪些情况？

_____

_____

小提示：

安全不达标的情况分为安全隐患和安全事故。

（1）安全隐患。其是指在建筑施工过程中，给生产施工人员的生命安全带来威胁的不利因素。

（2）安全事故。其是指生产经营单位在生产经营活动（包括与生产经营有关的活动）中突然发生的，伤害人身安全和健康，或者损坏设备设施，或者造成经济损失的，导致原生产经营活动（包括与生产经营活动有关的活动）暂时中止或永远终止的意外事件。

引导问题3：质量、安全事故如何划分？

_____

_____

小提示：

根据《关于做好房屋建筑和市政基础设施工程质量事故报告和调查处理工作的通知》（建质〔2010〕111号）和《生产安全事故报告和调查处理条例》，按照工程质量、安全事故造成的人员伤亡或者直接经济损失，质量、安全事故划分为特别重大事故、重大事故、较大事故和一般事故4个等级。

（1）特别重大事故。其是指造成30人以上死亡，或者100人以上重伤，或者1亿元以上直接经济损失的事故。

（2）重大事故。其是指造成10人以上30人以下死亡，或者50人以上100人以下重伤，或者5000万元以上1亿元以下直接经济损失的事故。

（3）较大事故。其是指造成3人以上10人以下死亡，或者10人以上50人以下重伤，或者1000万元以上5000万元以下直接经济损失的事故。

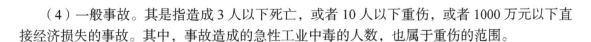

（4）一般事故。其是指造成 3 人以下死亡，或者 10 人以下重伤，或者 1000 万元以下直接经济损失的事故。其中，事故造成的急性工业中毒的人数，也属于重伤的范围。

5. 工作实施

（1）任务下发。根据指导老师确定的工程项目，模仿案例，依据审查的基本步骤，对案例工程进行施工现场质量、安全不达标的情况处理。

（2）步骤交底。工作步骤和要点。

1）第一类：质量不达标的处理。

①质量问题处理。项目监理机构发现施工存在质量问题的，或施工单位采用不适当的施工工艺，或施工不当，造成工程质量不合格的，应及时签发监理通知单，要求施工单位整改。整改完毕后，项目监理机构应根据施工单位报送的监理通知回复单对整改情况进行复查，提出复查意见。

②质量缺陷。对需要返工处理或加固补强的质量缺陷，项目监理机构应要求施工单位报送经设计等相关单位认可的处理方案，并应对质量缺陷的处理过程进行跟踪检查，同时应对处理结果进行验收。

当建筑工程施工质量不符合要求时，应按下列规定进行处理：

a. 经返工或返修的检验批，应重新进行验收。

b. 经有资质的检测机构检测鉴定能够达到设计要求的检验批，应予以验收。

c. 经有资质的检测机构检测鉴定达不到设计要求，但经原设计单位核算认可能够满足安全和使用功能的检验批，可予以验收。

d. 经返修或加固处理的分项、分部工程，满足安全及使用功能要求时，可按技术处理方案和协商文件的要求予以验收。

e. 经返修或加固处理仍不能满足安全或重要使用功能的分部工程及单位工程，严禁验收。

③质量事故。对需要返工处理或加固补强的质量事故，项目监理机构应要求施工单位报送质量事故调查报告和经设计等相关单位认可的处理方案，并应对质量事故的处理过程进行跟踪检查，同时应对处理结果进行验收。

项目监理机构应及时向建设单位提交质量事故书面报告，并应将完整的质量事故处理记录整理归档。

2）第二类：安全不达标的处理。

①安全隐患。项目监理机构在实施监理过程中，发现工程存在安全事故隐患时，应签发监理通知单，要求施工单位整改；情况严重时，应签发工程暂停令，并应及时报告建设单位。施工单位拒不整改或不停止施工时，项目监理机构应及时向有关主管部门报送监理报告。

②安全事故。项目监理机构应配合和跟踪安全事故的处理，坚持"四不放过"原则，即事故原因未查清不放过、事故责任人员未处理不放过、根据事故制定的切实可行的整改措施未落实不放过、事故责任人和周围群众没有受到教育不放过。

参考文献

［1］林滨滨，郑嫣．建设工程质量控制与安全管理［M］．北京：清华大学出版社，2019．

［2］傅敏，杨文领．高职教育工程监理专业智慧化创建［M］．杭州：浙江大学出版社，2015．

［3］中国建设监理协会．建设工程质量控制（土木建筑工程）［M］．北京：中国建筑工业出版社，2024．

［4］中国建设监理协会．建设监理案例分析（土木建筑工程）［M］．北京：中国建筑工业出版社，2024．

［5］全国一级建造师执业资格考试用书编写委员会．建设工程项目管理［M］．北京：中国建筑工业出版社，2024．

［6］全国一级建造师执业资格考试用书编写委员会．建筑工程管理与实务［M］．北京：中国建筑工业出版社，2024．

［7］杨树峰．建筑工程质量与安全管理［M］．北京：北京理工大学出版社，2018．

［8］张瑞生．建筑工程质量与安全管理［M］．3版．北京：中国建筑工业出版社，2018．

［9］陈翔，刘世刚．建筑工程质量与安全管理［M］．3版．北京：北京理工大学出版社，2018．

［10］钟汉华，姚祖军．建筑工程质量与安全管理［M］．北京：人民邮电出版社，2015．

［11］程红艳．建筑工程质量与安全管理［M］．北京：人民交通出版社，2016．

［12］浙江省建筑业管理局．浙江省建设工程施工现场安全管理台账实施指南［M］．上海：上海科学技术文献出版社，2013．

［13］浙江省建筑业管理局．建筑安全管理［M］．上海：上海科学技术文献出版社，2014．

［14］浙江省建筑业管理局．建筑工程安全管理图解［M］．上海：上海科学技术文献出版社，2015．

［15］沈万岳，林滨滨．建设工程安全监理［M］．北京：北京大学出版社，2012．

［16］浙江省住房和城乡建设厅．建设工程监理工作标准DB33/T 1104—2022［S］．2版．杭州：浙江省住房和城乡建设厅，2022．

［17］浙江省住房和城乡建设厅．建筑工程施工安全管理规范DB 33/1116—2015［S］．北京：中国计划出版社，2015．

［18］李峰．建设工程质量控制［M］．2版．北京：中国建筑工业出版社，2013．